图1

图2

图3

图5

Muséum folie

Muséum
national d'histoire
naturelle

看得见的自然史

法国国家自然博物馆 ———— 编著
刘安琪 ———— 译　邢路达 ———— 审订

CTS K 湖南科学技术出版社 · 长沙

Voyage
à la
nouvelle
Guinée.

序言

岩石和矿物、动植物的化石或活体、史前遗存、人类学收藏、艺术作品……我们在哪里可以看到所有这些珍稀之物荟萃一堂?

法国国家自然博物馆，前身是始建于 1635 年的皇家药用植物园，正式创立于 1793 年法国大革命期间。

博物馆的首要使命是开展服务民众的研究和教育工作。法国国家自然博物馆踞于生命科学、地球科学和人文科学的交叉路口，近四个世纪以来，一直致力于探索地质、生物与文化的多样性，以及自然与人类社会的关系。

这家博物馆现有 2500 名工作人员，其中包括 500 名研究人员，每年发表的科研论文数量世界领先。但在这里，知识传播和研究开展并驾齐驱，缺一不可，自其创立以来便一直如此。馆方将多学科教学（每年有 3000 名中小学师生从中受益）、国内外公认的专业知识与教育活动和知识普及相结合，指导和吸引了大量观众。2019 年，博物馆位于巴黎和其他地区的各个分馆[1]共计接待了 330 万名访客。

博物学是从命名事物开始的。因此，从源头讲，这家博物馆担负着保护、丰富、评估和陈列珍稀藏品的使命，而这正是研究和科普的基础。

如今，法国国家自然博物馆大约有 6800 万件藏品，汇聚了几个世纪以来的积累。它们共同构成了一部不可或缺的关于大自然的词典。作为这一重要科学遗产的传承者，法国国家自然博物馆成为当今世界三大自然博物馆之一。

本书将邀请您通过八段漫游深入这些非比寻常的收藏之核心，认识自然的方方面面。这些旅行会带你穿越时间、科学、艺术……甚至您自己的想象!

布鲁诺 · 戴维（Bruno David）

法国国家自然博物馆馆长

译者注

1. 法国国家自然博物馆共有 13 个遍布法国各地的分馆，其中巴黎有 3 个分馆——巴黎植物园（Galleries, Gardens, Zoo - Jardin Des Planets）、人类博物馆（Musee de L'Homme）以及巴黎动物园（Parc Zoologique de Paris）。

目录

I

远古化石

MONDES PERDUS

法国国家自然博物馆收藏有近 700 万件化石标本，对应了生活在不同地质时期的生物的化石，可用于研究过去的生命。化石是保存在沉积岩中的已灭绝的植物或动物的遗存，这些遗存包括骨架、足迹、洞穴等。与活的生命体一样，化石的形状纷繁多样，尺寸大小不一，从一毫米到几十米不等。自然界中的所有生物，无论是水生还是陆生，或是归属于任一类群，都可能成为化石。化石通常会显示出在现代自然界业已消失的一系列生物性状，例如下述的海洋爬行动物沧龙，或是拥有退化的短小后肢的辛西娅鲸。从微体化石到恐龙，从树叶到海洋贝类，本馆的藏品将引领你参与一段跨越 5.4 亿年的真实旅程。

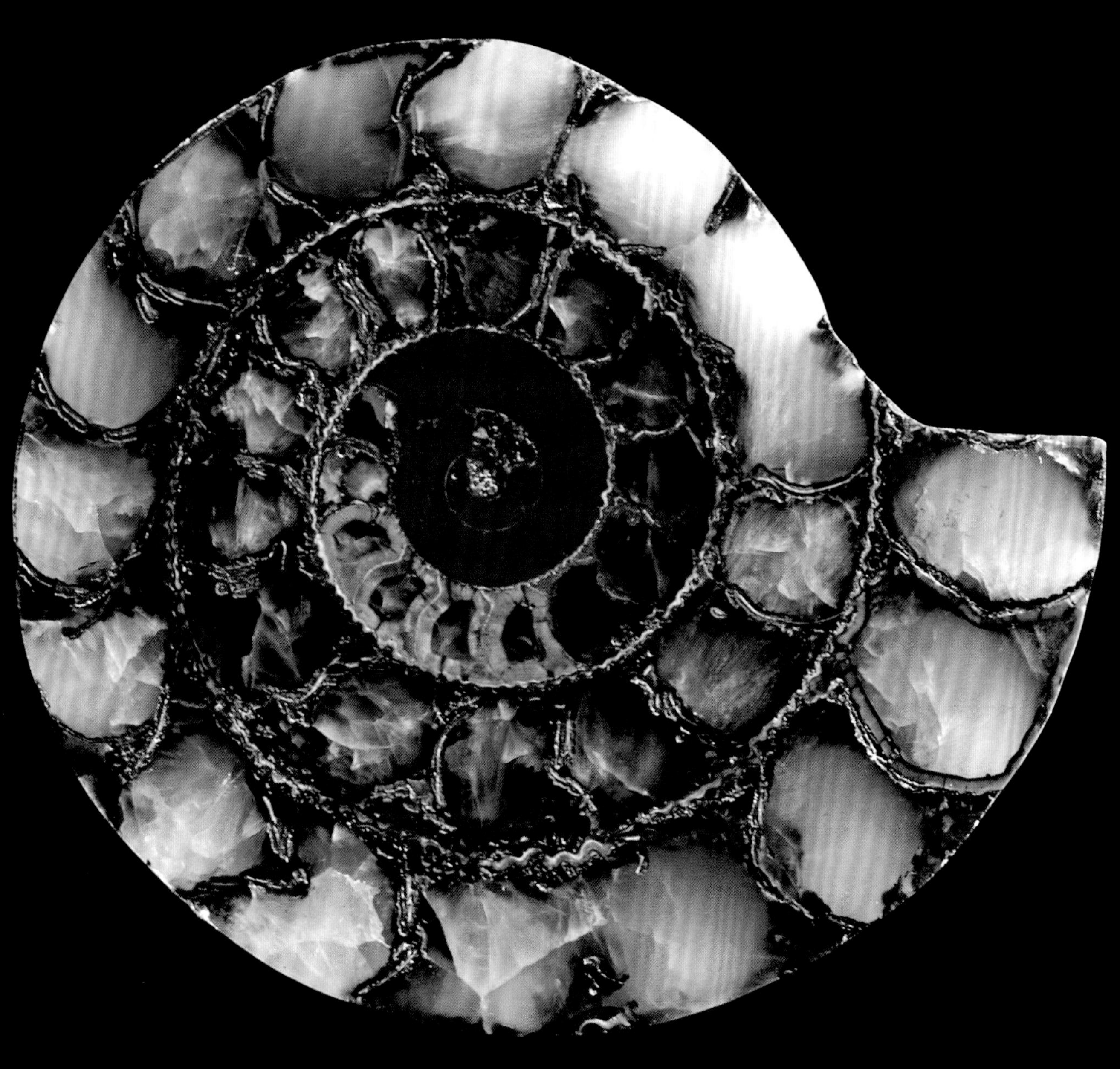

5
1
7
2
4
3
6
7a
6a
Echelle de 1 2 3 4 5 6 7 8 9 10 11 12 13 14 15 16 17 Centimètres.

图 9

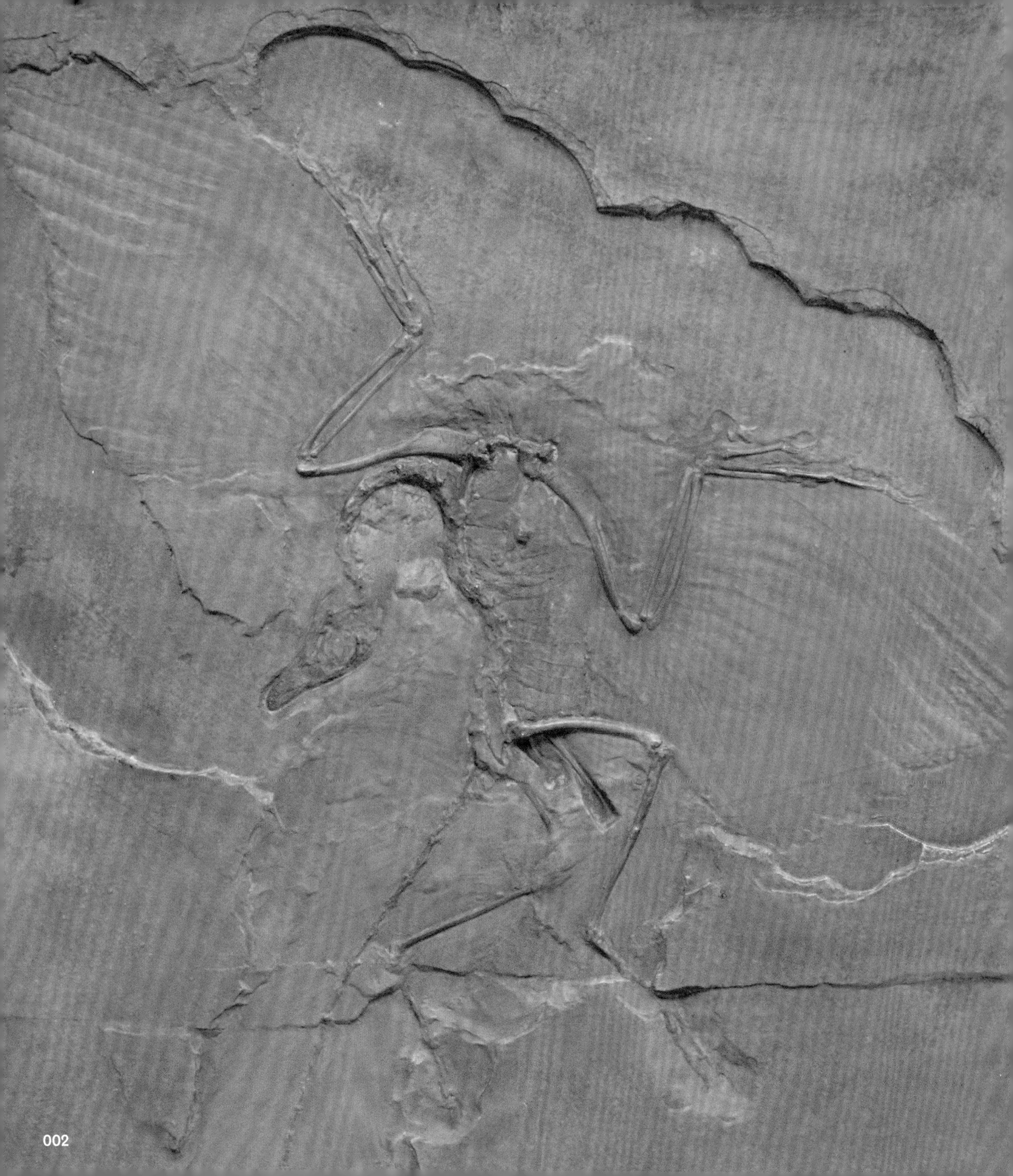

图10

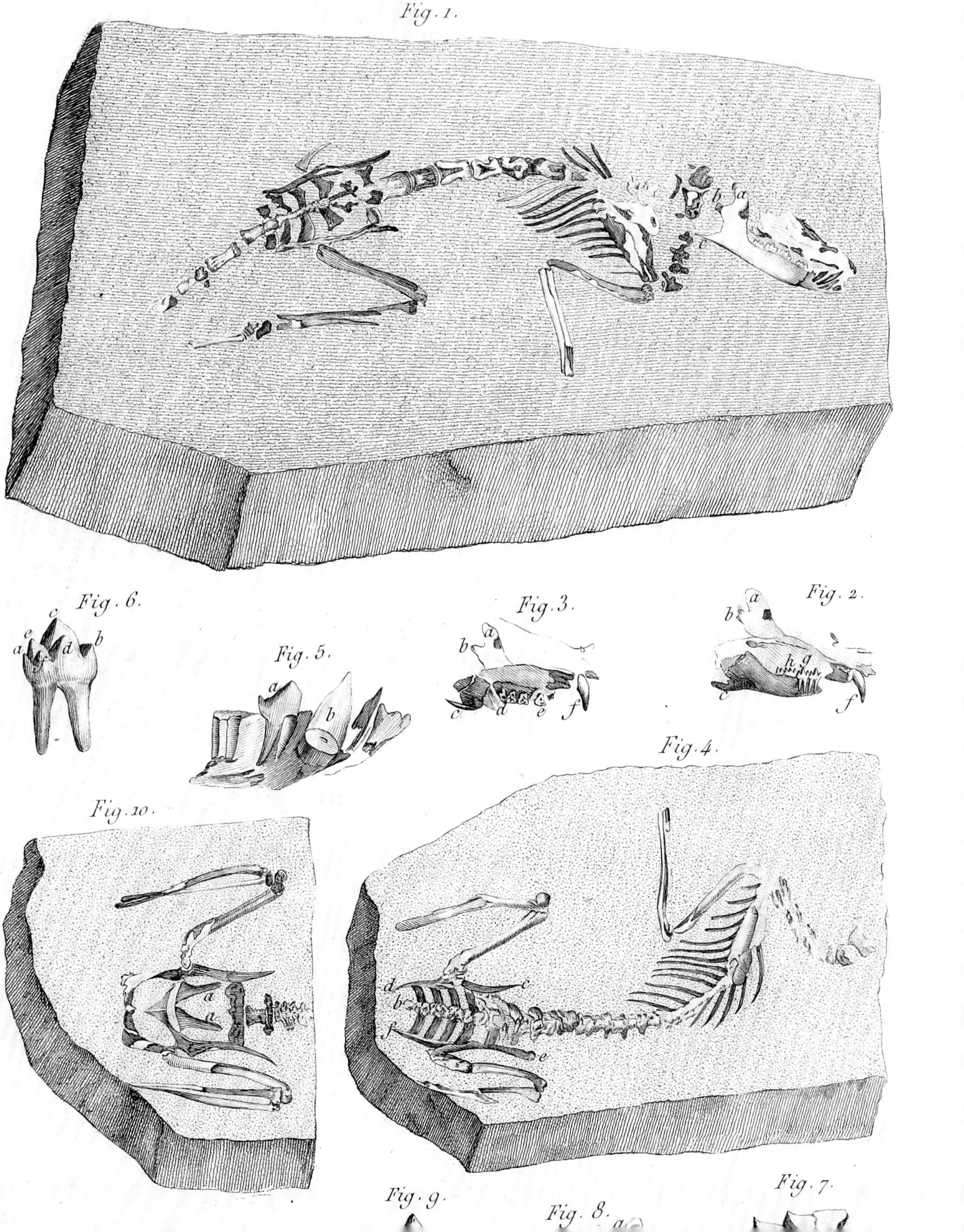

Fig. 1.

Fig. 6.

Fig. 5.

Fig. 3.

Fig. 2.

Fig. 4.

Fig. 10.

图 11

Fig. 9.

Fig. 8.

Fig. 7.

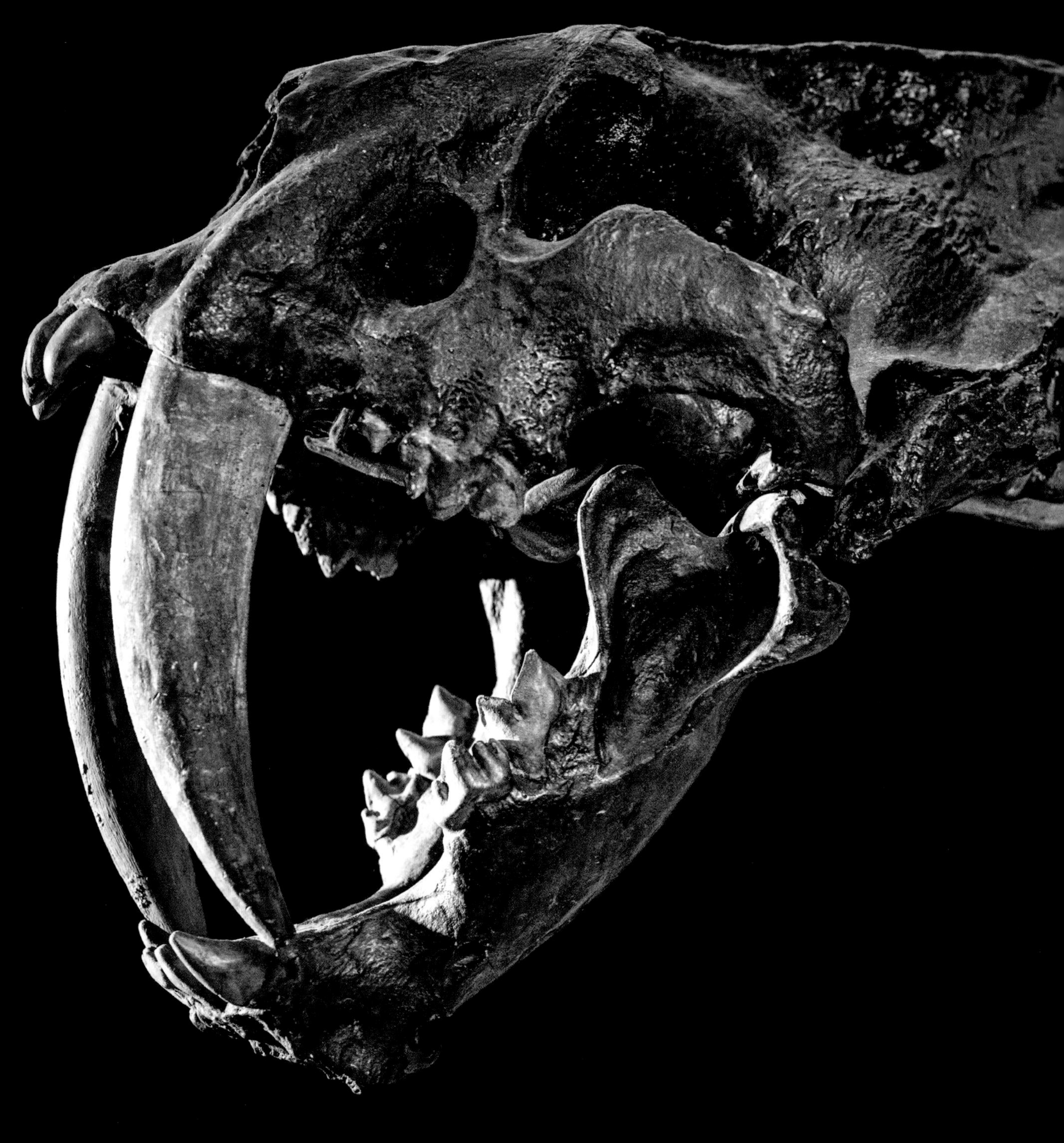

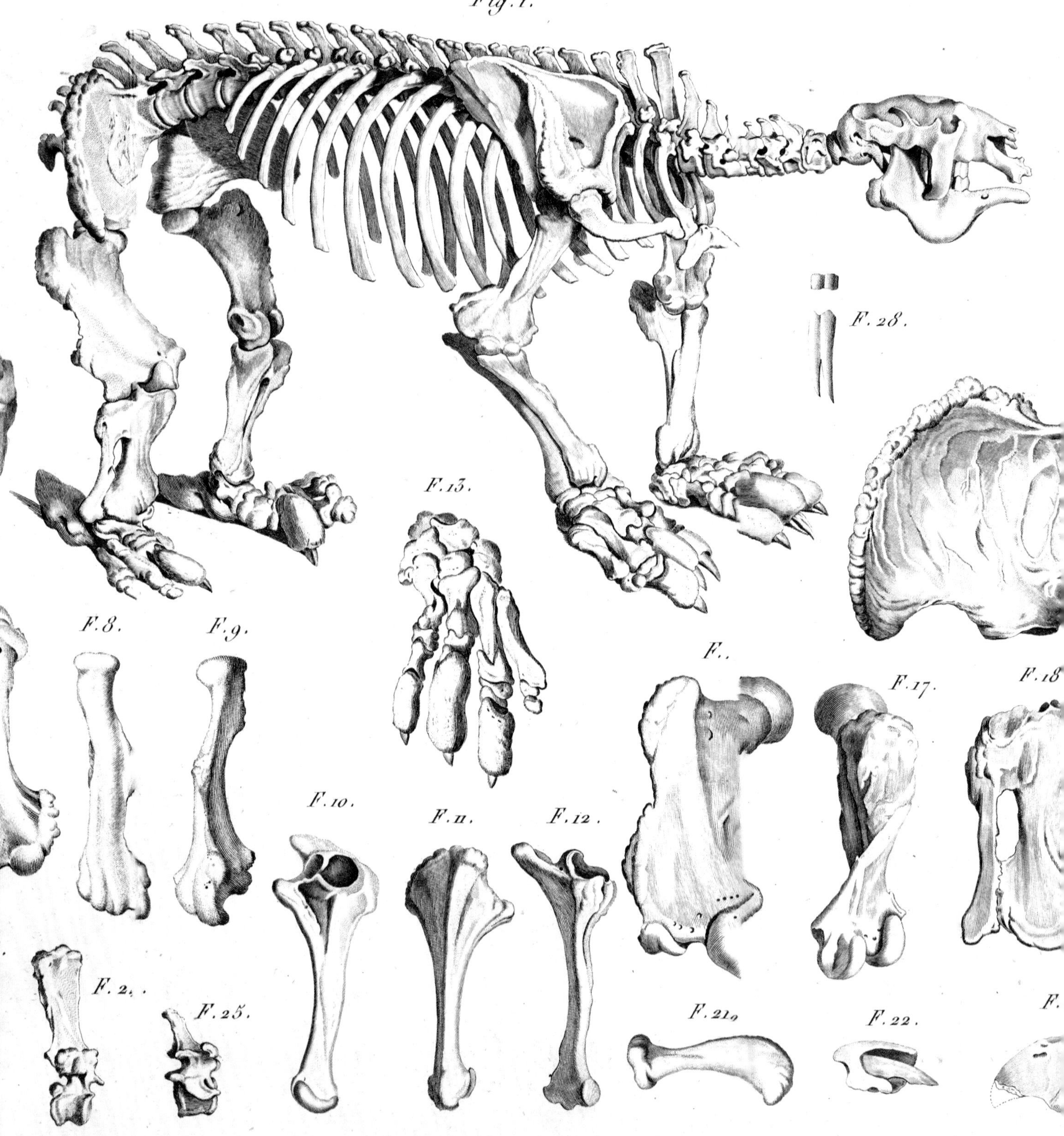

OSTÉOLOGIE DU MÉGATHERIUM.

图 12

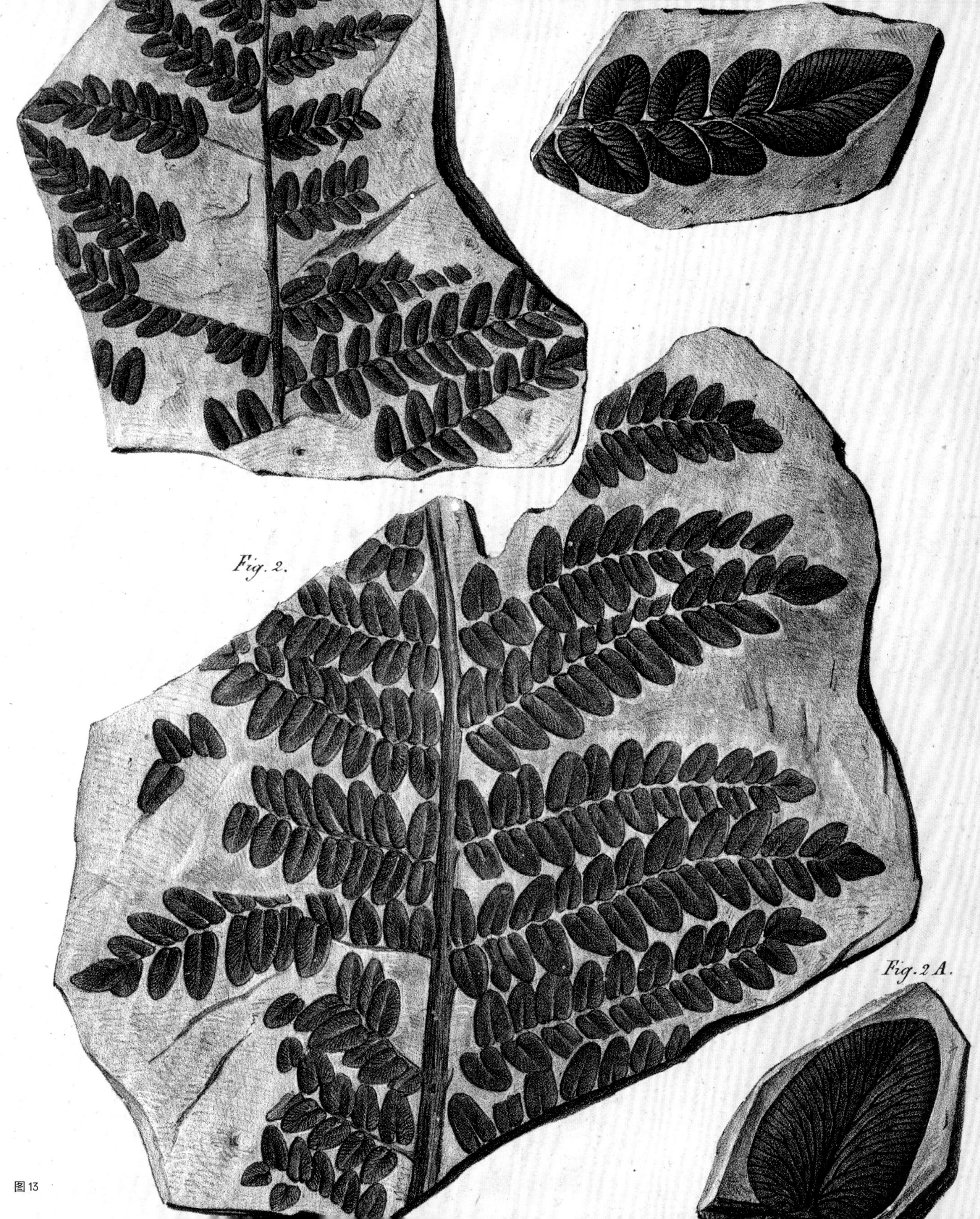

图 13

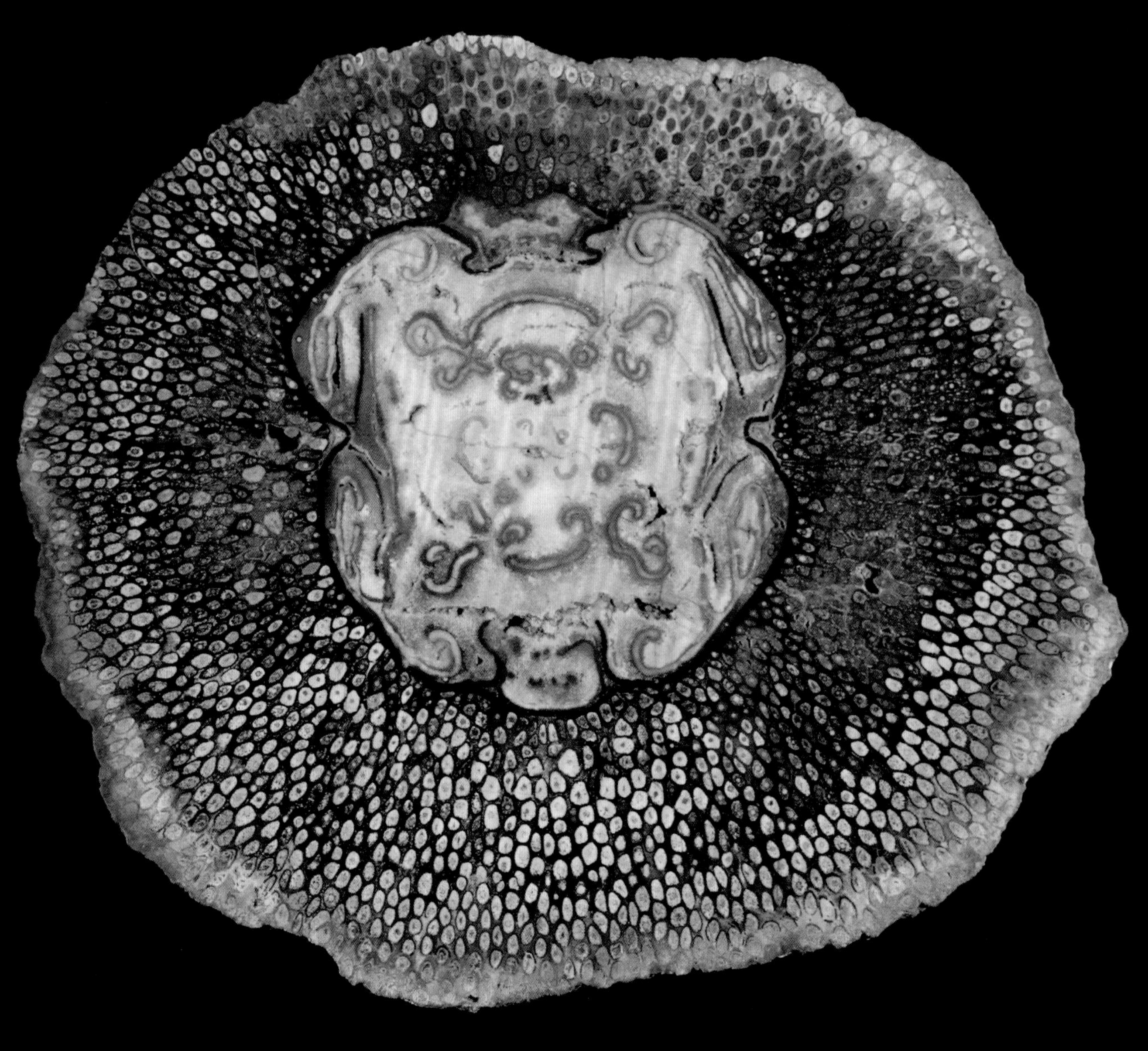

TYPE

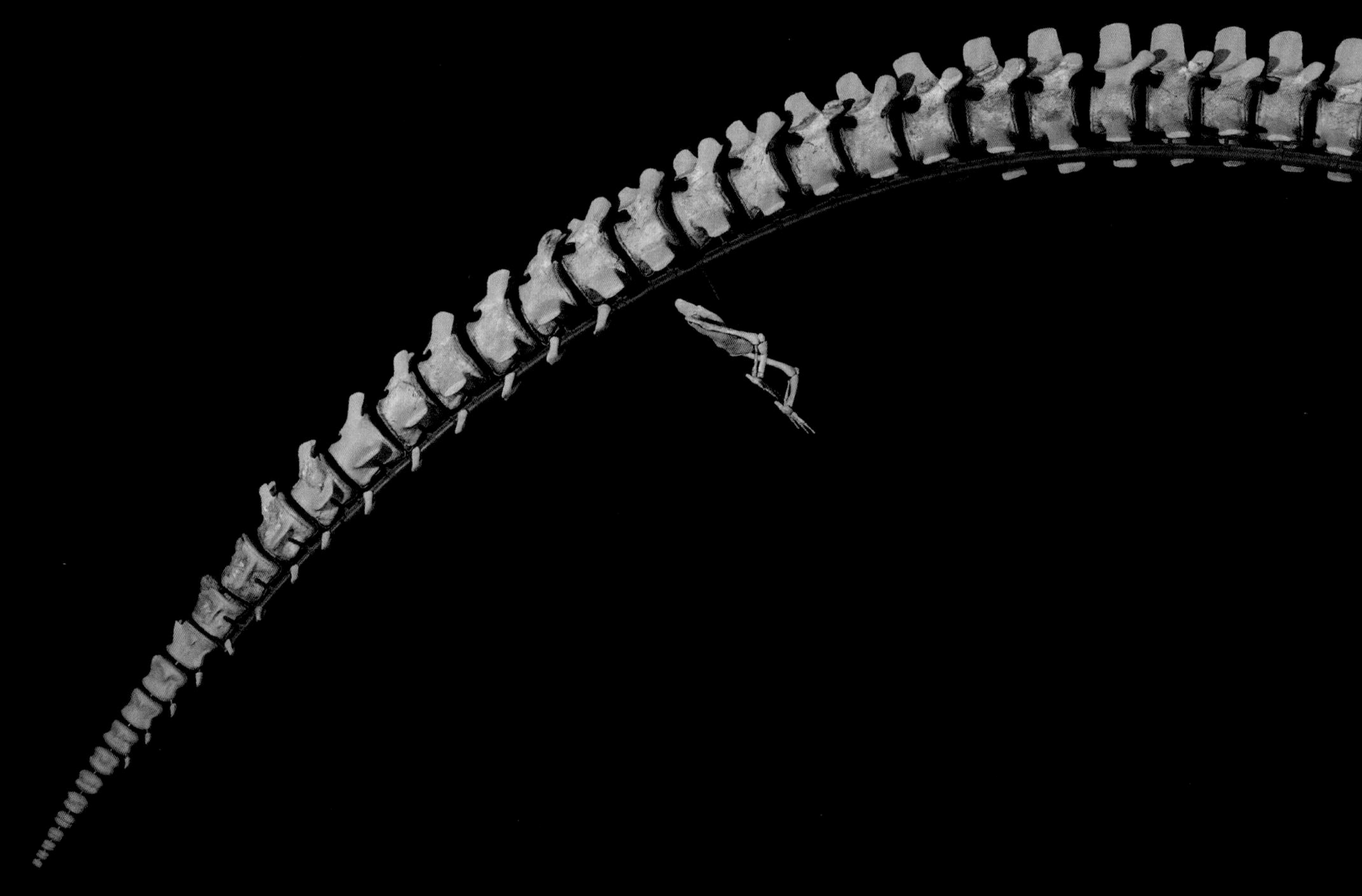

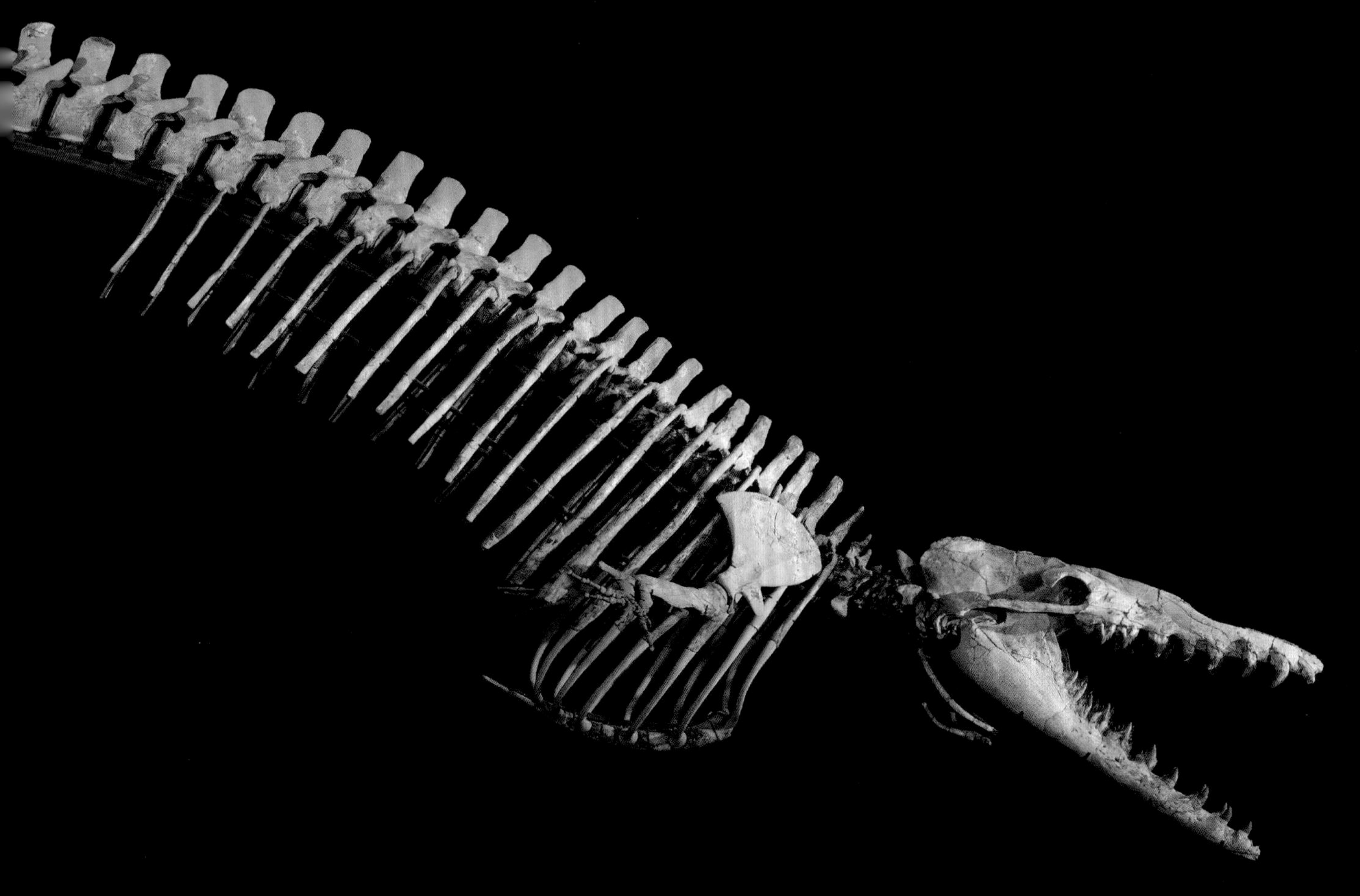

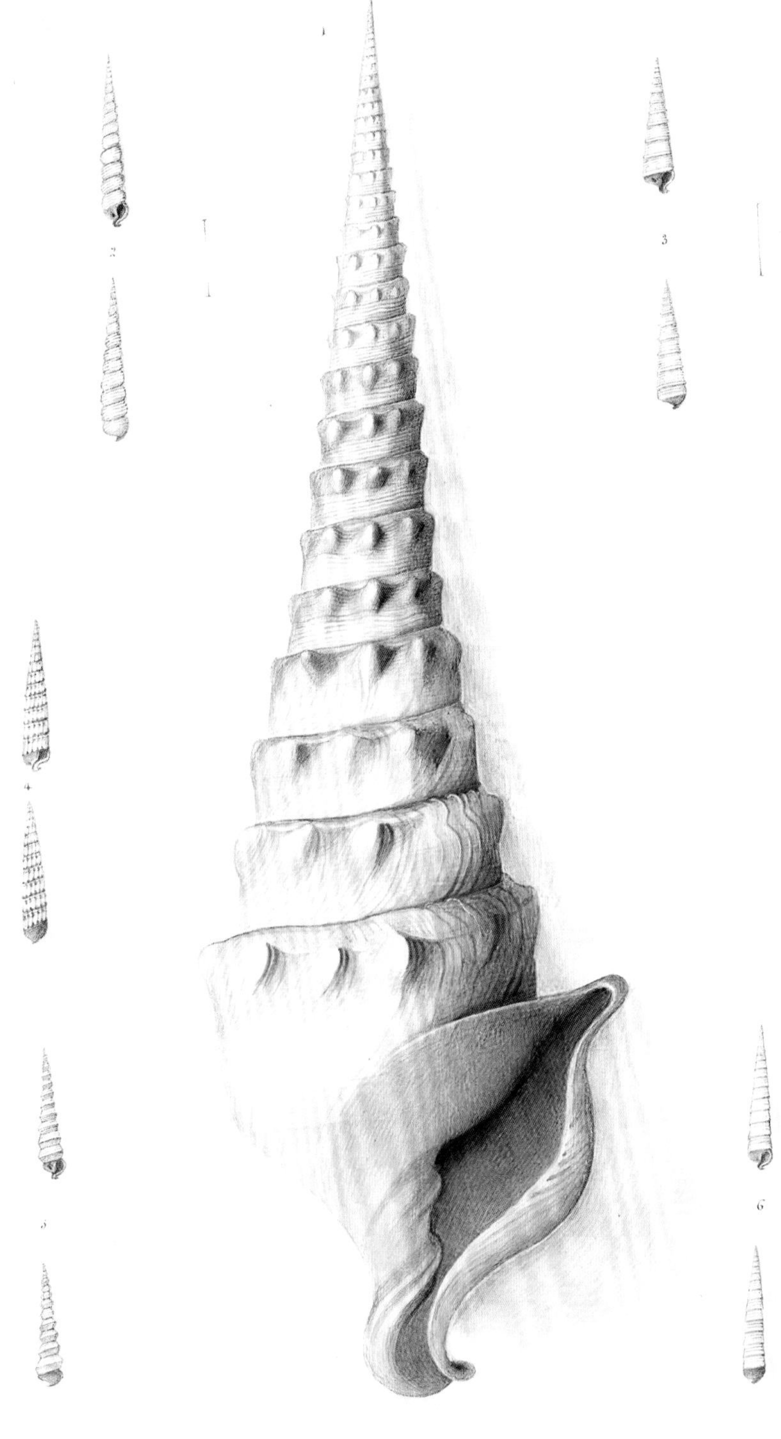

图 14

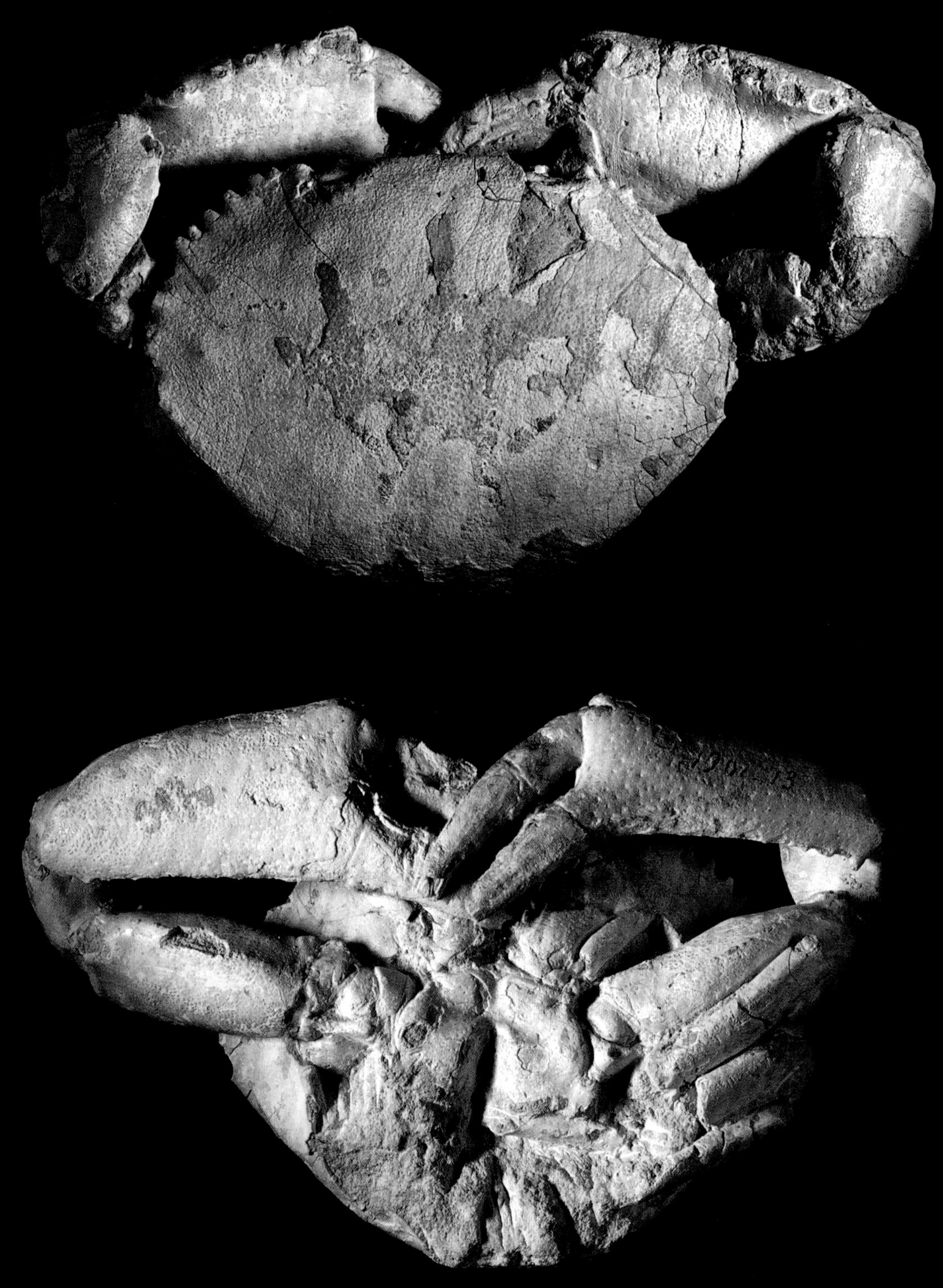

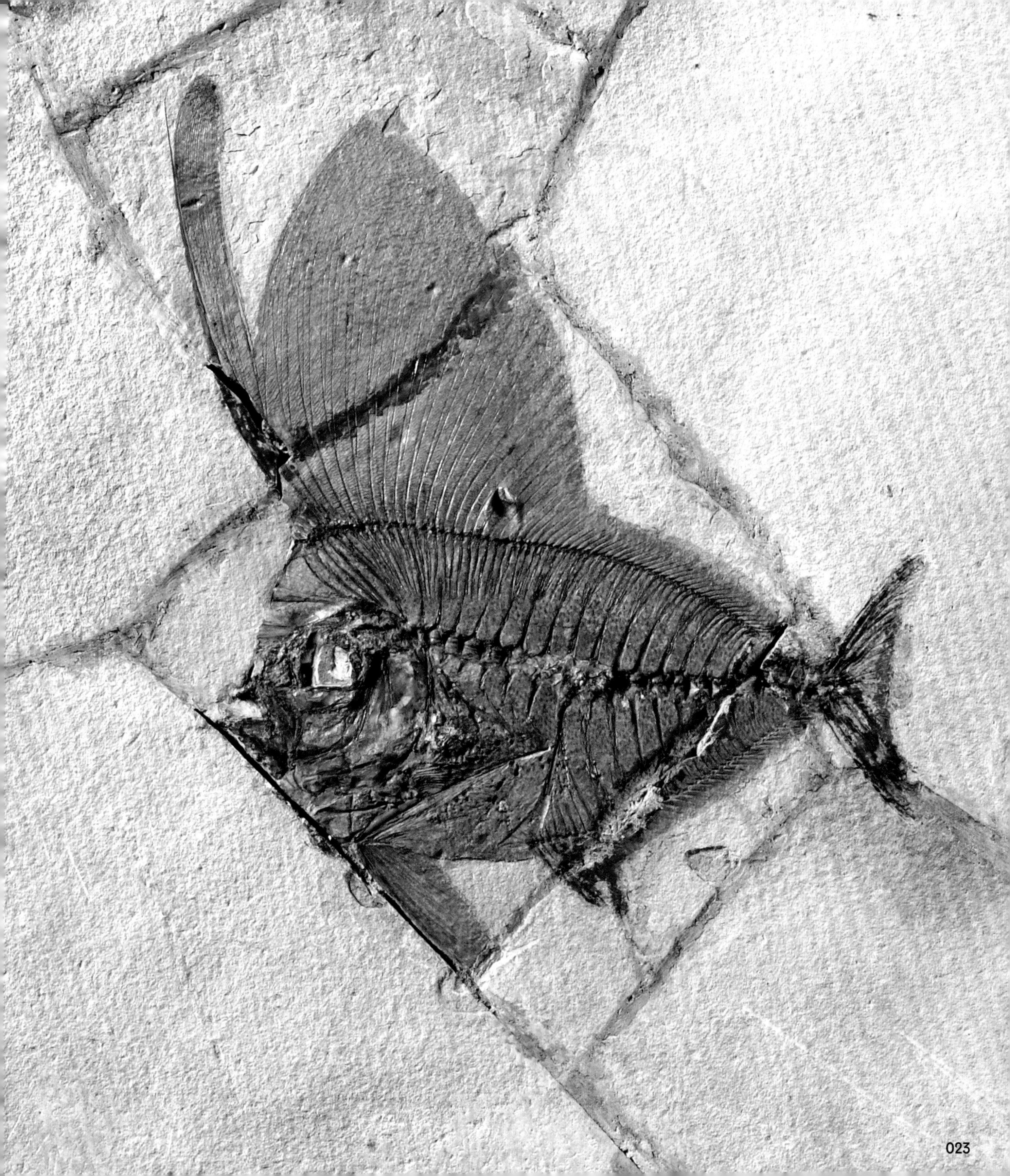

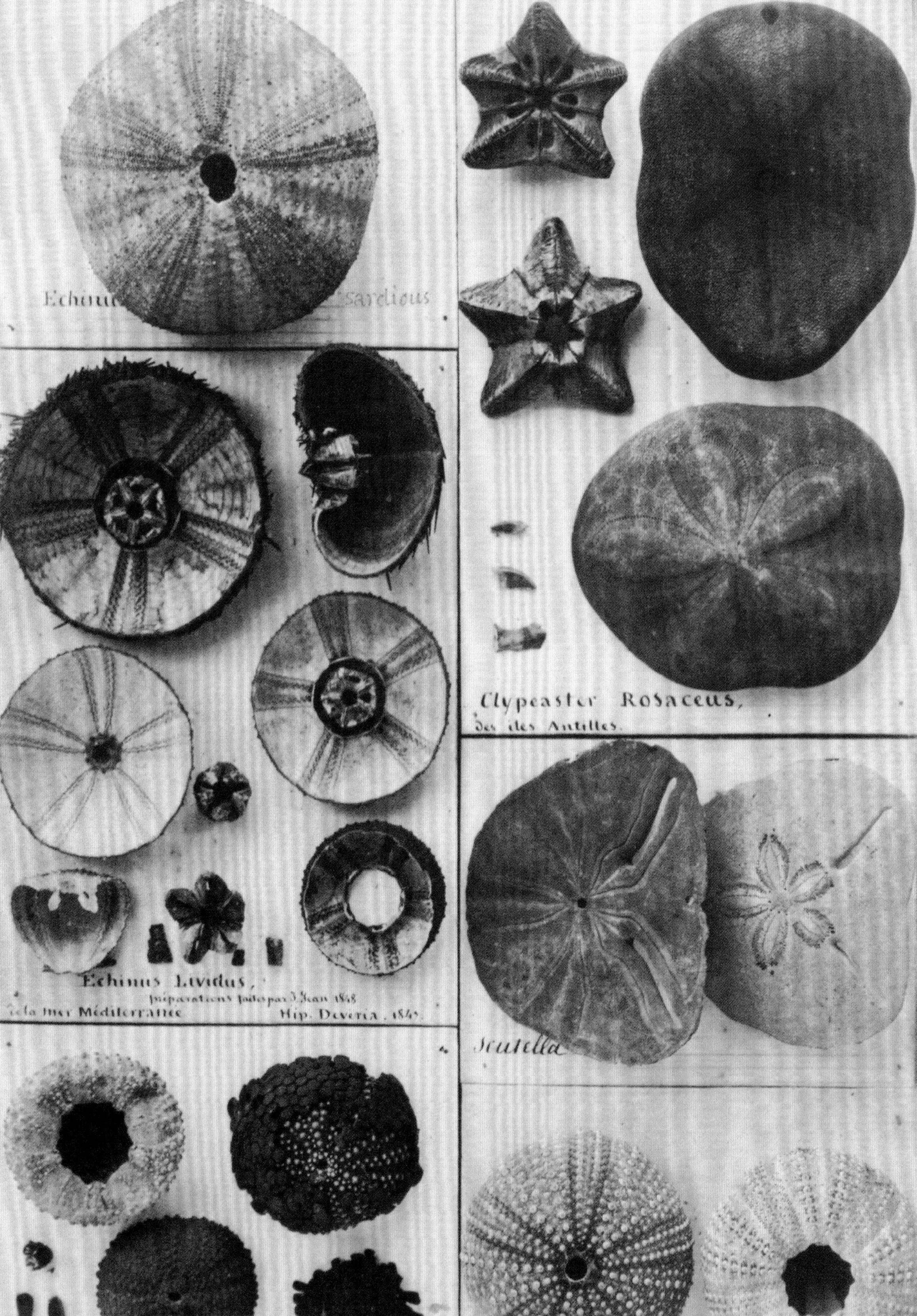
Clypeaster Rosaceus,
des îles Antilles.
Echinus Lividus,
de la mer Méditerranée
Hip. Deveria, 1845.
Scutella

图 15

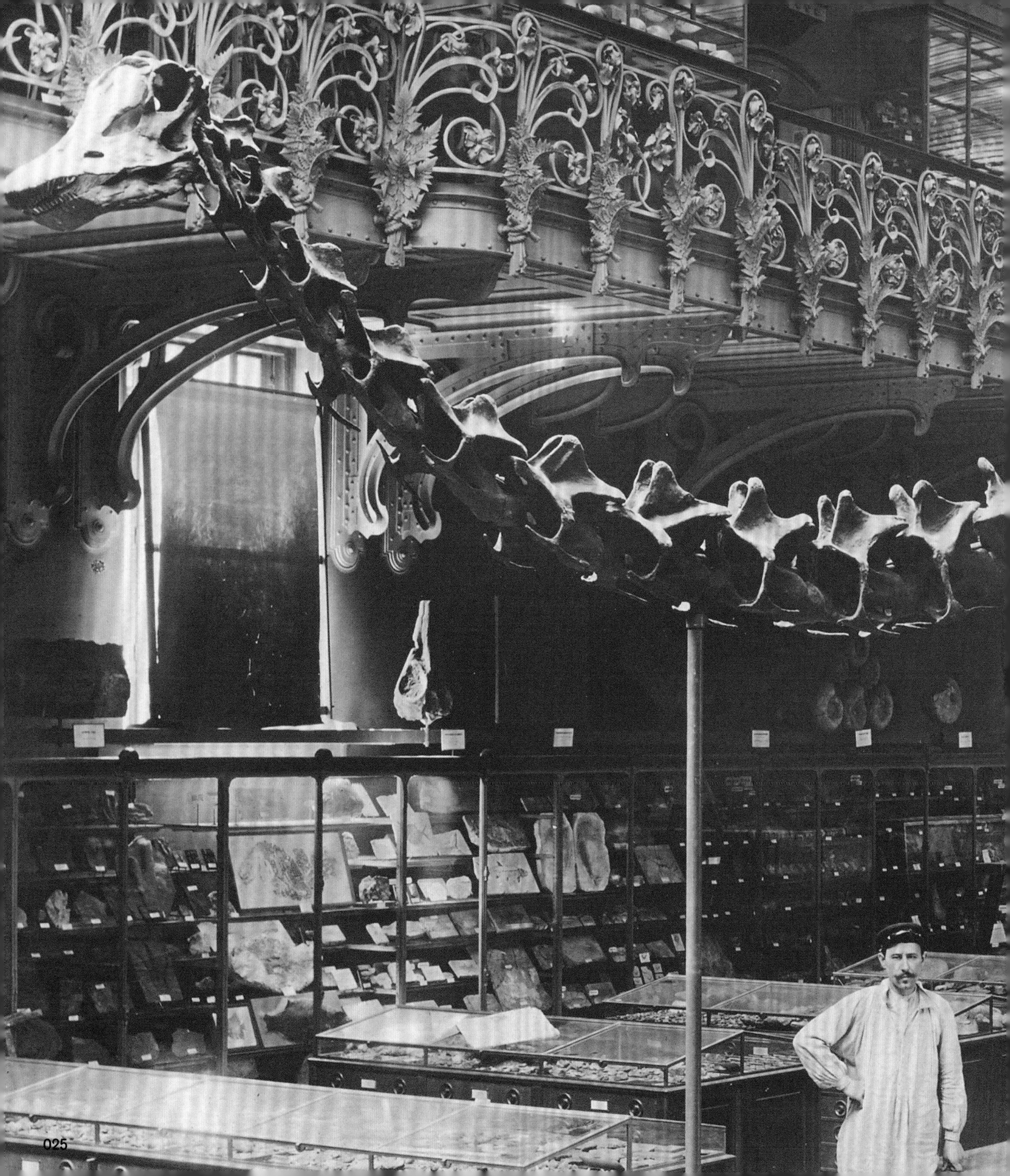

远古化石

001　旋菊石科（未定种）　　化石

Perisphinctidae sp.
马达加斯加
距今 1.6 亿 ~ 1.45 亿年（晚侏罗世）
11 厘米 × 11.5 厘米 × 1.8 厘米
道达尔 - 菲纳 - 埃尔夫（Total-Elf-Fina）公司[1] 于 1997 年赞助
MNHN-MIN-197.358.b

在中生代，菊石的种类一度极其丰富，但在这一时期结束时，也就是 6600 万年前，它们与体型庞大的恐龙一样，走向了灭绝。菊石是头足类软体动物。在当今的自然界，像这样头部连着腕（有时也称作触手）的生物包括章鱼、鱿鱼、乌贼和鹦鹉螺等。

菊石的身体包裹在隔成若干腔室的壳里，壳体旋卷程度不一，但只有最后那个腔室或者说“住室”是它的栖居之所，其他腔室则充满气体，被称为“气室”，用于调节浮力，通过体管来控制壳体的沉浮。

侏罗纪和白垩纪时期，菊石经历了辐射演化，形态变得十分多样。人们在沉积层中发现了大量菊石壳化石，直径从几毫米到超过 2 米不等。最常见的形状被称为平旋形，即壳体在一个平面上围绕自身旋转。随着它们逐渐占据新的生态位，更罕见的形状出现了，比如直杆状或旋环之间彼此分离、互不接触的松卷形。

本馆是世界上收藏菊石最多的博物馆之一，其中许多标本都是由阿尔西德 · 奥尔比尼记述和绘制的。他是这里第一位担任古生物学教职的讲席教授，撰写了一系列法国古生物学的基础性著作。

002　印板石始祖鸟　　模型

Archaeopteryx lithographica
原化石产自德国巴伐利亚州
距今均 1.47 亿年（晚侏罗世）
51 厘米 × 39 厘米
伦敦自然历史博物馆自卡尔 · 黑贝尔莱因处购入
MNHN.F.AC302

1861 年，人们在巴伐利亚发现了首个印板石始祖鸟的化石。化石年代距今约 1.47 亿年，最终成了一位名叫卡尔 · 黑贝尔莱因的医生的藏品，后来被卖给了伦敦自然历史博物馆，至今仍保存在那里。

理查德 · 欧文于 1863 年将其记述为“伦敦标本”，查尔斯 · 达尔文在《物种起源》第四版中也提到了它。

印板石始祖鸟的属名意为“古老的翅膀”，因为这是当时发现的第一块带有羽毛印痕的化石，这些印痕保存得特别完好。一亿多年前，这个物种生活在当地由温暖海水环绕的群岛上。

请欣赏它的双翅比例和羽毛印痕。它们是不对称的，因此是专门用于飞行的。全世界已知的此类标本只有 12 件。围绕着它在鸟翼类恐龙谱系中的分类地位、与其他恐龙的亲缘关系以及它的飞行能力，科学家们展开了激烈的争论。

始祖鸟的一大特征是没有龙骨突，而龙骨突是鸟类胸骨的重要组成部分，没有它通常无法飞行。它们的肌肉力量比现代鸟类弱，颌骨上长有牙齿，前肢具三指，指端具爪，还有一条由尾椎骨构成的长尾。综合上述特征，始祖鸟属于兽脚类恐龙的一个分支，与现代鸟类关系相近。

译者注

1. 道达尔公司（Total）2003 年 5 月 7 日全球统一命名为道达尔（Total），旗下包括道达尔（Total）、菲纳（Fina）、埃尔夫（ELF）三个品牌。
2. 亚化石指保存于较新地层、石化程度较低的生物遗体化石。
3. 第三纪目前已被划分为古近纪和新近纪，这里尊重原文仍译为第三纪。
4. 原文为 *Glyptodon asper*，但根据新的分类意见，该种已被归并到 *G. reticulatus*。
5. 巴黎盆地是法国北部的一个沉积盆地，巴黎位于其中心。

003　居维叶小袋兽　　化石

Peratherium cuvieri
法国　巴黎
距今 3500 万年（始新世）
12.5 厘米 × 5 厘米
乔治 · 居维叶于 1804 年发掘
MNHN.F.GY679

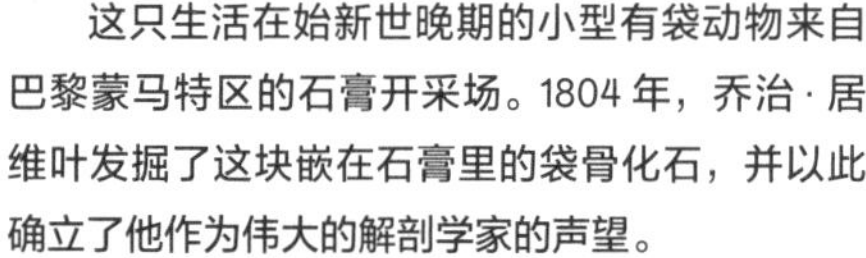

这只生活在始新世晚期的小型有袋动物来自巴黎蒙马特区的石膏开采场。1804 年，乔治 · 居维叶发掘了这块嵌在石膏里的袋骨化石，并以此确立了他作为伟大的解剖学家的声望。

居维叶根据先发现的牙齿判断，这是一种有袋动物，即腹部有育儿袋的哺乳动物，类似于今天的负鼠。他预测，如果继续清理发掘，将会在骨盆前方发现有袋动物特有的骨头——袋骨。事实上，并不是每次发现有袋动物化石时都能找到这块骨头，可能因为这块袋骨是软骨，在形成化石的过程中很难保存下来。但这次，居维叶很幸运，发现了袋骨。

居维叶由此成功应用了他提出的“器官相关律”。根据这一原理，每个有组织的生物都构成了一个独立而统一的整体，身体各部分相互契合。任何部分都不能独立于其他部分而发生变化，因此，生物体的每个部分都塑造着其他所有部分。这一论断使我们有可能基于已发现的单一构造“预判”出该生物体的整体特征。

今天，负鼠这类动物仅生活在美洲大陆。

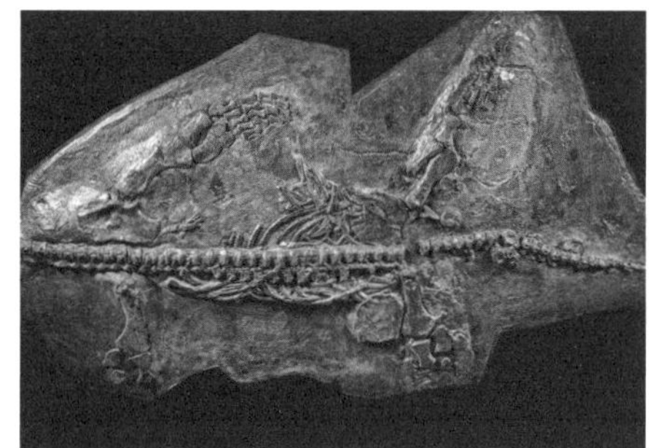

004　长颈蛇颈龙　　化石

Plesiosaurus dolichodeirus
英国　多塞特郡　莱姆里吉斯
距今 1.9 亿年（早侏罗世）
1.9 米 × 1.1 米
玛丽 · 安宁发掘；康斯坦特 · 普雷沃于 1824 年为乔治 · 居维叶购入
MNHN.F.AC8592

玛丽 · 安宁毕生致力于在英格兰南部海岸收集化石。她是第一位女性“化石猎人”，并独立或与兄弟约瑟夫 · 安宁一起开创了许多第一次：1811 年发现了第一只鱼龙，1821 年发现了第一只蛇颈龙，1828 年发现了英国第一只翼龙。

蛇颈龙的属名 *Plesiosaurus* 意为“近似蜥蜴”，是威廉 · 科尼比尔和地质学家贝施于 1821 年发现第一个此类标本后创造的。

蛇颈龙是一类海洋爬行动物，身体呈桶状，脖子长，尾巴短，四肢转化为鳍脚。蛇颈龙和鱼龙之间的大战是 19 世纪末流行文学的经典题材。

一般认为，玛丽 · 安宁在 1824 年发现了这件标本。它被地质学家康斯坦特 · 普雷沃以 10 英镑的价格买下，并于 1825 年由乔治 · 居维叶绘图。直到 2010 年，这件标本才被详细地科学描述。

这个年长的成年蛇颈龙标本能够入藏本馆可以说是玛丽 · 安宁的一次胜利。在挖出第一件蛇颈龙标本时，这个女人就敢给居维叶男爵寄去标本的素描图。居维叶最初认为这是件伪造的赝品，因为与当时已知的任何活体或化石动物相比，这件标本的形态都太不寻常了，所以他并没有给予认可。

特蕾西 · 希瓦利埃基于玛丽 · 安宁的生平创作了传记小说《奇妙生物》（2010）。

005　毁灭刃齿虎　　模型

Smilodon populator
原化石产自阿根廷
距今 100 万 ~ 1.1 万年（更新世）
2.1 米 × 1.2 米 × 0.5 米
弗洛伦蒂诺 · 阿梅吉诺于 1908 年捐赠
MNHN.F.1908-15

这种掠食性食肉动物是地球上存在过的最大的猫科动物。它身长超过 2 米，肩宽超过 1 米，体重可达 400 千克。

毁灭刃齿虎的特点是上犬齿极长，可达 28 厘米，尾巴很短，前肢肌肉组织异常发达，比现在的狮子或老虎要强壮得多。

第三纪[3]期间，不限于猫科，有数种哺乳动物趋同演化出了高度发达的犬齿。因此，根据形如刀剑的犬齿这一特征而提出的“剑齿虎”这一术语并不十分精确，它并不仅指刃齿虎等剑齿虎亚科的成员。

从同样发现于阿根廷的一些化石可知，还有一种有袋类“剑齿虎”——袋剑齿虎 *Thylacosmilus atrox* 曾生活在南美洲。袋剑齿虎比刃齿虎小得多，而且在刃齿虎出现之前很久就消失了，因此它们之间不存在竞争。近来在阿根廷首次发现了刃齿虎的足印，其中一个足印表明，这种动物比现生孟加拉虎的体型要大 20%。

毁灭刃齿虎还有一个近亲——致命刃齿虎 *Smilodon fatalis*，人们在美国加利福尼亚州的拉布雷亚沥青坑中发掘出了数百件该物种标本。大约一万年前，毁灭刃齿虎和南美洲巨型动物一起消失了。

电影《冰川时代》中的重要角色迪亚哥就是一只刃齿虎！

006 南方猛犸象

亚化石[2]

Mammuthus meridionalis
法国 加尔省 迪尔福
距今 100 万年（更新世）
6.80 米 × 4.15 米 × 1.95 米
卡扎利斯·德丰杜斯和奥利耶·德马里夏尔于 1869 年发掘
MNHN.F.DUR1022

自 1898 年以来，这具猛犸象骨架一直矗立在本馆古生物学展厅，统领着这里的哺乳动物化石群，是法国唯一一具组装的猛犸象骨架。

1869 年，迪尔福的道路施工时，发电站的工程师保罗·卡扎利斯·德丰杜斯和考古学家兼历史遗迹巡查员朱尔·奥利耶·德马里夏尔发现了这个来自约一百万年前的标本。他们注意到一些不同寻常的遗迹，比如最初被当作古代喷泉堵塞管道的象牙。遗憾的是，这些化石非常脆弱，无法取出来。所幸他们赶在 1870 年普法战争爆发之前找到了另一件保存更好的标本，并从中取出了头骨。1873 年，挖掘工作重启，取出来的化石碎片被涂上煮沸的松香和鲸蜡，以便运输。不过，仍有一根胫骨下落不明。

这头猛犸象体型庞大，活着的时候约有 10 吨重，但它还是一只幼象，因陷入泥潭而死，被淤泥埋葬。南方猛犸象比西伯利亚猛犸象体型更大，毛发当然也少得多。

这套标本被分装在 31 个板条箱中运抵巴黎。最初，它被安置在比较解剖学实验室的“大象厅”，法国作家莫泊桑曾在那里欣赏过它。随后，它被移至古生物学家阿尔贝·戈德里的库房，最终在古生物学展厅找到了它的容身之地。

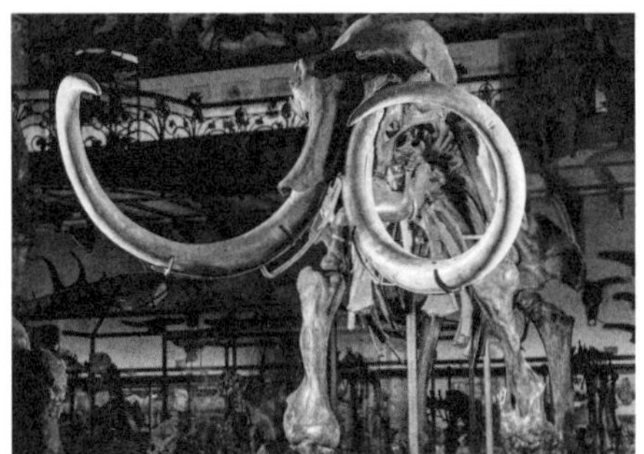

007 真猛犸象

亚化石

Mammuthus primigenius
俄罗斯 利亚霍夫群岛
距今 4.4 万年（更新世）
4.85 米 × 2.70 米 × 1.70 米
亚历山大·施滕博克-费莫尔于 1912 年捐赠
MNHN.F.MAQ287

该标本属于一头年轻的成年雄性真猛犸象，由亚历山大·施滕博克-费莫尔伯爵捐赠。在当时，本馆是全欧洲唯一拥有完整真猛犸象的博物馆。

1901 年至 1903 年，地质学家康斯坦丁·阿达莫维奇·沃罗索维奇率领科学考察团，前往新西伯利亚群岛中最大的利亚霍夫群岛，在那儿发现了这具真猛犸象的遗骸。

这具遗骸被运抵巴黎，其若干组成部分被学者们观察并研究，包括骨架、头部、獠牙、生殖器、皮肤和毛发的碎片、消化道内容物等。1913 年，古生物实验室主任马塞兰·布勒开始着手进行骨架组装；但直到 1957 年，伊夫·科庞才受托并最终完成组装任务，将其安置在展厅里。今天，这具骨架和其他长鼻类化石一起，被陈列在古生物学展厅。

早在 1914 年，就有文章报道在这具猛犸象遗骸的脚掌血块中鉴定出了血红素（血红蛋白的组成部分），这是首次在猛犸象化石中发现生物分子。自 20 世纪 90 年代以来，对猛犸象 DNA 的研究越来越多，揭示出猛犸象和非洲象之间的密切关系，正如二者相似的形态特征所暗示的那样。这些保存完好的标本今后一定还会揭示出更多秘密……

008 帝王肌鳄

化石

Sarcosuchus imperator
尼日尔 泰内雷沙漠 加杜法乌阿
距今约 1.1 亿年（早白垩世）
9.40 米 × 1.35 米 × 2.40 米
菲利普·塔凯于 1970 年发掘
MNHN.F.1973-9

帝王肌鳄生活在 1.1 亿年前的非洲，是迄今发现的最大的鳄鱼，堪称鳄鱼中的“帝王”。

20 世纪 40 年代后期，巴黎天主教学院的地质学家兼古生物学家阿尔贝·费利克斯·德拉帕朗神父多次前往撒哈拉沙漠探险考察，发现了该物种的第一批遗骸。但直到 1965 年，菲利普·塔凯在尼日尔著名的加杜法乌阿矿床发现了包括头骨在内的又一批遗骸，才于次年首次科学描述这个物种，并将其命名为帝王肌鳄 *Sarcosuchus imperator*。1970 年，菲利普·塔凯又发掘出一组更加完整的标本，就是现在陈列在本馆古生物学展厅的那具。

帝王肌鳄最长可达 10 米，体重估计约 4 吨。它在非洲的河流中游弋，寻觅大型鱼类，但在伏击时，其主要猎物是前来饮水的恐龙，其细长吻部上牙齿数量众多，对这些牙齿的地球化学分析表明其钙元素含量很高，也证实了这一点。

肌鳄属还有另一个物种——哈氏肌鳄 *S. hartti*，生活在同时期的南美洲，形态非常接近非洲的帝王肌鳄。这并不奇怪，因为在 1.1 亿年前的早白垩世末期，南大西洋尚未形成，非洲和南美洲还连在一起，像肌鳄这样的大型动物能够从一片大陆游荡到另一片大陆。

009　霍夫曼沧龙　　颌骨化石

Mosasaurus hoffmanni
荷兰　马斯特里赫特　圣皮埃尔山
距今约 7000 万年（晚白垩世）
0.70 米 × 1.25 米
霍夫曼博士旧藏，法国大革命期间缴获，1795 年收入本馆
MNHN.F.AC9648

1770 年左右，人们在荷兰马斯特里赫特发现了几块一米多长的颌骨化石。博物学家无法确定它们属于哪种动物，猜测可能是鳄鱼、鱼类或抹香鲸。法国革命军占领马斯特里赫特后，这些化石作为战利品被收缴，并于 1795 年被带回巴黎。

居维叶运用他的比较解剖学理论研究了这些颌骨化石，揭开了它的真面目：一种与现代蜥蜴类似的爬行动物，体型巨大，生活在海洋中，已经灭绝……最后这条结论可以佐证他的“灾变论”：在第三纪和第四纪哺乳动物之前，存在着一个失落的世界，那里生活着许多如今已不复存在的动物，它们都在一次波及全球的灭顶之灾中消失了。沧龙体长 3 ~ 15 米，在晚白垩世（1 亿至 6600 万年前）的各大洋中游弋。

直到 19 世纪 20 年代，该化石才被赋予学名——*Mosasaurus hoffmanni*，结合了“默兹蜥蜴”和标本的第一任主人霍夫曼博士的名字。1852 年，保罗 · 热尔韦在此基础上建立了沧龙科 Mosasauridae。霍夫曼沧龙是最早被发现并命名的沧龙，比尽人皆知的恐龙和其他海洋爬行动物（鱼龙、蛇颈龙等）还要早几十年。它是所有沧龙中体型最大的，也是已知的白垩纪末期大灭绝之前活到最后的几种沧龙之一。

010　网纹雕齿兽　　化石

Glyptodon reticulatus[4]
阿根廷　萨拉多河
距今 78 万年至 1 万年之间（中—晚更新世）
2.85 米 × 1.25 米 × 1.15 米
弗朗索瓦 · 塞金于 1871 年发掘
MNHN.F.PAM759

该化石代表了已知最大的雕齿兽属 *Glyptodon* 物种之一，长达 3 米，重达 2 吨。雕齿兽外形类似犰狳，是一种巨型食草动物，也是南美洲最著名的哺乳动物之一，在一万年前灭绝了。

收集这块化石的人叫弗朗索瓦 · 塞金，他是一位移居阿根廷的法国人，收集了大量第四纪哺乳动物化石。这个标本的外壳由上千块骨板组成，完全无法弯曲，也不能运动。保存如此完整的雕齿兽化石十分罕见，但在南美洲的化石地层中埋藏着大量这样的小骨板，可以追溯到新生代的不同时期。

与非洲大陆分开后，在长达 6000 万年的漫长地质时期里，南美洲都是一片孤立的岛屿状大陆，那些在其他地方几乎找不到的物种在这里繁衍生息，形成了独特的动物区系。300 万年前，巴拿马地峡形成后，南北美洲连为一体，许多来自北方的物种侵入南方。物种入侵，加上气候的急剧变化，以及约 1.6 万年前人类的到来，都可能导致了南美洲原始动物群的锐减和巨型动物群的消失，其中便包括地球上最后的雕齿兽和大地懒。

011　恐怖三角龙　　头骨化石

Triceratops horridus
美国　怀俄明州
距今 6600 万年（晚白垩世）
2.10 米 × 1.14 米 × 1.62 米
1912 年购入
MNHN.F.1912-20

就在梁龙骨架大张旗鼓地运抵法国的同一年，人们在美国发现了一种形态完全不同的恐龙。不久后，它也将加入本馆古生物展厅的物种行列。

尽管三角龙有华丽的颈盾和令人印象深刻的角，但它其实是植食动物。“恐龙时代”末期，也就是 6600 万年前的晚白垩世，它们生活在北美洲西部。

美国著名的化石猎人、古生物学家兼博物学家查尔斯 · H. 斯滕伯格在怀俄明州发现了这块头骨化石，并以一千美元的价格卖给了马塞兰 · 布勒教授。布勒教授接替阿尔贝 · 戈德里担任本馆古生物学部主任，当时是古生物学展厅的负责人。1912 年 10 月，这件化石运抵展厅。

尽管这块头骨尺寸庞大，但这只三角龙尚未成年。此外，请注意它长着一长排牙齿的“鸟喙”！在整个角龙科 Ceratopsidae 中，它们的角和颈盾的形态展现出惊人的多样性。

早期的古生物复原艺术家曾错误地将它塑造为著名的霸王龙的劲敌……

012　美洲大地懒

化石

Megatherium americanum
阿根廷　圣菲
距今 4 万年（更新世）
长约 6 米
弗朗索瓦 · 塞金于 1871 年发掘
MNHN.F.1871-383

在地质年代上，大地懒灭绝的时间相当晚，甚至与第一批人类定居南美洲的时间有所重叠。

已知现存的树懒只有两个属——树懒属 *Bradypus* 和二趾树懒属 *Choloepus*，但在过去的十万年间，出现过不少于 20 种树懒，大地懒便是其中绕不开的角色。它重达 4 吨，在地面上生活，并不像它如今的树栖表亲那样懒惰迟缓。然而，正是后者幸存到了今天！

大地懒是一种巨型动物，生活在 4 万到 1 万年前的南美洲。树懒属于异关节总目 Xenarthra，这是距今 5500 万年的古新世末期就已出现的一个有胎盘哺乳动物类群。异关节总目动物至今仍生活在美洲大陆，比如犰狳、树懒和食蚁兽。

这只大地懒标本最初是以四肢着地的姿势进行展示的。为了增强气势，阿尔贝 · 戈德里让它站了起来，前肢搭在一棵用铁和水泥制成的树上。关于大地懒是双足还是四足动物，一直存在争议，这样的展示方式实际上是对这一争议的一个模棱两可的答复。

013　指状银杏

化石

Ginkgo digitata
英国
距今 1.7 亿年（中侏罗世）
10 厘米 × 15 厘米
MNHN.F.40013

现如今，地球上的银杏只剩下一种（见第 142 页，068）。其实，直到上一地质时期（新近纪），银杏还是一个种类繁多的家族，而在中生代时达到顶峰。

这块来自侏罗纪时期的银杏化石令人惊叹，深裂的叶片仍有部分被压印在石板上。其边缘深裂的扇形叶片非常有特色。化石上可以看到不同的颜色：浅色区域对应的是已经消失的叶片留下的印迹，深色区域对应的是被压下的叶片遗体，那里仍然残留着部分经过化学转化的有机物，从中能够分析出一些元素，用于对这些化石及该物种生存环境进行各类研究。

银杏与松柏类或多或少有亲缘关系，但银杏通过富含营养的大型胚珠发育成的种子进行繁殖，这使它有别于松柏类。

银杏曾广泛分布在今天北半球的温带地区，形态多样。第四纪冰期消灭了其中大部分成员，只有中国东南部有少数孑遗种群在寒冷时期转移到南方地区，得以幸存至今。

014　巴西辉木

化石

Psaronius brasiliensis
巴西　奥埃拉斯
距今 2.8 亿年（二叠纪）
15 厘米 × 15 厘米
让 - 巴蒂斯特 · 安托万 · 吉耶曼 1839 年的旧藏
MNHN.F.1445

这块化石是石炭纪常见的一种树蕨的茎干切片。

它得以保存下来是因为植物整体被矿化，例如，在这块化石中，植物被二氧化硅所侵渗，其细胞的结构仍清晰可见：中央浅色的茎干部分排布着灰色的叶状体痕迹，外面包裹着厚重的根套，由沿着茎干向下生长的繁茂根系组成。

这件标本由植物学家让 - 巴蒂斯特 · 安托万 · 吉耶曼于 1839 年带回法国，属于保存在里约热内卢巴西国家博物馆的巴西辉木化石的一部分。它被切下并抛光，以供研究。本馆古植物学创始人阿道夫 · 布龙尼亚对其进行了研究，并通过卡尔 · 弗里德里希 · 菲利普 · 冯 · 马蒂乌斯收集的另一件标本证实它产自巴西。巴西辉木 *Psaronius brasiliensis* 这个物种就是基于这件标本而被描述并命名。经历了伦敦大英博物馆和法国斯特拉斯堡的进一步切割之后，化石的剩余部分被运回巴西。

得益于标本显示的解剖结构，布龙尼亚才能发现它与现生的合囊蕨科 Marattiaceae 关系密切，本质上是一种热带蕨类，在石炭纪十分繁盛，直到 2.8 亿年前的二叠纪初期仍然存在。

015　白垩拟五加　　化石

Araliopsoides cretacea
美国　堪萨斯州　埃尔斯沃思县
距今 1 亿年（白垩纪）
15 厘米 × 11 厘米
加斯东 · 德萨波塔旧藏
MNHN.F.11442

开花植物出现在 1.3 亿多年前。起初，它们在植物景观中并不起眼，到了白垩纪末期才开始成为优势群落。

拟五加属 *Araliopsoides* 属于五加科 Araliaceae，1 亿年前就已出现，最早在达科他地区的砂岩地层中发现。这块印迹化石细致入微地呈现出叶片的脉络，从而得以识别出种类。

这块化石是加斯东 · 德萨波塔在 19 世纪末获得并记录的一批化石中的一件。德萨波塔是古生物学家，参与创办了法国古生物学委员会。特别是在对法国东南部以及更大范围的欧洲化石植物群进行研究的过程中，他注意到，随着时间的推移，植物群会不断更替演化。通过多次书信往来，他支持查尔斯 · 达尔文的理论，是最早的进化古植物学家之一。

科学家们在达科他地区的白垩纪地层还发现了许多其他植物的化石遗迹，包括悬铃木科、木兰科、樟科、桦木科，还有蕨类、类似红杉的松柏类，以及各种水生动植物。这使得重建古环境，昭示恐龙时代开花植物的丰富性与多样性成为可能。

016　蒙氏巨脉蜻蜓　　化石

Meganeura monyi
法国　阿列省　科芒特里
距今 3 亿年（晚石炭世）
翼展 70 厘米
亨利 · 法约尔于 1895 年捐赠
MNHN.F.R51142

这只巨大的蜻蜓是地球上曾经生活过的已知最大的飞行昆虫，如今已经成为科芒特里市的标志。

19 世纪末，法国奥弗涅地区的科芒特里煤田因发现巨型昆虫化石而全球瞩目。

故事始于 1878 年，工程师亨利 · 法约尔在采矿工作中收集了大量昆虫印迹，这 1300 多件标本于 1885 年经昆虫学家兼古生物学家夏尔 · 布龙尼亚清点并记录。许多科学研究揭开了科芒特里异常丰富的古昆虫化石遗存及其出色的保存状况。

1884 年，布龙尼亚向法国科学院报告说在科芒特里发现了一种昆虫，其体型远超当今最大的昆虫。他将其命名为蒙氏巨脉蜻蜓 *Meganeura monyi*，这种翼展 70 厘米的巨型蜻蜓就此闻名于世。它们能长到这么大可能是因为石炭纪大气含氧量较高，并且没有其他飞行掠食者天敌的缘故。

科芒特里出产的化石让人们得以描述石炭纪最为丰富的古昆虫动物群，包括“各种巨型蜻蜓、蟑螂、竹节虫、蝗虫和蚱蜢”。

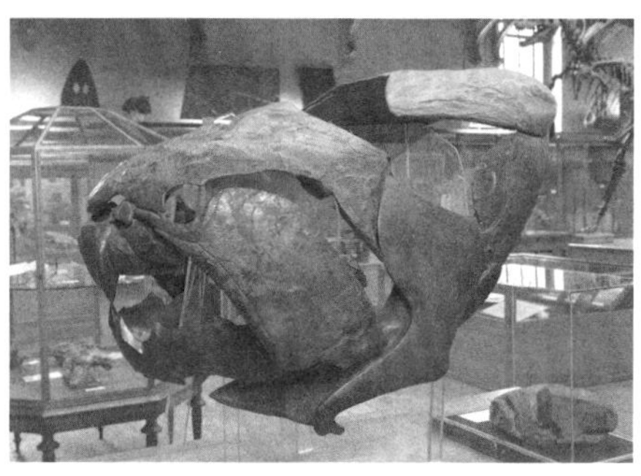

017　泰雷尔邓氏鱼　　模型

Dunkleosteus terelli
原化石产自美国　俄亥俄州　克利夫兰
距今 3.7 亿年（晚泥盆世）
1.43 米 × 0.87 米（头骨和胸甲）
克利夫兰自然博物馆于 1960 年捐赠
MNHN.F.1960-28

邓氏鱼是已知最早的大型掠食者。它身长 8 米，肌肉发达，颌骨尖利，在泥盆纪的海洋里四处游弋，追捕猎物。

那时的世界与现在大不相同：陆地上没有森林，没有花，也没有恐龙——它们要 1 亿多年后才出现！而在海洋中却蕴藏着丰富的生命。

邓氏鱼所属的盾皮鱼类是当时海洋中占据优势地位的脊椎动物，它们数量众多，种类丰富，频繁出没于珊瑚礁、三角洲和远洋地区。它们的食性十分多样化：有些以藻类为食，有些捕食软体动物，还有些是肉食性的。

“盾皮鱼”这个名字源于它们皮肤上覆盖的“盔甲”。事实上，盾皮鱼的头部和胸部都覆盖着厚厚的骨质硬壳，能够保护其重要器官（眼睛、大脑、心脏等）免受捕食者的攻击。这些捕食者有时会是它们的同类。

盾皮鱼的颌就像一把巨大而锋利的切割钳，能将猎物一分为二。盾皮鱼是最早拥有颌的鱼类之一，两颌都由边缘锋利、呈锯齿状的骨骼组成，但令人惊讶的是，它们没有牙齿！

邓氏鱼，非常古老，虽没有牙齿，但依然可怕……

018 秘鲁辛西娅鲸　化石

Cynthiacetus peruvianus
秘鲁　帕拉卡斯
距今 3800 万至 3600 万年（晚始新世）
9 米 × 2 米 × 1.5 米
克里斯蒂安 · 茹尔丹 · 德米宗于 1978 年发掘
MNHN.F.PRU10

大约在 5000 万年前的新生代初期，有些哺乳动物适应了水生生活，重返海洋。第一批鲸类，即完全依赖水生环境的海洋哺乳动物，就出现在 3800 万年前，其中包括辛西娅鲸。

辛西娅鲸是 3600 万年前生活在南美洲沿海的太平洋东南部水域的鲸类。图中是 1977 年在南美洲发现的第一具辛西娅鲸骨架，长约 10 米，属于一头年轻的成年辛西娅鲸。现代鲸类正是从它所属的龙王鲸科演化而来。

与 1000 万年前那些还能在陆地上行动的两栖祖先不同，辛西娅鲸完全依赖水生环境，就像今天的鲸豚类一样。不同的是，今天的鲸类后肢已经完全消失，而辛西娅鲸仍有后肢，但已经退化，靠尾巴来推进游动。此外，今天的鲸类牙齿形态一致，都呈圆锥形，而辛西娅鲸的牙齿明显分化，各有分工：尖锐的门牙和犬牙可以钩住猎物；锋利的前臼齿与臼齿呈三角形，用于切割猎物。

019 巨型钟塔螺　化石

Campanile giganteum
法国　瓦兹省　帕尔内
距今 4500 万年（始新世）
壳长 60 厘米
MNHN.F.B70270

大自然孕育的各种形态，在其仍鲜活美丽时令人着迷，而当其穿越数千万年的时光来到我们面前时则更是如此。每块化石都代表了某种异常现象，因为我们可以清楚地在其周围看到，当生命体死亡时，它的命运是怎样由于突发或渐进的摧毁而归于虚无。

早在 18 世纪，尽管当时人们对地球过去这数百万年的时光还懵懂无知，但布丰提出并得到让 - 巴蒂斯特 · 德 · 拉马克支持的“深时”的概念，让我们可以设想在地球漫长的历史时期曾发生过凡人难以想象的沧桑之变，比如气候的深刻变化。而早在文艺复兴时期，贝尔纳 · 帕利西就已经指出，在法国内陆发现的贝壳化石让人联想到那些如今生活在热带海域的贝类。

4500 万年前，巴黎盆地[5]还被淹没在浅海中，沐浴着温暖的热带气候，产出了如此多的海洋无脊椎动物的贝壳化石——比如这种腹足类动物，有些个体贝壳会超过 60 厘米，这让我们得以定义一个地质年代——卢泰特期（Lutetian，源自巴黎的古拉丁文古称 *Lutetia*）。这笔丰厚的化石遗产至少包括 3000 个物种，吸引了许多早期的科学家，其中包括大多数法国地质学创始人。

020 斑点钩爪蟹　化石

Harpactocarcinus punctulatus
意大利　威尼托大区　维罗纳
距今 5500 万年（早始新世）
宽 10 厘米
让 - 弗朗索瓦 · 塞吉耶旧藏；1757 年入藏国王珍奇柜
MNHN.F.A27544

维罗纳不仅因罗密欧与朱丽叶这对恋人而闻名于世，对古生物学家来说，这里还是出产螃蟹化石的地方。这些螃蟹的壳保存得非常好，没有被压碎，一对大钳时常仍连在身体上。

这些化石产自始新世早期的石灰岩中，当时的意大利北部还被淹没在浅海之中，处于温暖的热带气候下。来自法国尼姆的学者让 - 弗朗索瓦 · 塞吉耶在多次欧洲之旅中收集了大量的这类化石标本。1757 年，他将这些标本带回法国，最终入藏本馆。

在这些螃蟹化石中，有两个物种最具代表性，一种是常见的数量较多的斑点蟹，另一种是罕见的大钳蟹。图中化石是斑点蟹的模式标本，即用于描述该物种的原始材料之一，可作为国际参考标本。1817 年，迈松 - 阿尔福兽医学院教授安塞尔姆 · 加埃唐 · 德马雷首次描述了这种螃蟹，并因其甲壳表面多斑点而命名为斑点钩爪蟹 *Harpactocarcinus punctulatus*。

大钳蟹则在 1850 年由本馆教授亨利 · 米尔恩 - 爱德华兹命名为大钳钩爪蟹 *Harpactocarcinus macrodactylus*。

021 齿纹盔菊石 化石

Hoplites dentatus
法国 奥布省 迪安维尔
距今 1.1 亿年（早白垩世）
30 厘米 × 25 厘米
MNHN.F.A78715

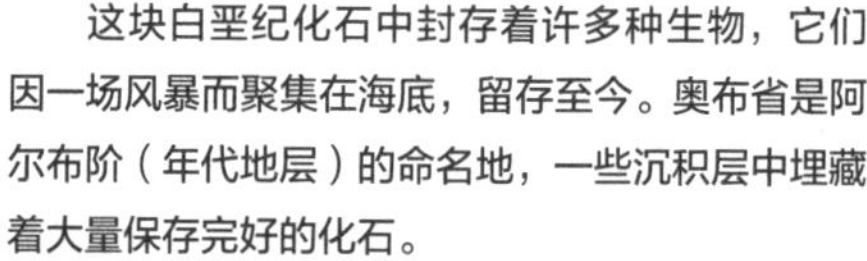

这块白垩纪化石中封存着许多种生物，它们因一场风暴而聚集在海底，留存至今。奥布省是阿尔布阶（年代地层）的命名地，一些沉积层中埋藏着大量保存完好的化石。

在这块化石中，各种贝壳和珊瑚堆积在一起：在盔菊石（齿纹盔菊石 *Hoplites dentatus*）的周围还有腹足类（棱脊假锚螺 *Pseudanchura carinata*、三粒绳纹后蟹守螺 *Metacerithium trimonile*、杜比尼亚梯形螺 *Scalaria dupiniana*）、双壳类（梳状粟蛤 *Nucula pectinata*、棱脊箱蚶 *Arca carinata*）、掘足类（十字牙贝 *Dentalium decussatum*）和单体珊瑚（锥形轮杯珊瑚 *Trochocyathus conulus*）。

这些生物原本生活在不同的环境中：菊石在水中游动，一些双壳类和腹足类软体动物生活在沉积物表面，另一些则埋在泥里，珊瑚则在水与沉积物的交界处滤水取食。

可能是一场风暴扰乱了一切，这些生物被带离它们正常的栖息地，被潜流裹挟，最终葬身海底。因此，在重建过去的环境时，古生物学家必须注意这种扰乱与混杂。这些生物原本生活在不同的环境，死亡和埋葬却将它们永恒地联系在了一起。

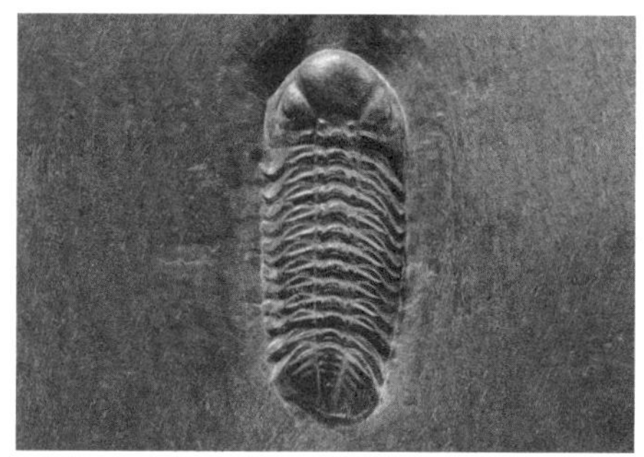

022 费尔南迪头鞍虫 化石

Chotecops fernandini
德国 莱茵兰 - 普法尔茨州 洪斯吕克
距今 4 亿年（早泥盆世）
甲壳长 7 厘米
1897 年购于德国波恩的贝尔纳德 · 施图茨商店
MNHN.F.B04124

三叶虫是在约 2.5 亿年前消失的海洋节肢动物，在古生代达到鼎盛。从寒武纪到二叠纪，在超过 2.5 亿年的漫长时光里，它们种类丰富，分布广泛。

费尔南迪头鞍虫 *Chotecops fernandini* 是德国洪斯吕克板岩中最常见的三叶虫。

洪斯吕克页岩是德国的一种岩石大量出露的地层构造，在这些岩石地层中，化石以闪亮的硫化铁（即黄铁矿）的形式保存下来。由于黄铁矿是一种非常致密的矿物，古生物学家利用 X 射线研究洪斯吕克页岩化石，发现了非常精细的解剖结构，然后将致密的黄铁矿化石与较软、密度较低的煤矸石化石进行对比。因此，除了甲壳，还有可能发现保存下来的三叶虫的腿和触角。

像许多三叶虫一样，费尔南迪头鞍虫具有一项令人称奇的特征：它们的眼睛由许多小眼面组成，并且非常大，这让它们拥有 360 度的视野，是在海底搜寻小型猎物时的得力助手。

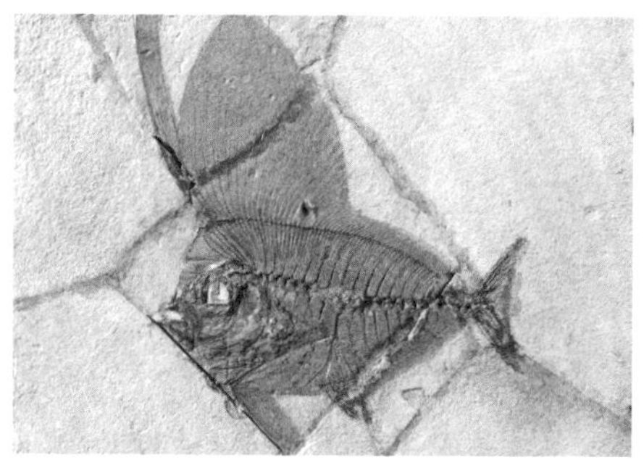

023 帆形艾克斯拉鱼 化石

Exellia velifer
意大利 威尼托大区 博尔卡山
距今 4500 万年（始新世）
14 厘米长
乔瓦尼 · 巴蒂斯塔 · 加佐拉伯爵旧藏
MNHN.F.BOL82

大约 5000 万年前，在现在的意大利北部，有一片带潟湖的深海，大量动植物生活于此，种类非常多样，已确定的物种有 250 多个。它们让这个地区成了今天人们所说的“生物多样性热点地区”。

当生物死亡时，它们会沉入水底，由于氧气被水面上旺盛的生命所吸收并消耗，水底极度缺氧，以致食腐动物和细菌都无法存活，因此，这些生物遗体既不会被食腐动物取食，也不会被细菌分解。它们一沉到底，躺在海底，直到被一层层细泥覆盖。这些沉积物如此细腻，以至于塑造出了这些生物的每个细节。

现在，这些鱼类向我们展示的不仅仅是它们的骨骼，还有皮肤、鳞片、肌肉和内脏的解剖细节，实属罕见。这些精美绝伦的遗存被称为特异埋藏层（Lagerstätte），或化石宝库，构成了一个名副其实的关于过去生命的“化石图书馆”，其年代比《圣经》中提到的大洪水还要早上一千倍：5000 万年前！

024　保罗盾形海胆　　化石

Parascutella paulensis
法国　德龙省　圣保罗三城堡
距今 2000 万至 1500 万年（中新世）
整块 1.15 米 × 0.65 米
于 1998 年购买
MNHN-MIN-198.18

盾形海胆（Scutelle）这个名字来自拉丁文 *scutellum*，缩写为 *scutum*，即“盾牌”，因为它们的形状类似古代饰有花朵纹路的盾牌。第一批盾形海胆标本发现于圣保罗三城堡，这是保罗盾形海胆 *Parascutella paulensis* 的种加词 *paulensis* 的由来。

与常见的长满大刺的球形海胆不同，盾形海胆的身体是扁平的，有短而细的毛发状尖刺。又重又平的结构使它能够埋在水底的沙子里，免受水流和海浪的影响。

大约 2000 万年前，这些海胆被掩埋并形成化石。当时，海水沿着现在的罗纳河谷上升，几乎到达现在里昂的位置。

让 - 巴蒂斯特·德·拉马克在对该属的描述中指出：“物种众多，既有来自第三纪的化石，也有现生物种”。如果这些标本的外观在我们看来不同寻常，那是因为它们约 500 万年前就从欧洲海岸消失了。它们那些形态相似的近亲广泛分布在大西洋、印度洋和太平洋沿岸，俗称“沙币”，有些人甚至将其视为美人鱼的货币。可见这些化石是多么美妙的宝藏！

025　卡内基梁龙　　模型

Diplodocus carnegii
原化石产自美国　怀俄明州　奥尔巴尼县
距今 1.5 亿年（晚侏罗世）
25 米 × 3 米 × 1.8 米
1908 年安德鲁·卡内基赠予法国总统阿尔芒·法利埃，随后入藏本馆
MNHN.F.1908-18

这种四足爬行动物一度被认为是地球上存在过的最大的陆生动物，“恐龙狂热”这一风潮就是因它而起。

本馆展出的卡内基梁龙是一件复制模型，原化石是在美国怀俄明州晚侏罗世的沉积物中发现的，其中第一块骨头于 1898 年重见天日，本馆古生物学展厅也在同年开放。

十年后，这具梁龙骨架的复制模型运抵巴黎。这还得多谢英国国王爱德华七世的贪心，他想要一具属于自己的梁龙骨架……于是美国亿万富翁安德鲁·卡内基不得不向其他十几个国家也送上了同样的复制模型。

整个骨架复制模型共计 324 块骨头，被装在几十个板条箱里运抵巴黎。工作人员搭起壮观的木制脚手架，在展厅里将它组装完毕，并于 1908 年 6 月 15 日对公众亮相。

梁龙 *Diplodocus* 这个名字是古生物学先驱奥思尼尔·C. 马什所取，由希腊语中的 diplous（“双”）和 docos（“梁”）组成，指的是其尾椎下方的人字骨具有两个形似双梁的突起。

从动物学的角度来看，梁龙自发现以来一直是许多争论的主题：它的代谢如何？它是活跃的还是无精打采的？它是水生、陆生还是两栖的？它有长鼻子吗？为什么它的脑袋这么小？另外，它细长如鞭的尾巴有什么作用？请仔细观察，自己寻找答案吧！

II

矿物大观

MONDE MINÉRAL

地质学研究地球的各种组成部分，致力于重建地球的历史。法国国家自然博物馆的地质和矿物学收藏包括 4000 多块陨石、近 2.4 万件内成岩石标本、29.4 万件外成岩石标本、13.3 万多件矿物和 4000 多件宝石和石质艺术品，构成了一部关于地球历史的开放式百科全书。分析这些标本中的化学元素，让我们得以重建其物质转化过程，而且通常可以确定岩石形成的年代。这些标本形式多样，是地质运动中不同物理作用的产物，搭配缤纷的色彩，构成了一场视觉盛宴，其魅力经久不衰。无论是天然形成的还是经过加工的，地球上的还是地外的（如陨石），岩石矿物弥合了地质世界和化学世界之间的鸿沟，我们随后将看到的那些合成颜料就证明了这一点。

7.N
99.
1839

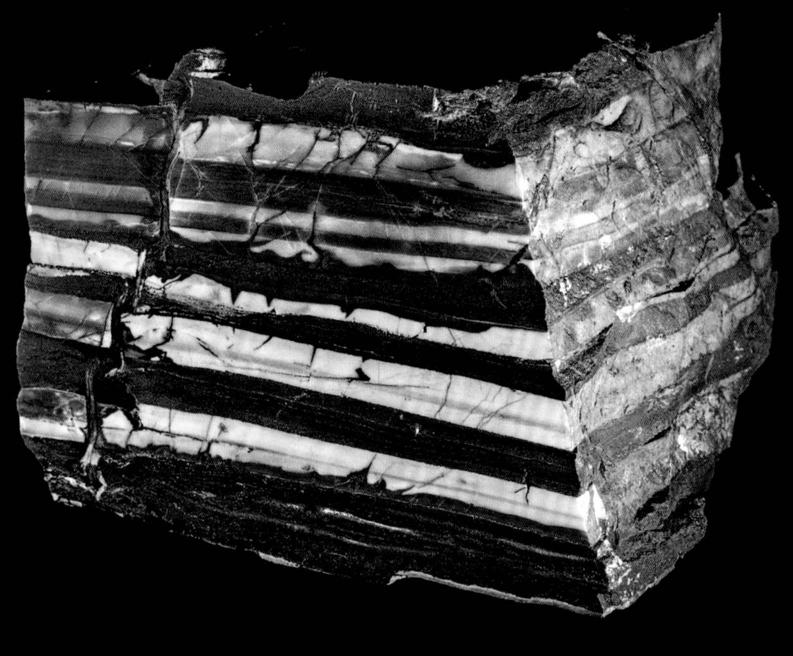

Coupe théorique des divers terrains, roches et minéraux qui entr[ent dans la composition]
du sol du bassin de Paris; d'après MM. Cuvier et Alex. Br[ongniart]

[...]llusiens
1.- Tourbeux
2.- Limoneux
3.- Caillouteux

[...]lysmiens
4.- Limoneux
5.- Detritique

[...]lymnique
6.- Calc. lacustre
7.- Meulière et marne argileuse

8.- Calcaire moëllon ...... Lamantin
.... Fer hydroxidé sablonneux

[...]otéique
9.- Grès coquillier et
10.- Grès sans coquilles
11.- Sables ferrugineux et souvent micacés

12.- Marne marine ...... banc d'huîtres
13.- Marne argileuse verte ...... Célestine en Nodules
14.- Marne lymnique ...... Dalmacite ou lignite suisse ou paléothérium.

[...]léothérien
15.- Gypse et Marnes ...... Calcaire lacustre et Calcaire siliceux
16.- Célestine et silex corné ...... Magnésite 18 et
17.- Schiste et Marne calc. ...... silex résinite
18.- Calc. marneux lacustre
19.- Calc. siliceux ...... Calcaire dit cliquart 19 à cérithes des pierres α

[...]ritonien
20.- Grès tritonien ...... 21 Calcaire dit roche à cérites
21 Calc. grossier
22.- id ...... 22 Calcaire dit lambourde à coquilles variées miliolites
23 tritonien ...... 23 Marne argileuse avec quelques coquilles d'eau douce et lignites en plaquettes

24.- Glauconie grossière

Argilo-Charbonneux
25.- Argile figuline, lignites ...... id avec huîtres, cérithes, Mélanopsides, succin α.
26.- Sables quartzeux ...... Célestine, Pyrites
27.- Poudingue
28.- Argile plastique
Craie blanche et silex

图17

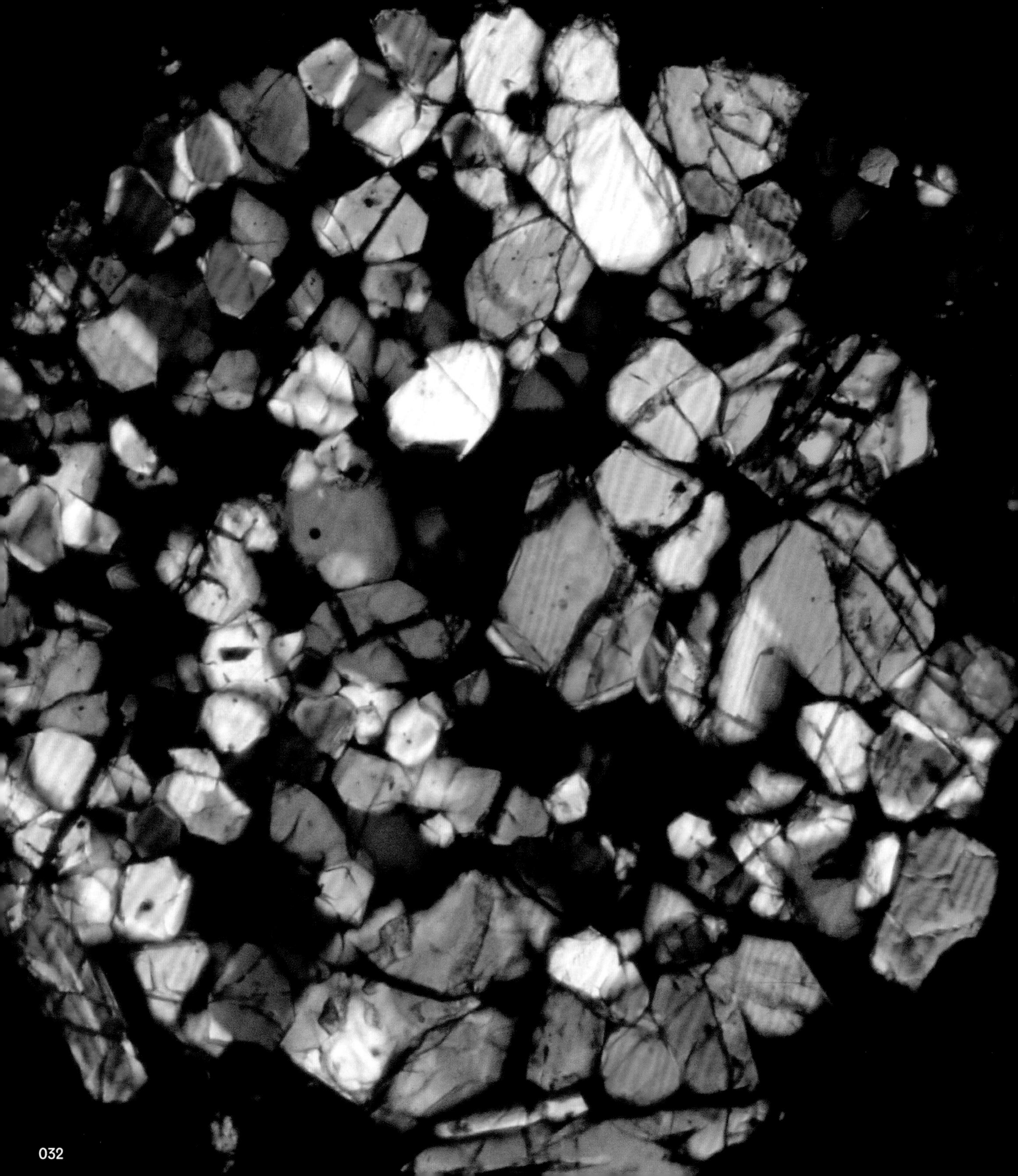

图 18

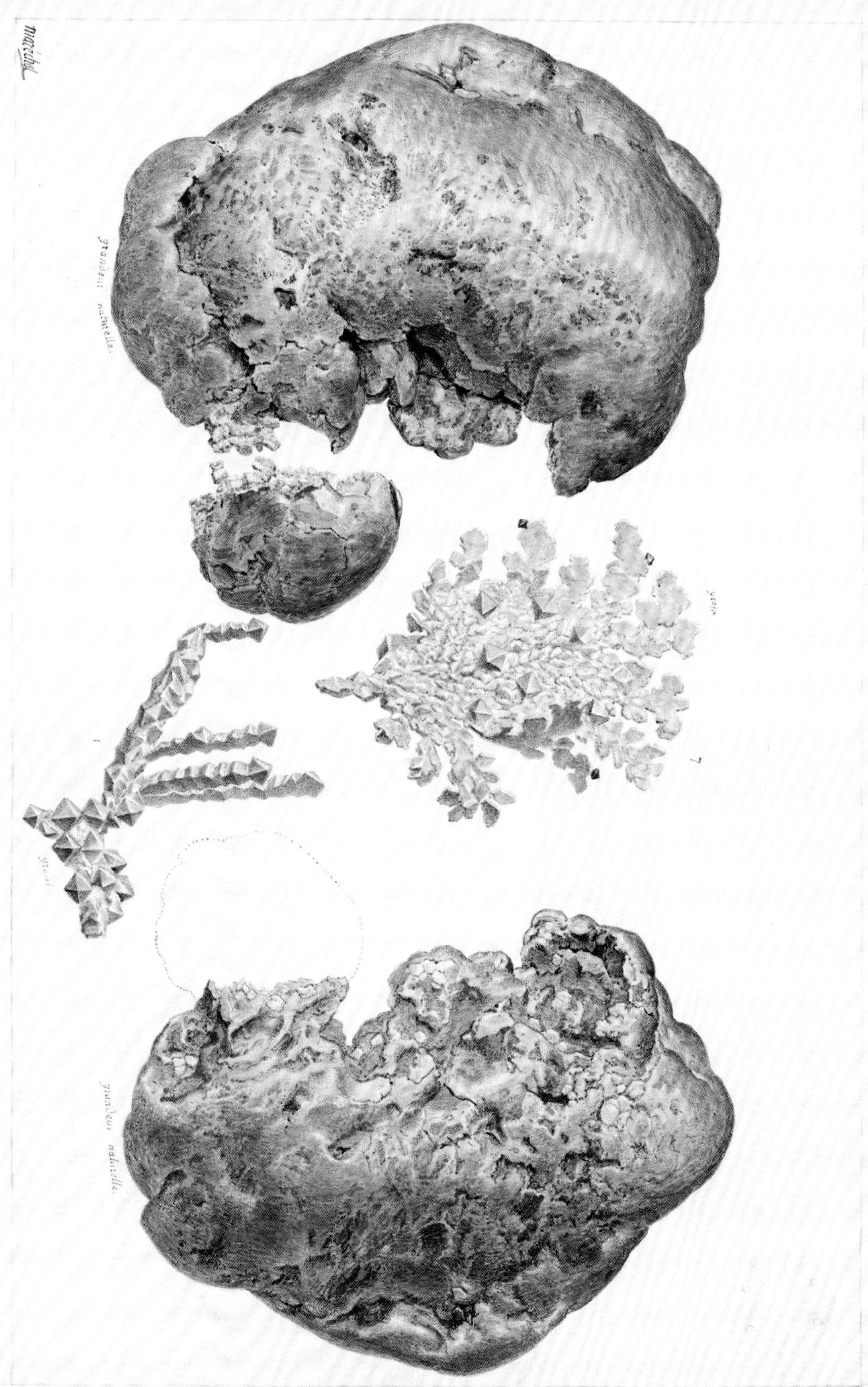

图 19

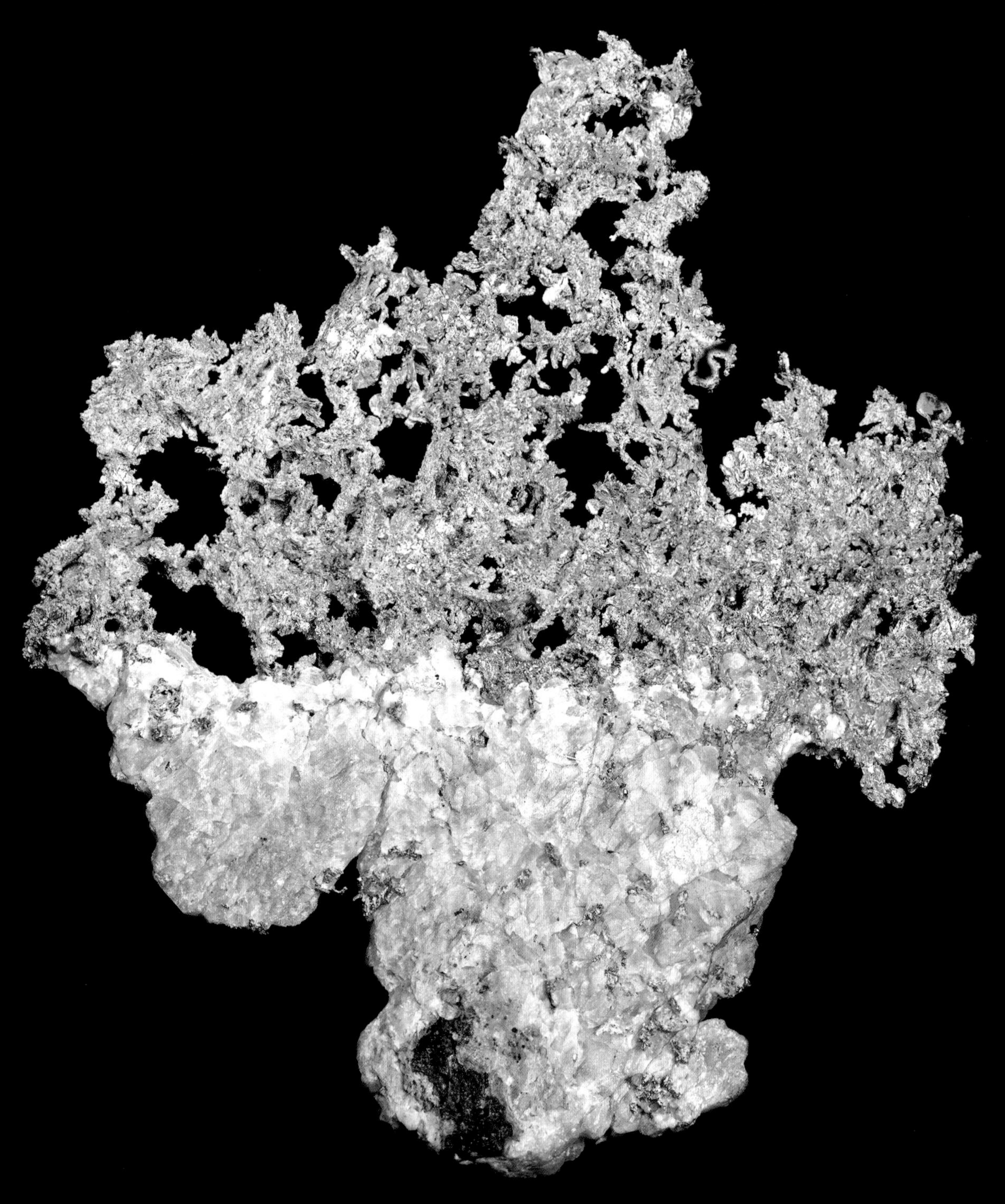

图 20

5
3
7
4

图 21

041

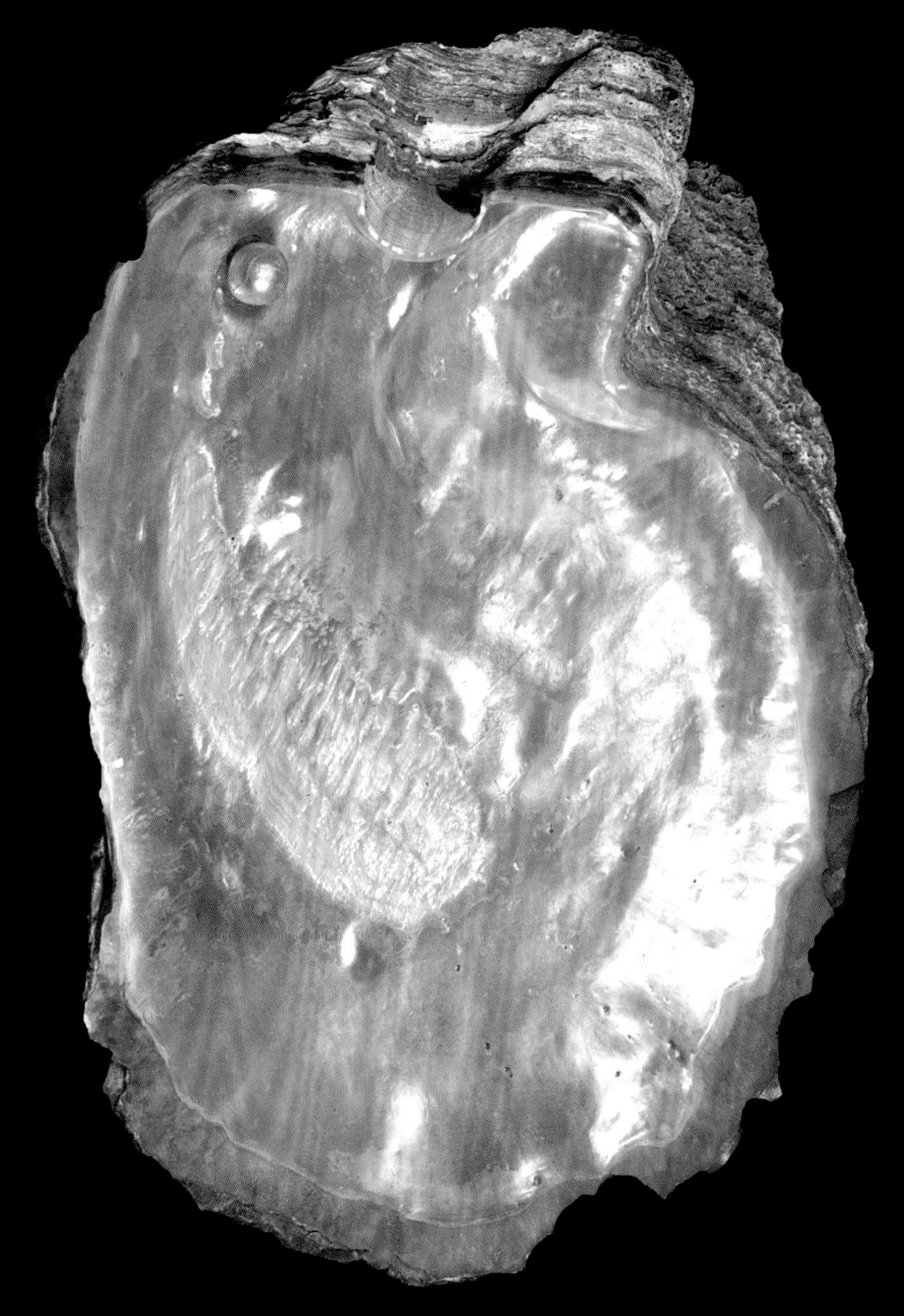

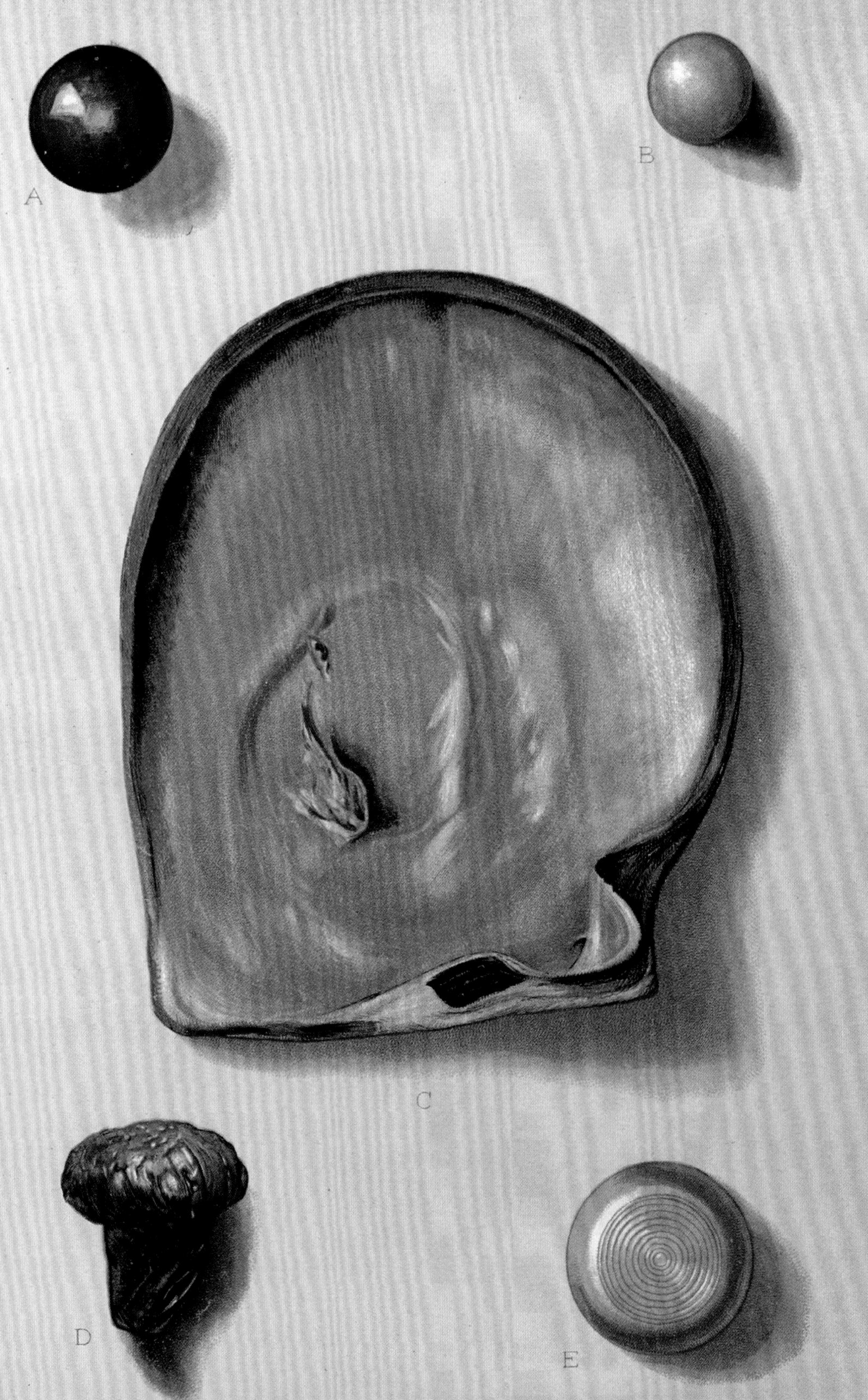

图 22

1902
1904

A. HALLER
LES

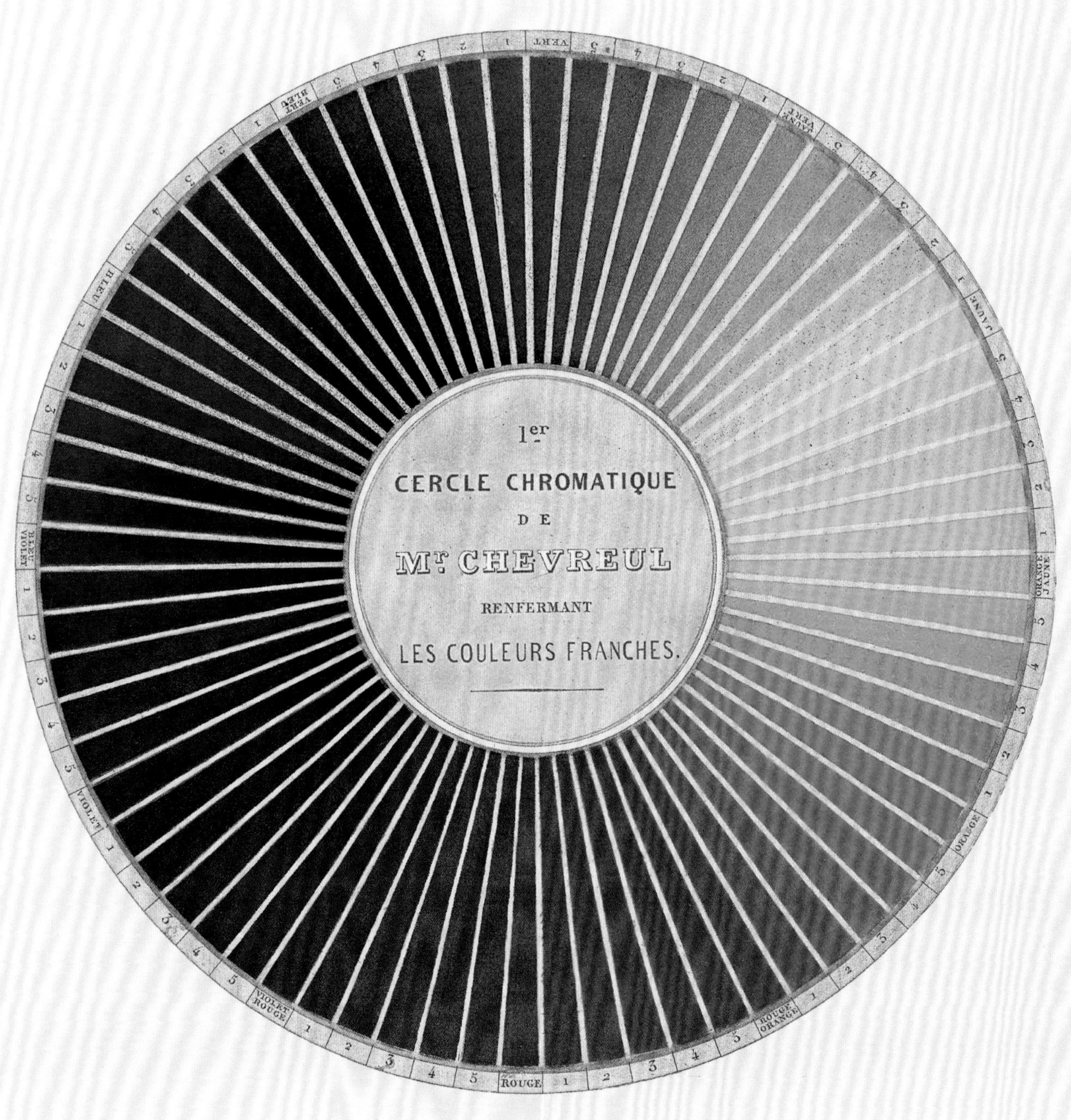
1er
CERCLE CHROMATIQUE
DE
Mr. CHEVREUL
RENFERMANT
LES COULEURS FRANCHES.
ROUGE
ROUGE ORANGE
ORANGE
ORANGE JAUNE
JAUNE
JAUNE VERT
VERT
VERT BLEU
BLEU
BLEU VIOLET
VIOLET
VIOLET ROUGE

图 23

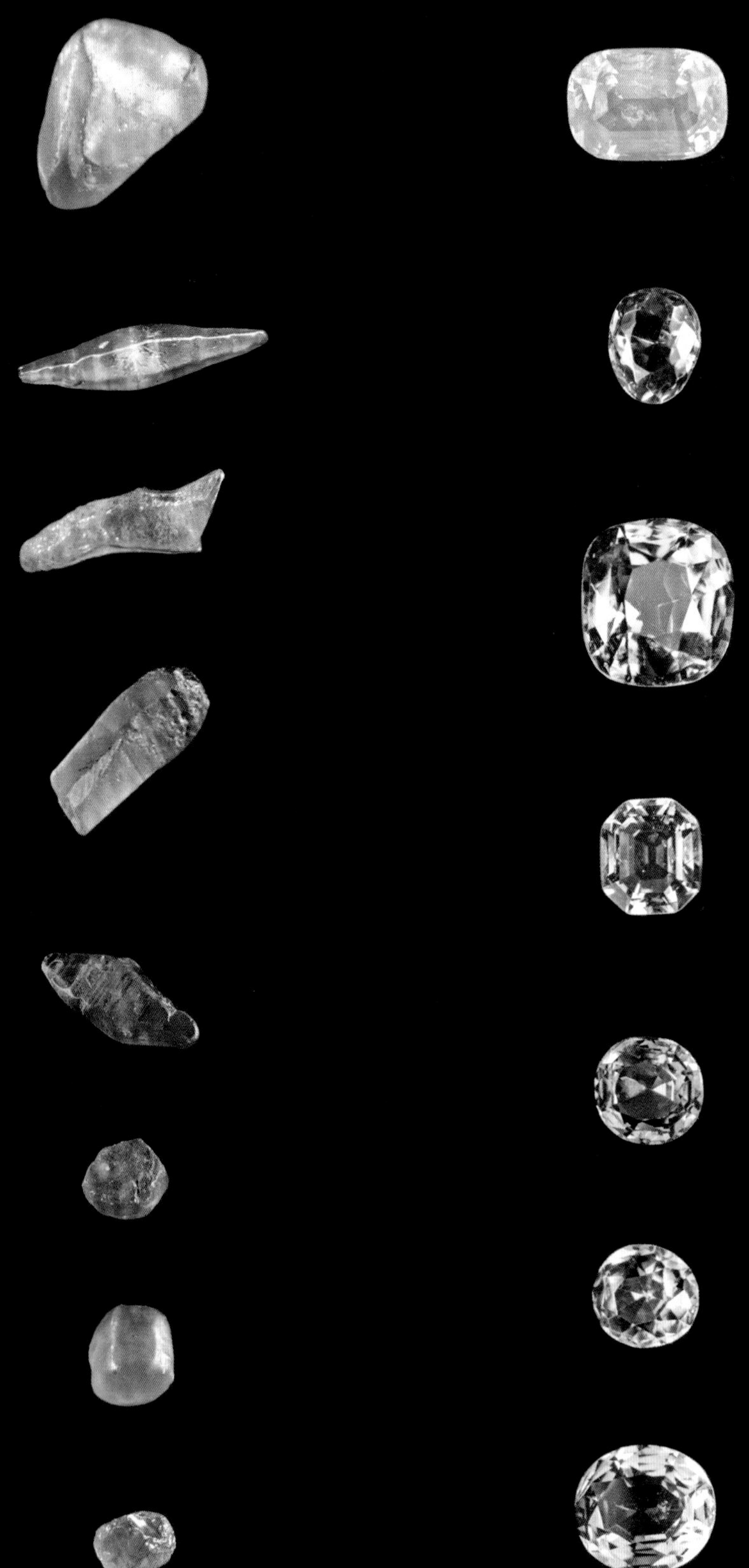

Chlorure de manganese anhydre
Fer
Bleu de prusse du commerce
Alun de fer
Bichlorure de Cuivre
Sulfate double de cuivre et d'ammonium
Oxalate Cuivre
Laboratoire de Chimie
图 24

3247

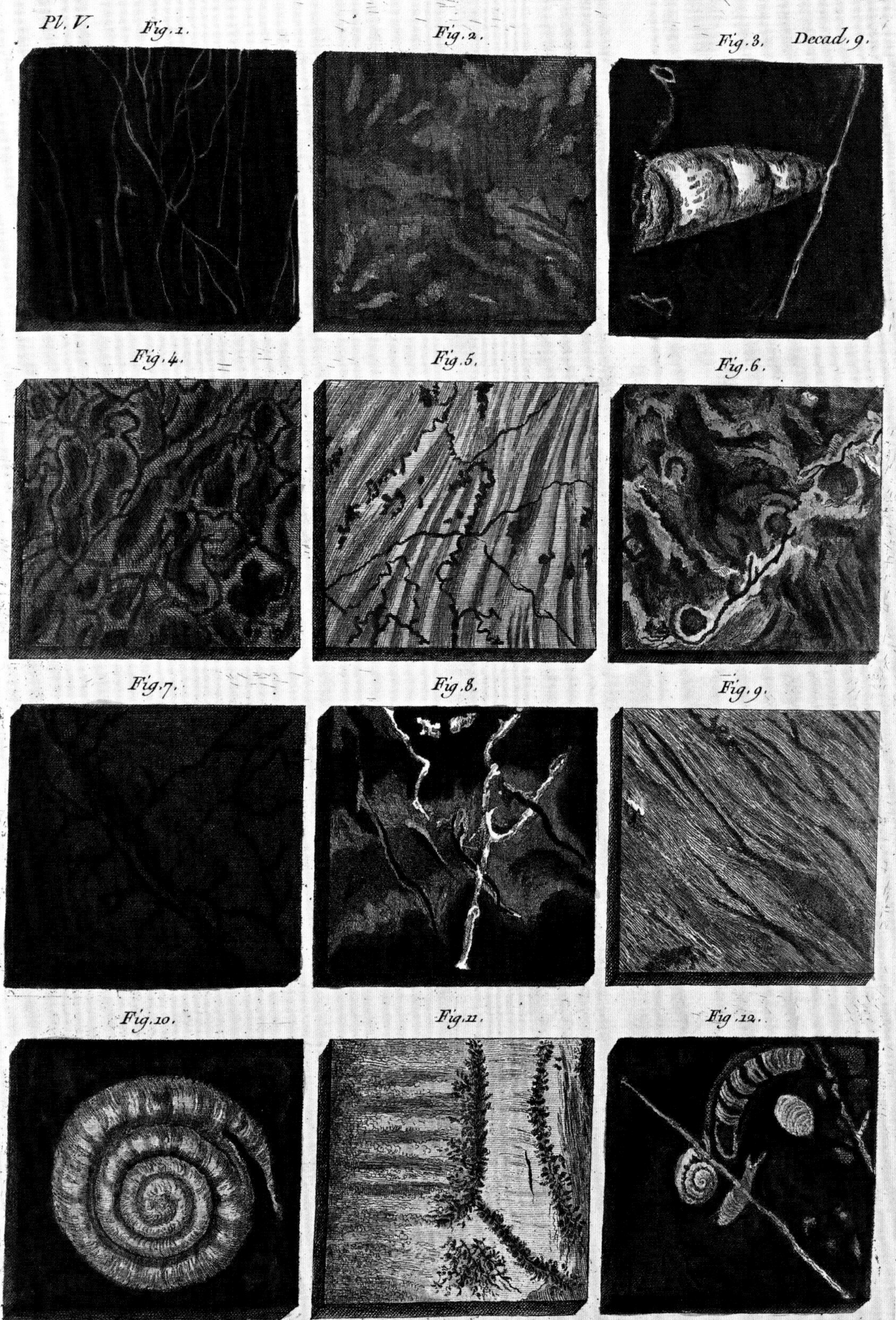
Pl. V.
Fig. 1.
Fig. 2.
Fig. 3.
Decad. 9.
Fig. 4.
Fig. 5.
Fig. 6.
Fig. 7.
Fig. 8.
Fig. 9.
Fig. 10.
Fig. 11.
Fig. 12.

图 25

矿物大观

译者注

1. 半宝石指除钻石、红宝石、蓝宝石和绿宝石这些名贵宝石以外的宝石。
2. 指法兰西共和历的八月，相当于公历 4 月 20/21 日至 5 月 19/20 日。
3. 即尼布楚。

026 《驯鹿狩猎图》 绘画

弗朗索瓦 · 奥古斯特 · 比亚尔（1779—1882）
1852—1863 年
裱在墙上的布面油画（四面壁画的局部）
6.3 米 × 10 米
受政府委托于 1851 年创作
OA.624-627, FH-8675（3）

这幅画描绘的是挪威斯瓦尔巴群岛斯匹次卑尔根岛的马格达莱纳湾，画中场景是画家 1839 年乘坐“探索”号护卫舰进行科学探险时亲眼目睹的一场狩猎。

这幅壁画覆盖在地质和矿物学展厅前厅的四面墙壁上，是建筑师查尔斯 · 罗奥 · 德弗勒里设计的装饰方案的组成部分。它以一种浪漫的方式描绘了探险家约瑟夫 · 保罗 · 盖马尔领导的探险队。

画家弗朗索瓦 · 奥古斯特 · 比亚尔和他的未婚妻、作家莱奥妮 · 达奥内都参加了这次旅行，旅途中看到的风景和经历的冒险激发了他们的创作灵感。回国后，比亚尔创作了几幅油画，包括这幅 360 度全景壁画，以及其他各种画作，比如收藏于卢浮宫博物馆的《马格达莱纳湾，从斯匹次卑尔根岛北部的通博半岛取景，北极光效应》（1840）。达奥内则写了一本题为《斯匹次卑尔根岛的女性之旅》（1854）的书，这本书非常成功，在 30 年里再版了 7 次。

四面墙上的壁画分别描绘了北海的风景（《北海风光》）和狩猎海象（《海象狩猎图》）、驯鹿（《驯鹿狩猎图》）、熊（《熊狩猎图》）的生动场景。

这支探险队虽鲜为大众所知，但却是由欧洲科学家组成最早的探险队之一，成员来自法国、丹麦、挪威和瑞典。

027 “探索”号考察所得标本 岩石

挪威 斯匹次卑尔根岛 马格达莱纳湾
1839 年采集
深灰色粗粒片麻岩，含堇青石
13 厘米 × 11 厘米 × 7 厘米
约瑟夫 · 迪罗谢于 1839 年采集
7N-99

在“探索”号探险期间，隶属于北方科学委员会的法国地质学家约瑟夫 · 迪罗谢不得不想方设法将收集的标本运回法国，运往巴黎植物园。有四箱物品被存放在护卫舰的中途停靠点，以便在夏季由第三方运送，另外三个箱子则被委托给科考船队随船运输。不幸的是，并不是每个箱子都能顺利运抵目的地。

最后，博物馆共收到 420 件标本，将它们仔细清点并保存，这块片麻岩便是其中一件。它当时被装在板条箱里交给“探索”号的船长，最终安全抵达目的地。

这块片麻岩是在 1839 年 7 月 31 日，当“探索”号在马格达莱纳湾停靠时采集到的，给船员们留下了深刻的印象，画家弗朗索瓦 · 奥古斯特 · 比亚尔曾多次为之作画。其白色长石基质中含有光泽闪耀的波纹状黑云母，这表明马格达莱纳湾有一部分是由变形变质的深成岩构成的。

这次探险之旅得到了当时著名的科学家博里 · 德圣樊尚、布龙尼亚、洪堡和圣伊莱尔的建议和指导。还有两位地质学家布拉韦和罗伯特也上了船，他们采集的标本也保存在本馆中。

028　铁英岩　　岩石

南非　德兰士瓦省　斯威士兰南部
距今 40 亿至 24 亿年之间（太古宙，前寒武纪）
富铁沉积岩（含铁量 > 30%）
15 厘米 × 15 厘米 × 11 厘米
弗朗索瓦·埃伦贝格尔、让·法布雷和莱昂纳尔·金斯伯格于 1959 年采集
MNHN-GG-Gg2004-34856

这块岩石的化学性质向我们讲述了一个非常特别的故事，关乎地球上最古老的时期之一，当时地球上只有以细菌形式存在的生命。

这种岩石被称为“条带状铁建造”，如今在地球上已不再形成。它的历史超过 24 亿年，是在非常特殊的海洋环境中形成的沉积层堆积产物。此外，这件标本还是从地球上保存最完好的最古老地层之一采集到的。

它的化学成分，特别是其极高的含铁量，表明当时的海洋中缺乏氧气。在一个只有细菌才能生存的缺氧的世界里，这些 24 亿多年前大量积累的铁构成了今天可供人类开发的铁矿的最大来源。目前已知最大的此类矿区位于巴西和澳大利亚。

这件标本呈现出铁英岩的独特外观，富有美感，弗朗索瓦·埃伦贝格尔、让·法布雷和莱昂纳尔·金斯伯格在历史目录中将其鉴定为“铁碧玉”。它是在 1959 年前往南非考察期间与其他岩石和化石标本一起收集来的。

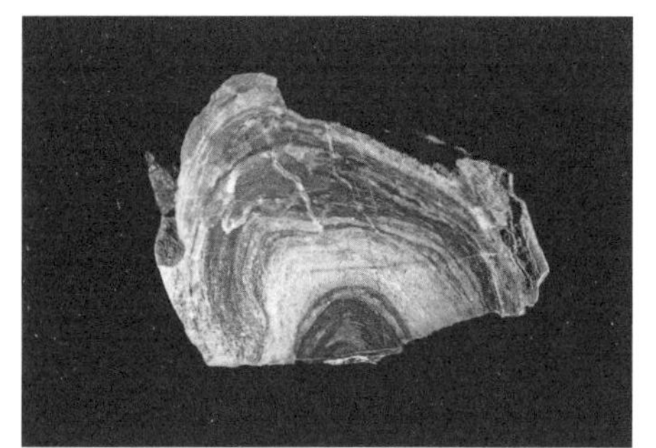

029　微生物岩　　岩石

南非　德兰士瓦省　坎贝尔兰 - 马尔马尼高原
距今 40 亿至 24 亿年之间（太古宙，前寒武纪）
硅质碳酸岩
9 厘米 × 9 厘米 × 8 厘米
斯特凡·拉隆德于 2020 年捐赠
MNHN-GG-Gg2021-3

这件标本包含一块微生物席化石，见证了 24 亿年前地球表面繁盛的生命类型。

这块精细分层的圆顶状岩石是叠层石化石，即古老的光合作用微生物席，代表了地球上最古老的生命痕迹之一。

这些微生物席不仅能够促进碳酸盐的沉积，将大气中的二氧化碳长期储存下来，还能进行光合作用，这也是为什么它们会垂直生长，因为这样能够最大限度地捕获阳光。它们在塑造富氧大气层的过程中发挥了重要作用，而富氧大气层正是复杂生命形式诞生的必要条件。

它黑色的表面源于侵蚀产生的铜锈，丰富的锰和铁氧化物含量则是典型的沙漠环境产物。下凹的圆顶结构被砂岩基质所包围，砂岩基质是一种古老的固结砂。

如今，在澳大利亚的沙克湾还能发现类似形态的现代叠层石。

030　沙西尼陨石　　岩石

法国　上马恩省　沙西尼
1815 年 10 月 3 日坠落，总重 4 千克
无球粒陨石（SNC - 纯橄无球粒陨石）
5 厘米，205 克
皮斯托莱博士捐赠
MNHN-GT-37

1815 年 10 月 3 日，几块石头从天而降，落在沙西尼村。当地一位葡萄种植者对火球进入大气层引起的爆炸没有什么深刻印象，他捡了一些还很热的石头，当时说超过 4 千克。附近小镇朗格勒的医生明确表示：这些都是陨石。

在化学家路易·尼古拉·沃克兰分析陨石时，博物馆将几百克陨石纳入其收藏，其中包括两块特别漂亮的标本。然而没有人知道剩下那 3000 多克去了哪里！最近在朗格勒博物馆发现了那次坠落的 100 克陨石。谁知道呢，也许有一天，我们会找到失踪的那部分，毕竟这是法国乃至全世界最重要的陨石之一。

尽管沃克兰和其他人很早就注意到沙西尼陨石和其他一些陨石的特殊性质，但直到 20 世纪 80 年代，人们才确认它们源自火星，因为必须证明封存在陨石中的气体与海盗号火星探测器测得的火星大气成分一致，才能下此定论。

今天，全世界收集到的火星陨石只有 200 块。沙西尼陨石仍是件特殊的标本，因为它似乎来自火星的某个特殊区域。

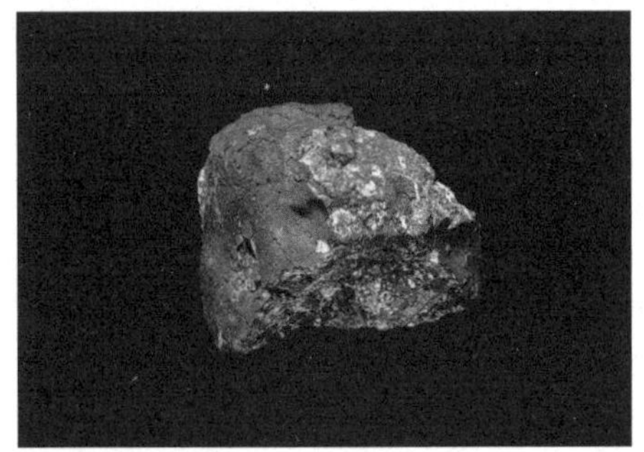

031　奥尔格伊陨石　　岩石

法国　塔恩和加龙省　奥尔格伊村
1864 年 5 月 14 日坠落，总重 14 千克
碳质球粒陨石（CI1）
4 厘米，120 克
瓦扬元帅于 1866 年捐赠
MNHN-GT-362

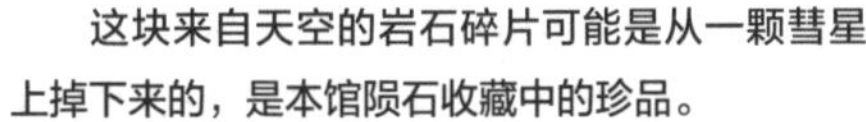

这块来自天空的岩石碎片可能是从一颗彗星上掉下来的，是本馆陨石收藏中的珍品。

1864 年 5 月 14 日，一颗比月亮还亮的巨大流星出现在法国南部。火球在蒙托邦附近的奥尔格伊村上空爆炸，散落下数十块陨石。

目击者收集了许多碎片，并立即委托科学家进行分析。到了 1864 年夏天，人们已确定其含有丰富的碳元素。卡米耶·弗拉马里翁等科学家特别指出，这种物质相当于地球上生物分解的产物。

现在我们已经知道，奥尔格伊陨石的化学成分与太阳具有许多相同的元素。因此，它是我们所拥有的收藏中最能代表形成太阳系的原始物质的化学特性的标本。此外，科学研究让我们得以重建它的星际轨迹：这块陨石可能来自木星以外的区域，因此可能来自彗星。

本馆藏有近 12 千克这种独特的标本。目前它仍是世界上被研究得最多的陨石之一。

032　塞马尔科纳陨石　　岩石

印度
1940 年 10 月 26 日坠落，总重 691 克
陨石球粒（在显微镜下观察）
300 微米（球粒直径）
与美国史密森尼学会交换所得
MNHN-GT-3583

球粒陨石是陨石的基础类别，其化学成分与太阳相似。

球粒陨石占坠落陨石的 85% 以上，非常独特，地球上没有对应的同类岩石。其中有些铁含量高达 20%。顾名思义，这些陨石主要由球粒组成。球粒是由硅酸盐和金属构成的毫米大小的小球，被认为是太阳系中最早的固体之一。

在某种程度上，球粒陨石是宇宙的沉积物，是在不同的时间和地点形成的化学物质的组合。这些高度复杂的岩石让我们有可能了解到从太阳星云的原始物质中形成行星的早期阶段。

经过两个世纪的深入研究，科学家们仍然不清楚球粒是如何形成的。但围绕所谓的压力波模型形成了一个共识：压力波以每秒约 10 千米的高速穿过太阳星云的气体，导致微小的尘埃团熔合成球粒。但这些压力波的来源仍是未解之谜。而其他涉及行星碰撞的模型则与这种解释相悖。

033　“金灌木”　　矿物

美国　加利福尼亚州　普莱瑟县　鹰巢矿
距今 1.25 至 1.15 亿年（白垩纪早期）
石英（二氧化硅，SiO_2）上的天然金晶体
27 厘米 × 21.5 厘米，1.9 千克
道达尔公司于 1994 年赞助，其前身是埃尔夫·阿基坦能源公司
MNHN-MIN-194.8

这件矿物天然呈现这样的几何形状，其四分之三都是由大量黄金晶体组成，这些晶体的长度可达 5 毫米，从石英底座上长出来，由此得名“金灌木”。这些晶体呈现出立方晶系的不同形式，就像常见的黄金，可以是片状，也可以是伪菱面体晶体。伪菱面体晶体通常呈双晶析出，也会形成网状联晶。

与鹰巢矿产出的所有黄金一样，这件标本上的黄金晶体相对扁平，厚约 1.5 厘米。这是因为它来自仅几厘米厚的石英细脉。这条细脉已经完全被石英填满，为了将黄金晶体剥离出来，人们使用了氢氟酸进行腐蚀，然后借助类似牙科钻头的工具来完成整个过程。

“金灌木”于 1992 年被发现，在被博物馆收购之前，曾是矿产交易商韦恩·卡罗尔·莱希特的藏品。

有一本阐述伯努瓦·曼德尔布罗特的分形理论的数学著作使用了“金灌木”作为插图，因为它显示了黄金微晶初始的随机秩序如何有助于预测最终稳定的宏观整体。这一理论主要用于更好地模拟气候、河流、金融等。

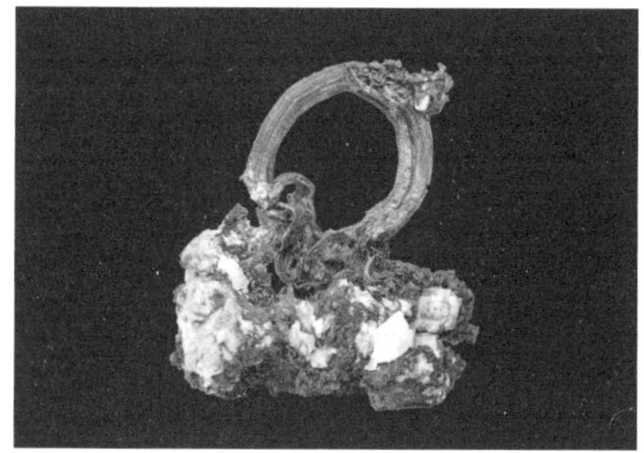

034 银环

矿物

挪威 布斯克吕郡 孔斯贝格
距今约 2.65 亿年（二叠纪）
方解石（碳酸钙，$CaCO_3$）上的天然银
15 厘米 × 15 厘米 × 12 厘米
丹麦及挪威国王克里斯蒂安七世于 1774 年赠送
MNHN-MIN-0.153

1774 年，布丰从丹麦及挪威国王克里斯蒂安七世那里得到了这件位于方解石上的华丽天然银环。它出自孔斯贝格银矿，与之一同到来的还有另外十几个来自同一地方的银质标本。

布丰基于多邦东提供的资料，在其 1785 年的《矿物自然史》中提到了这件赠礼。1813 年，博物馆馆长让·安德烈·亨利·卢卡在他的《矿物种类分类表》的第二部分也对其进行了描述。

克里斯蒂安七世的赠礼既证明了自 1749 年《自然史》开始出版之后，布丰的科学工作在国际上的影响力，也显示出这位君主对法国文化的浓厚兴趣。他还向路易十五炫耀他通过开采 1623 年发现的孔斯贝格银矿而获得的巨额财富，这些银矿于 18 世纪中期全面投产。只有在一个当世大人物都醉心于博物学的时代，这样的赠礼才会大受欢迎。

1744 年，博尼耶·德拉·莫松的博物学藏品在法国拍卖的场景就生动地体现了这种博物学热潮（见第 376 页，176）。一块 450 克的金块成交价高达 4.5 万法郎，而卢浮宫的珍宝之一——查理九世的胸甲才卖了 5 千法郎！

035 石英中的金红石

重新抛光的矿物

巴西 米纳斯吉拉斯州 迪亚曼蒂纳
可能诞生于距今约 5.5 亿年的巴西 - 泛非造山运动
嵌入石英（二氧化硅，SiO_2）中的金红石（二氧化钛，TiO_2）
4 厘米 × 14.5 厘米 × 4.5 厘米
艾蒂安·若弗鲁瓦·圣依莱尔于 1823 年之前捐赠
MNHN-MIN-4.101

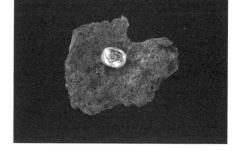

这件标本的来源尚未完全厘清。藏品目录中提到它是由艾蒂安·若弗鲁瓦·圣依莱尔捐赠的，圣依莱尔曾在皇家自然史陈列馆担任保管员和助理展示员，1793 年成为本馆的动物学教授。

这块石英晶体既是天然的，也是经过加工的：它的部分切面经过重新抛光，以便更好地分辨由金红石（一种钛氧化物）的黑色晶体组成的内含物。由于结晶的偶发性，这些晶体聚成簇状，零星排布着，在透明的石英晶体中仿佛一簇簇水草，让人联想到只有水草而没有动物的荷兰式水族缸。

这件标本大约有 5.5 亿年的历史。金红石晶体先是在至今仍可见到的黄色基底上结晶。随后，石英晶体覆盖了金红石结构，将它们永久地保存下来。如果没有石英的包覆，这些金红石很可能已经在 18 世纪开采金红石的矿工的锤击下粉身碎骨。

036 金伯利岩中的钻石

矿物

南非 金伯利 开普矿区
钻石形成于 33 亿至 16 亿年前（太古宙或古元古代），金伯利岩形成于约 1 亿年前（白垩纪早期）
钻石和金伯利岩
4 厘米 × 6 厘米 × 4 厘米
拉斐尔·路易斯·比朔夫斯海姆于 1889 年捐赠
MNHN-MIN-90.36

这块深色的不透明岩石以其最早被发现并描述的金伯利市得名，其中隐藏着一种无色透明的晶体——钻石。

天然钻石晶体通常经历了漫长的地质时期，从碳质流体中生长出来。其中最长纪录保持者是来自博茨瓦纳的一颗毫米级钻石，研究人员通过对其内含物石榴石进行检测，发现它的生长时间竟长达 20 亿年！

金伯利岩是一种来自古代火山喷发口的岩石，其中许多是在白垩纪时期的地壳表面形成的。在剧烈的向上涌动的过程中，岩浆挟带了更古老的晶体，这些晶体是从 140 至 700 千米深的地幔深处剥离下来的，例如这颗有着超过 10 亿年历史的钻石。因此，这颗钻石并不是在金伯利岩中形成的，只是金伯利岩将这珍贵的晶体带到了地表，继而被矿工采集到。

人们可以用几个不同的时间点来描述钻石的年龄：结晶的时间，上升到地表的时间，以及被发现的时间——对这颗钻石来说是 1866 至 1889 年。1866 年对应南非第一颗钻石被发现的时间，1889 年则是银行家拉斐尔·路易斯·比朔夫斯海姆将这件标本捐赠给本馆的时间，这一举动使它避免了被切割的命运。

037 奥地利的玛丽·路易丝肖像钻石 切割钻石

可能来自印度
19 世纪初（镶嵌）
钻石，金银镶嵌
约 1.5 厘米 × 1.2 厘米，9.1 克拉
王室珠宝
MNHN-MIN-87.43

这颗钻石的特别之处在于厚度只有几毫米，但非常宽大，长约 1.5 厘米，宽约 1.2 厘米。

它的周围饰有一圈切面小钻，整体看上去就像一面威尼斯镜子。它的透明度堪称完美，尤其是那纯净无色的品质。这些特点使这颗宝石进入拿破仑一世时期法国王室珠宝中最珍贵的钻石之列，位列第十名。

1811 年，拿破仑为他的第二任妻子玛丽·路易丝买下了它。玛丽·路易丝是奥地利大公、神圣罗马帝国皇帝的女儿，也是玛丽·安托瓦妮特王后的侄孙女。

这颗钻石的重量超过 9 克拉，还有一颗比它稍逊一筹的钻石也以同样的方式被切割，重 6.7 克拉，这两颗扁平的钻石被镶在饰有碎钻的手镯上。它们被称为“肖像”钻石，因为透过这块钻石能清晰地看到压在下面的微型肖像。虽然没有画像描绘过路易丝皇后佩戴这副手镯的样子，但这颗钻石举足轻重的分量，特别是其非同寻常的透明度，意味着钻石下方很可能曾压着拿破仑的微型肖像。

不幸的是，这只手镯在 1887 年被拆开并出售，第二颗肖像钻石和它的底座也遭遇了同样的命运。

038 路易十四的大蓝钻 复制品

美国
2020 年
纳米沉积蓝色立方氧化锆
2.6 厘米 × 3.1 厘米 × 1.3 厘米
约翰·哈特莱伯格于 2020 年捐赠
MNHN-MIN-220.1

这颗大蓝钻是迄今为止发现的最大的蓝钻。

1668 年，让-巴蒂斯特·塔韦尼耶从印度安得拉邦的要塞城市戈尔孔达的钻石谷旅行归来，为路易十四带回一千颗宝石，其中一颗重达 115.4 克拉（约 23 克）的钻石具有“苍穹”之色。由于蓝色钻石在印度并不受欢迎，当时鲜有人问津，塔韦尼耶得以用相当划算的价格买下了它。这位商人还知道，蓝色与金色一样，都是法国君主制的象征色。果不其然，路易十四将这颗大蓝钻作为他统治的象征。

1792 年，法国大革命期间有人利用当时的混乱局面洗劫了法国王室的国库，王室珠宝遭到破坏，宝石被拆下来掳走，路易十五那镶嵌着大蓝钻的“金羊毛”勋章也难逃厄运。大蓝钻从此消失无踪，它后来的确切形状也无人知晓。

2007 年，本馆内发现了这颗大蓝钻的铅制铸模，这让我们得以确认这颗宝石在 1792 年遇盗后被重新切割成了椭圆形，即著名的“希望”蓝钻，现在保存在华盛顿的史密森学会。2020 年，本馆为这颗蓝钻制作了精确的复制品。

039 路易十四的大蓝宝石 宝石

斯里兰卡
大约 17 世纪
氧化铝（Al_2O_3）
4 厘米 × 3 厘米 × 3 厘米，135.8 克拉
MNHN-MIN-a.67

路易十四的大蓝宝石是本馆保存的第一颗王室蓝宝石。它的来历比它的传说还要神秘……

长期以来，这颗蓝宝石一直与意大利王子弗朗切斯科·马里亚·鲁斯波利的名字联系在一起。1669 年前后，这颗来自斯里兰卡的宝石被献给“太阳王”路易十四，以回馈他的多次慷慨采购。进献者可能是来自阿姆斯特丹的珠宝商戴维·巴祖，他曾陪同让-巴蒂斯特·塔韦尼耶远行探险，为“太阳王”寻找最美丽的宝石。据说，在路易十五时期，它差点被重新切割用来装饰“金羊毛”勋章。1774 年，矿物学家罗梅·德利勒对其进行鉴定，认为这颗法国王室宝石是天然的蓝宝石晶体。

大蓝宝石同样于 1792 年被盗，但不久就被重新找到。当时的专家认为这是一种天然晶体，建议将其作为“一块未加工的蓝宝石”赠送给本馆。1796 年，这块蓝宝石被多邦东选中来丰富本馆的藏品。勒内·朱斯特-阿维再次确认它是一颗宝石而不是水晶。大蓝宝石的菱形晶面是世界上独一无二的，可能来自印度莫卧儿王朝。

宝石学，即研究宝石和人造宝石的学科，于 18 世纪在本馆植物园创立。

040 奥尔西尼大方桌

艺术品

意大利
青铜和卡拉拉大理石，饰有各种宝石（青金石、古董大理石、碧玉、玛瑙、雪花石膏、珍珠）；由罗莫洛·德尔·塔达设计；桌面由布拉恰诺城堡的工场于 1615 年制作；青铜底座于 1659 年制作，工场不详。
0.96 米 × 2.64 米 × 1.37 米
曾被奥尔西尼、马萨林和路易十四收藏；1748 年由路易十五捐赠
MNHN-MIN-a.96

1745 年，布丰将国王的珍品陈列室向公众开放，使其成为第一个真正意义上的自然博物馆。他不断地用非凡的珍品来丰富馆藏，其中就有这件意大利文艺复兴时期的杰作。

在防御战争和恢复和平的年代期间，这张桌子具有非凡的纪念意义，既纪念了奥尔西尼王子对抗奥斯曼帝国的壮举，包括 1571 年的勒班陀战役，也纪念了美第奇家族的外交和科学政策。桌面上镶嵌着精美的宝石，构成鸟儿们衔着或抓着花枝的装饰图案，象征着生命与和平。此外，桌面上还散落着几只昆虫。昆虫取食花朵，象征着死亡；而鳞翅目昆虫从爬行的毛毛虫蜕变成飞舞的蝴蝶，则象征着基督复活。

为了获得法国的青睐，奥尔西尼家族在 1659 年将这张桌子送给了红衣主教马萨林。1665 年，科尔贝为法国王室买下了它，先后用来装饰杜伊勒里宫和卢浮宫。到了 18 世纪，这种风格不再流行。1748 年，路易十五把它送给了布丰，并存放在国王的珍品陈列室。

从那时起，这张方桌就成了博物馆矿物学藏品中的“历史纪念碑”。它的独特之处在于其雄伟的尺寸、白色的卡拉拉大理石基体、富丽堂皇的装饰和铜质的海豚桌脚。

041 美人鱼杯

艺术品

德国 巴伐利亚 奥格斯堡
17 世纪
软玉，银镀金框架，饰有宝石和半宝石[1]
29.8 厘米 × 25 厘米 × 14.6 厘米
王室珠宝
MNHN-MIN-a.47

这个杯子在巴伐利亚的奥格斯堡制造，1685 年由商人达朗塞为路易十四购得，在 1791 年的王室动产清单中估值为 1000 英镑。它被陈列在“王室珠宝”的第二个展柜中，有幸躲过了王室国库的劫难。

美人鱼杯被列入法国国家自然博物馆的文物清单，因为它似乎不如卢浮宫的文物那样保存完好：杯子裂开了，珊瑚美人鱼失去了两只手臂，镶嵌的 28 颗宝石也不见了。

在经历了许多小插曲后，这只杯子于共和历第 8 年花月[2] 24 日（1800 年 5 月 14 日）运抵博物馆，在 1823 年的藏品清单上，它被标记为：“A 47，89 号。可能来自科学院。深绿色软玉边缘刻出了椭圆形缘饰，相同材质的底座上装饰有宝石和珊瑚。共和历第 8 年花月 17 日捐赠给中央艺术博物馆。”人们忘记了这个杯子来自路易十四的收藏，最近的档案研究才证实这一点。

在杯子的底座上，紫水晶、红宝石、绿松石和红珊瑚组成了一个绚丽夺目的巴洛克式花环，其间点缀着鲜艳而纯净的绿色橄榄石（约 20 至 30 克拉），这些橄榄石可能来自埃及。

042 萤石“洛朗”

矿物

法国 上萨瓦省 勃朗峰山区 绿针峰
约 1900 万年（中新世）
萤石（氟化钙，CaF_2）和烟色石英（二氧化硅，SiO_2）
20 厘米 × 15 厘米 × 10 厘米
道达尔基金会于 2010 年赞助
MNHN-MIN-210.1

2006 年，水晶制造商克里斯托夫·珀雷发现了这块萤石，将其命名“洛朗”，以纪念他在 2005 年失足坠亡的登山伙伴洛朗·沙泰尔。这件标本展现了沙莫尼山区晶洞中两种典型矿物的罕见组合：红色萤石和烟色石英。因其稀有性、矿物学和美学特质，它被法国国家宝藏委员会列为“具有重要文物价值的文化财产”。这是博物学藏品首次被赋予这样的地位。

“洛朗”向我们讲述了萤石的形成条件和阿尔卑斯山脉的地质史。在板块运动过程中，热液在裂缝中来回流动，从周围的岩石中获取元素（硅、钙、氟等），并在开阔处（“熔炉”）结晶。于是，二氧化硅形成了石英，氟化钙形成了八面体萤石。在花岗岩的放射性激发下，石英和萤石中一些微量的化学元素造就了它们的色彩，萤石呈红色，石英则略带“烟色”。随着阿尔卑斯山脉的隆起，这些晶体回到了造就它们的“熔炉”中，免受侵蚀和光照，等候着重见天日的那一刻。

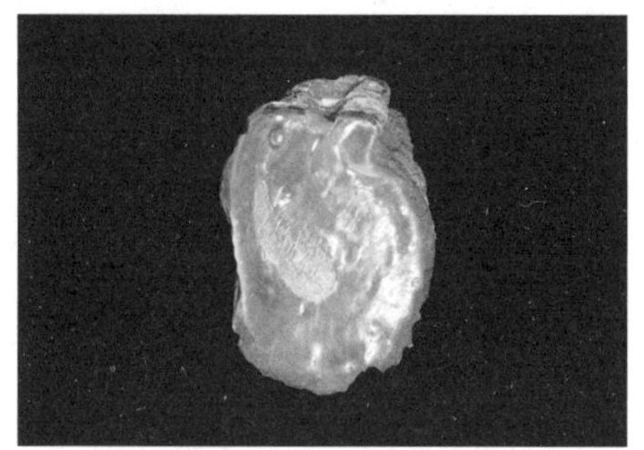

043 含有优质珍珠的贝壳 宝石

澳大利亚　昆士兰州　星期四岛
20 世纪初
带优质珍珠的贝壳（大珠母贝 *Pinctada maxima*）
2.5 厘米 × 20 厘米 × 15 厘米
小约翰 · 皮尔庞特 · 摩根于 1912 年捐赠
MNHN-M-000-3375

这个贝壳上挂着一颗优质珍珠。有一种深入人心的说法，珍珠是包裹着诸如沙子一类的杂质形成的。事实上，珍珠是珍珠质的一种凝结物，形成于软体动物上皮组织内的“珍珠囊”中。这种上皮组织通常被称为“外套膜”，是贝类的可食用部分，能够分泌构成贝壳内层的珍珠质。

如果忽略形态差异，珍珠质和珍珠具有相同的成分和结构：碳酸钙晶体片（文石）与贝壳素（一组复杂的有机物）混合。贝壳素是软的，但与较硬的文石晶体片结合后，它变得更耐冲击，有助于保护软体动物免受捕食者的伤害。这种被称为“生物矿物”的组合表明，矿物世界和生物世界之间并没有边界。

自古以来，珍珠和珍珠质就是珍贵的宝石。从前，人们认为珍珠是神灵的眼泪石化而成，或者是在月光的影响下形成的……本馆这枚珍珠是由小约翰 · 皮尔庞特 · 摩根捐赠的。他的父亲是美国的艺术赞助者，买下了珠宝商蒂芙尼公司声名远扬的宝石收藏，这批宝物由著名宝石学家乔治 · 弗雷德里克 · 孔兹精心制作，并于 1903 年和 1905 年被捐赠给本馆。

044 孔雀石 宝石

俄罗斯　斯维尔德洛夫斯克州　图林斯克矿
于 18 世纪采集
碱式碳酸铜［$Cu_2CO_3(OH)_2$］
18 厘米 × 11.5 厘米 × 2.4 厘米
魏斯藏品，勒内 · 朱斯特 · 阿维于 1802 年获得
MNHN-MIN-2.448

孔雀石是铜矿与富含原生碳酸盐（硫化物）的水相互作用而形成的矿物。这种铜和水合碳酸盐的特殊组合赋予了它美丽的绿色。

这些成分的另一种组合形式是蓝铜矿，呈蓝色。

这两种矿物常常并存于同一块标本中。

在自然界中，孔雀石的外观非常多变，很少出现特定形式的晶体（自发结晶），更多的是致密的团块，呈乳突状、带状，甚至是钟乳石状。经过切割和抛光后，其剖面呈现出醒目的同心纹样，极具装饰价值。

这块孔雀石是 18 世纪从俄罗斯矿区开采的第一批带状标本之一。19 世纪，这些矿区开采出大量孔雀石，它们被切割成柱状，用于装饰克里姆林宫，甚至莫斯科的地铁站。

045 李迪克碧玺 矿物

马达加斯加　瓦基南卡拉特拉　安贾纳博诺伊纳
距今 5.8 亿至 5.5 亿年之间（新元古代）
硼、锂、铝和钙的羟基化和氟化硅酸盐
［$Ca(Li_2Al)Al_6(BO_3)_3Si_6O_{18}(OH)_3F$］
12 厘米 × 10 厘米 × 0.3 厘米
MNHN-M-203.196

这块经过锯切和打磨的碧玺很有名：它是最早在博物馆制作的碧玺之一。1922 年，矿物学家阿尔弗雷德 · 拉克鲁瓦在《马达加斯加矿物学》一书中发表了它的照片。其他经博物馆教授锯下并打磨的碎块被巴黎珠宝商让 · 旺多姆于 1975 年装饰在他的碧玺树上。

碧玺家族包含大约 40 种矿物，其化学成分各不相同，李迪克碧玺富含钙，锂碧玺富含钠。不同种类的锂碧玺可以根据颜色来辨别：红碧玺被三价锰染成粉红色，绿碧玺则因含有钛和二价铁而呈绿色。帕拉伊巴碧玺因含有一定的铜而呈“电蓝色”；无色的碧玺十分罕见。

碧玺实际上有无数种颜色，因此被称为“彩虹”矿物。

046　合成颜料

米歇尔·欧仁·谢弗勒尔
19 世纪上半叶
约 20 厘米（瓶高）
MNHN-CH-SC-2020-2557（品红漆 1 号）；
MNHN-CH-SC-2020-2560（重铬黄 4 号）；
MNHN-CH-SC-2020-2555（品红漆 2 号）；
MNHN-CH-SC-2020-2558（米洛里绿 2 号）；
MNHN-CH-SC-2020-2554（米罗里蓝）；
MNHN-CH-SC-2020-2556（群青）；
MNHN-CH-SC-2020-2561（重铬黄 5 号）；
MNHN-CH-SC-2020-2559（重铬黄 3 号）

除了在博物馆的职务之外，谢弗勒尔还于 1824 年被任命为皇家戈布兰工厂的染色车间主任。

这位化学家厌烦了用无数色调名称来定义颜色，他建议“将颜色与一种以简单方法区分的类型相关联，从而合理地为它们命名，让所有处理颜色的人都能明白，无论是从纯科学的角度，还是从应用的角度”。谢弗勒尔将太阳光谱的纯净颜色排列在一个分为 72 个扇区的圆上，然后加上不同比例的黑和白，通过这种方法得出了 14 400 种色调的分类系统，这个分类系统一直使用到 20 世纪中叶，后被计算机制作的色彩图表取代。谢弗勒尔这项工作引起了德拉克洛瓦的兴趣，各种绘画运动，从点彩主义和分割主义，到 20 世纪的奥费立体主义、抽象主义和欧普艺术，也都对这种分类法兴味盎然。

作为一个真正的色彩理论家，谢弗勒尔研究了来自植物的着色原料，以及铬和钴等金属的有色盐，这些材料部分保存在博物馆和戈布兰工厂。

法国化学家沃克兰发现的铬是一种灰色金属，但铬盐和铬的衍生物色彩鲜艳，因此得名 chromium（源自希腊语“颜色”）。

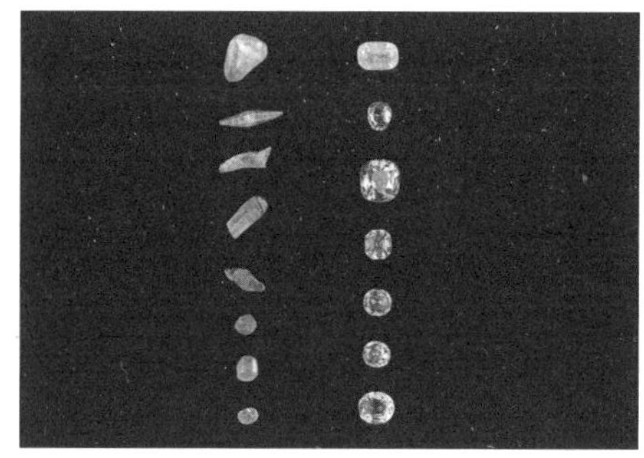

047　布尔农收藏的宝石

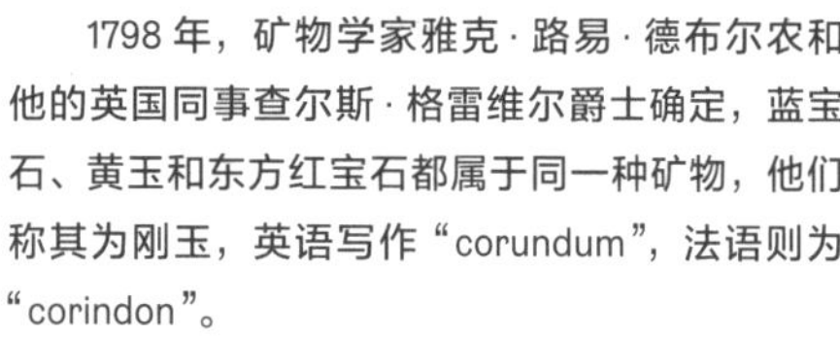

来自斯里兰卡西南部的次生（冲积）矿床
原石产生于距今 34 亿～ 8.3 亿年之间
左为天然刚玉晶体（蓝宝石和红宝石），右为切割后的刚玉晶体（氧化铝，Al_2O_3）；
0.5 ～ 1.3 厘米，共 44.2 克拉
雅克·路易·德布尔农旧藏
8 块天然宝石（MNHN-MIN-000-653 至 660）；
7 块切割宝石（MNHN-MIN-000-1395）

1798 年，矿物学家雅克·路易·德布尔农和他的英国同事查尔斯·格雷维尔爵士确定，蓝宝石、黄玉和东方红宝石都属于同一种矿物，他们称其为刚玉，英语写作“corundum”，法语则为“corindon”。

图中这些宝石是第一批矿物成分被鉴定为刚玉的宝石，这个结论至今仍然适用。

布尔农伯爵的收藏后来被路易十八买下，成为国王的私人收藏。博物学家的珍奇柜里陈列着很多没有加工成珠宝的宝石原石，通常摆放在木质底座上。然而，在那个时代，象征着权力的宝石也成为科学研究的对象，这批君主的藏品正体现了宝石从归属权力核心到成为科研对象的演变。

1824 年，路易十八去世后，本馆继承了他的藏品，其中就包括这批元老级别的刚玉。

048　阿维收藏的绿柱石晶体

俄罗斯　涅尔琴斯克[3]矿区
距今 5.4 亿～ 4.8 亿年（寒武纪—奥陶纪）
铍铝硅酸盐［$Be_3Al_2(Si_6O_{18})$］
3 ～ 5 厘米
勒内·朱斯特·阿维旧藏
阿尔芒·迪弗勒努瓦于 1848 年从白金汉公爵处为博物馆购入
MNHN-M-000-3743；
MNHN-M-000-3740；
MNHN-M-000-3745；
MNHN-M-000-3742

从 1801 年起，时任巴黎矿业学院矿物收藏馆馆长勒内·朱斯特·阿维开始在本馆任职教授。阿维是矿物学和现代晶体学之父，从 1816 年起，他应用自己的理念来研究宝石，例如从英国伟大的银行家和宝石收藏家亨利·菲利普·霍普处收到的宝石。著名的“希望”蓝钻就曾属于霍普，至今仍以他的姓氏“Hope”为名。

在本馆任职期间，阿维创立了宝石学，并建立了世界上最古老的宝石学实验室，该实验室至今仍在本馆内运作。

直到 18 世纪，珠宝业的传统都还是鉴定者各行其是，以不同的标准来对宝石进行分类，这导致了许多混乱。阿维基于其矿物学知识，根据矿物的物理化学特性来对每块宝石进行重新分类。这一开创性理念至今仍是宝石学的基础。

这一知识体系被用于鉴别新的宝石，并完善其切割方式。得益于此，高级珠宝在 19 世纪发展起来，此后，全世界都开始采用这一科学的专业体系。

049 “顶峰”

矿物

墨西哥
玛瑙
9.5 厘米 × 9 厘米 × 7 厘米
罗歇 · 凯卢瓦旧藏；
梵克雅宝于 2017 年捐赠

这块玛瑙被命名为“顶峰”，出自法国作家罗歇 · 凯卢瓦的非凡收藏，象征着宝石所暗含的诗意维度。

新生的鸟儿、大海、潟湖、城堡、船、裂缝……凯卢瓦以一种神秘而诗意的全新眼光，通过他的石头收藏及其充满意境的命名，向我们介绍了矿物世界……

凯卢瓦对石头的热情启发了他大部分的文学创作:《石头》(1966)、《石头随笔》(1970)、《石头随想》(1975)、《阿尔菲斯河》(1978)。他收集了两千块石头，其中两百块自 1988 年以来一直陈列在本馆的矿物学展厅，近年来该展厅的展品更加丰富，在梵克雅宝的资助下，本馆完成了矿物学方面最大手笔的收购之一。

这块玛瑙不同颜色的区域在我们眼前组合出一幅壮丽的风景画，我们能够清楚地从中分辨出一座山、一片蓝天，也有人觉得灌木丛前面应该是一条河流……这块精美的石头引发了人们丰富的想象。

050 红宝石

合成宝石

埃德蒙 · 弗雷米、夏尔 · 费尔、奥古斯特 · 韦纳伊
1891 年合成
28.5 厘米 × 17.5 厘米 × 6.5 厘米
MNHN-CH-SC-2020-2562

红宝石是一种非常坚硬的天然宝石，因此在钟表业中被用来制造支撑手表齿轮枢轴的轴承。

其高昂的成本促使本馆化学教授埃德蒙 · 弗雷米设计出一种人工合成红宝石的方法。1875 年，他与光学玻璃制造商夏尔 · 费尔合作，通过将氧化铝和氧化铬的混合物在坩埚中加热到约 1500℃，成功实现了这一目标。这种方法使人工制造这种美丽的晶体成为可能，合成晶体“与天然晶体别无二致”，但体积很小。

1850 年至 1892 年，弗雷米接替盖伊 - 吕萨克担任本馆无机应用化学教授，并将他最后的著作献给了这项工作。据传，他在自己的公寓里展示了合成的红宝石，并用这样的宝石为妻子制作了一条项链。在爱丽舍宫的一次聚会上，弗雷米的妻子戴上了这条项链，引起了宾客们的赞叹。

1904 年，奥古斯特 · 韦纳伊改进了这项工艺，采用氢氧火炬配合 2050℃的高温，通过将薄薄的熔融材料一滴一滴地滴加在籽晶上，就能像石笋生长一样制造出晶体。这种通过火焰熔融法制造大型合成宝石或人造宝石的方法也被称为“韦纳伊工艺”。

合成红宝石更加坚固且价格相对低廉，很快就取代了天然红宝石在钟表行业的地位。

图 26

III

植物王国

MONDE VÉGETAL

法国国家自然博物馆的植物藏品一方面包括来自世界各地的植物干制标本——保存在国家植物标本馆，另一方面还包括每年在不同地方储藏的种子和种植的活体植物。过去450多年收集的近800万件植物标本，共同构成了一个反映我们星球植物多样性的标本银行和数据库。这份收藏清单的种类和数量相当可观，囊括了包括藻类在内的水生植物以及几乎所有海拔的陆生植物。本馆的植物学收藏还以世界上最高大和最长寿的植物见长，比如种植在植物园中有着几百岁树龄的开心果树，或是树龄超过两千岁的红杉树切片。至于种子和果实，它们是各类自然环境的亲历者，也见证了人类利用植物的历史，最初便是作为食物被人类食用。

Fleurs de Nymphaea coerulea Sav.
trouvées sur la momie de Ramses II.
(renouvellées à l'époque de la XXIme Dyn.)

051

图 27

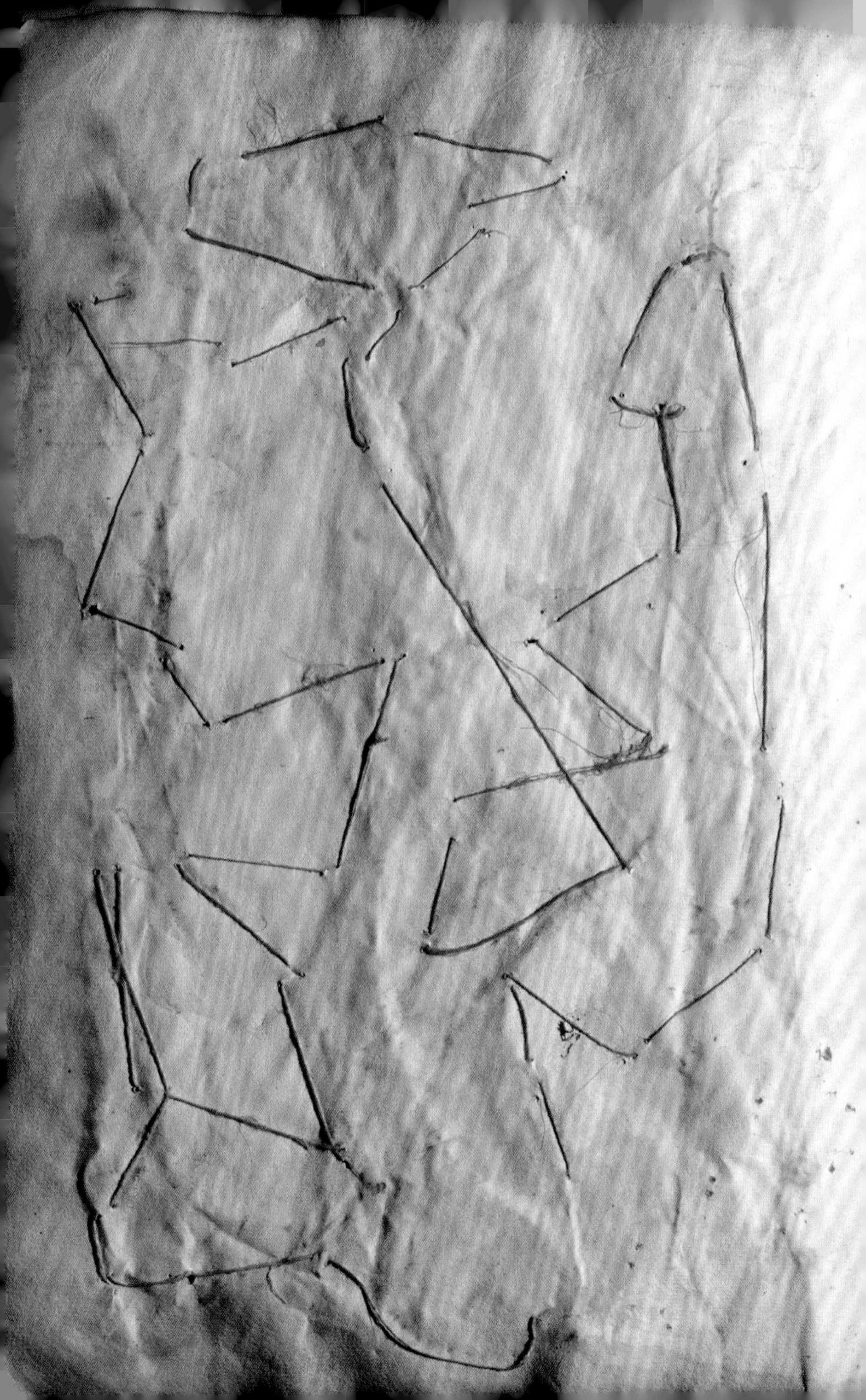

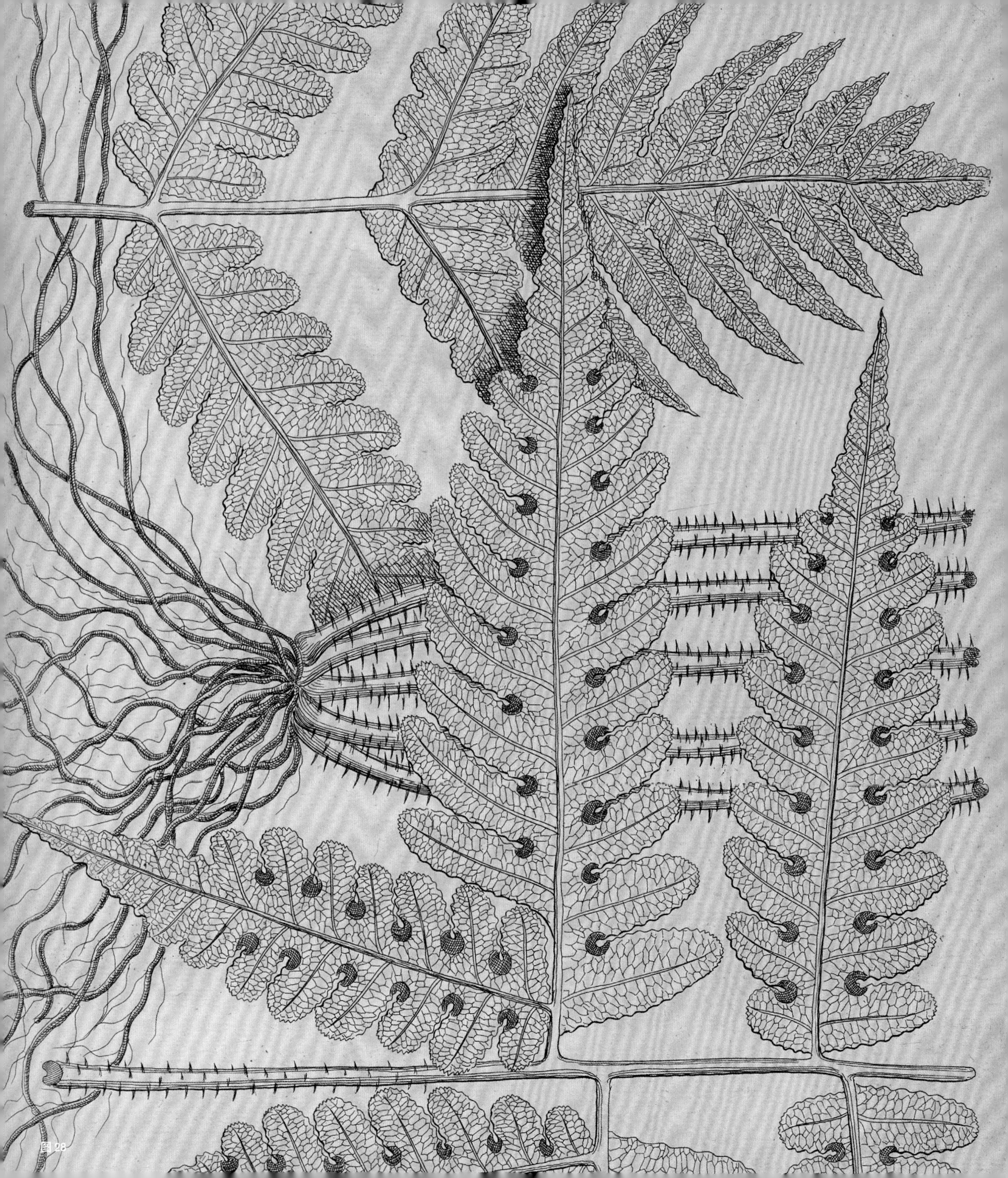
图 28

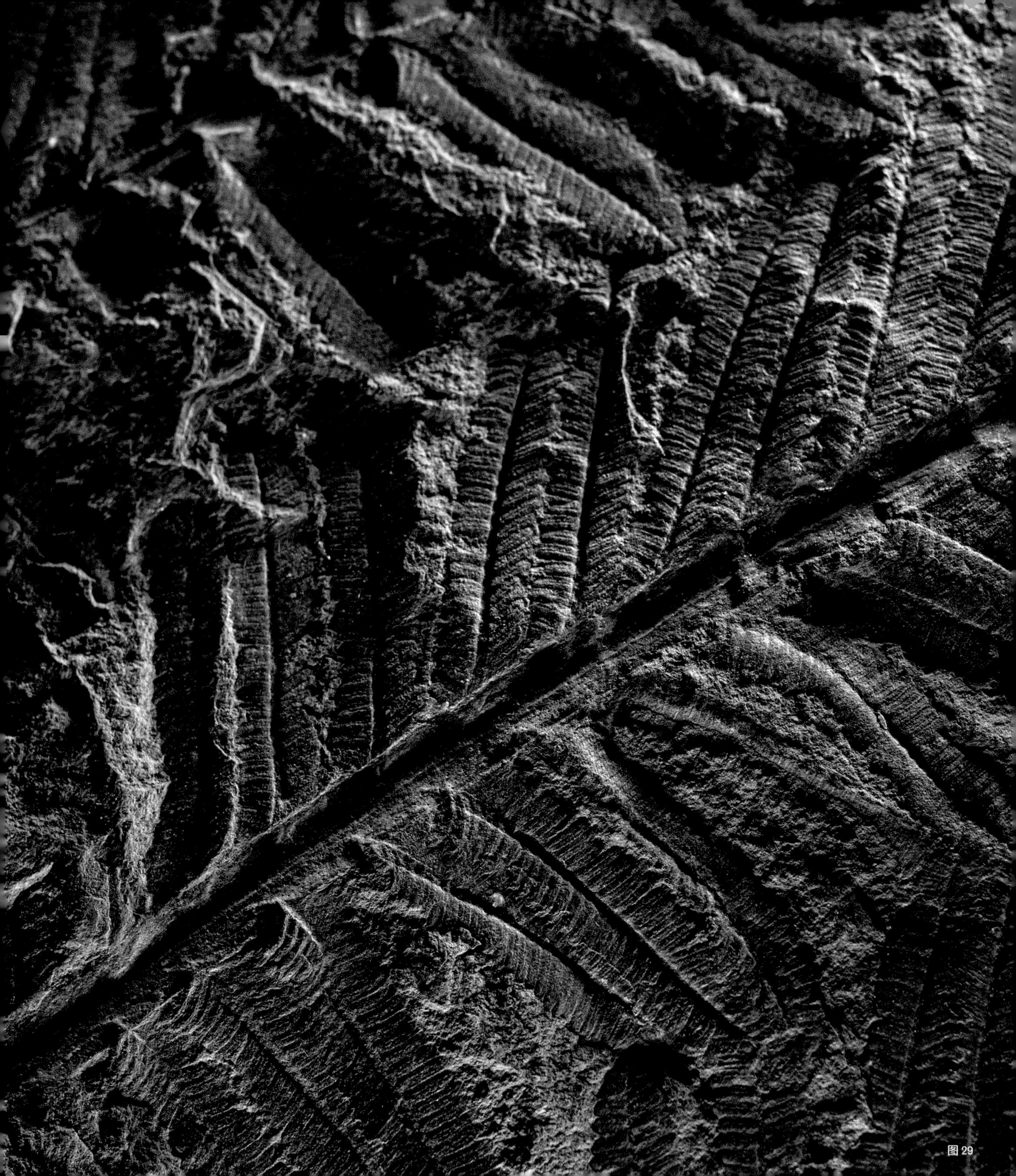

图 29

图30

Donné au Muséum par les enfants d'Adrien de JUSSIEU en 1857.
Catal. № 16056
Vide Commersonia
madagascar. — herb. D. Commerson

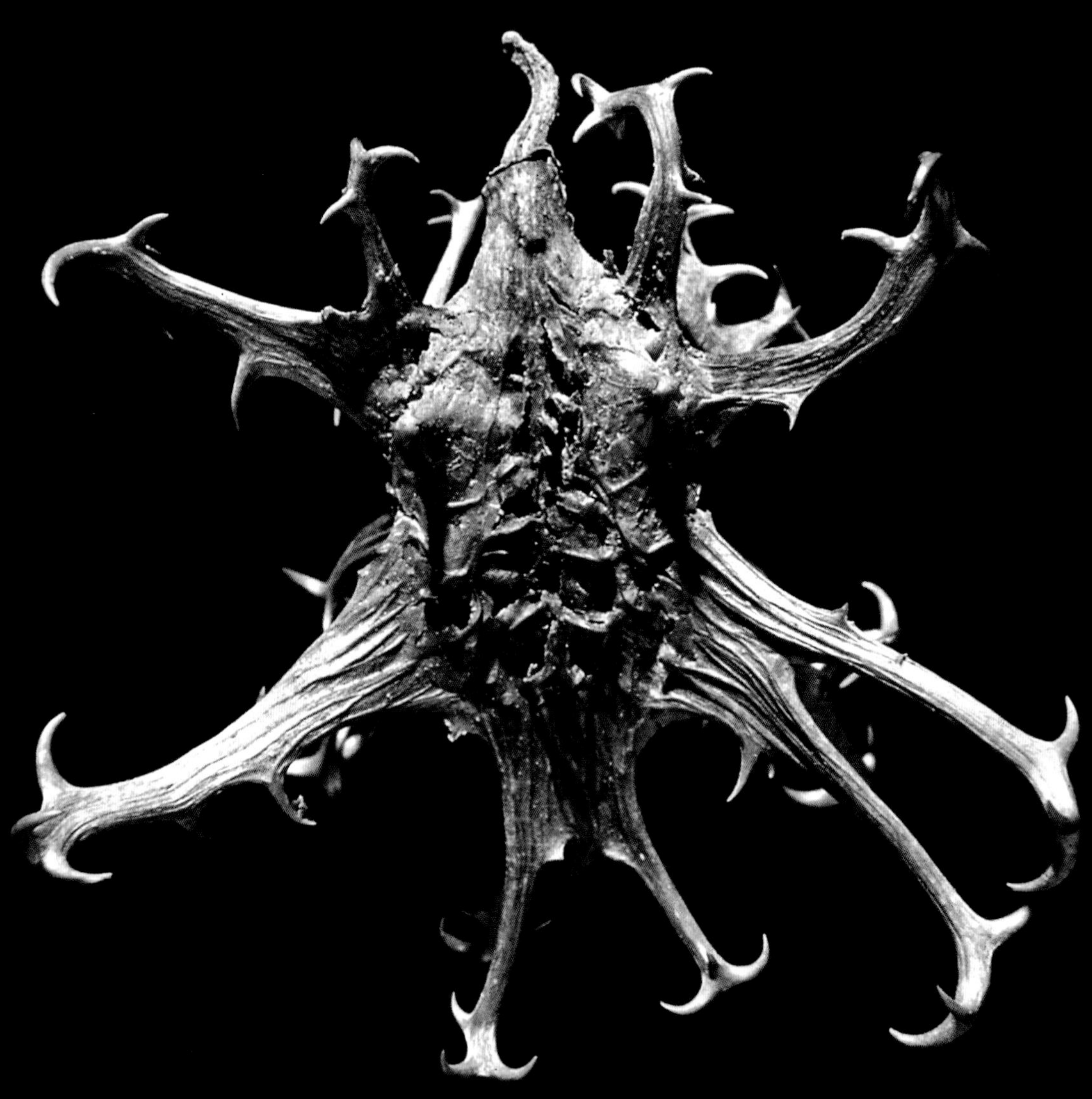

图31

Millepora calcarea. Lamarck.

图 32

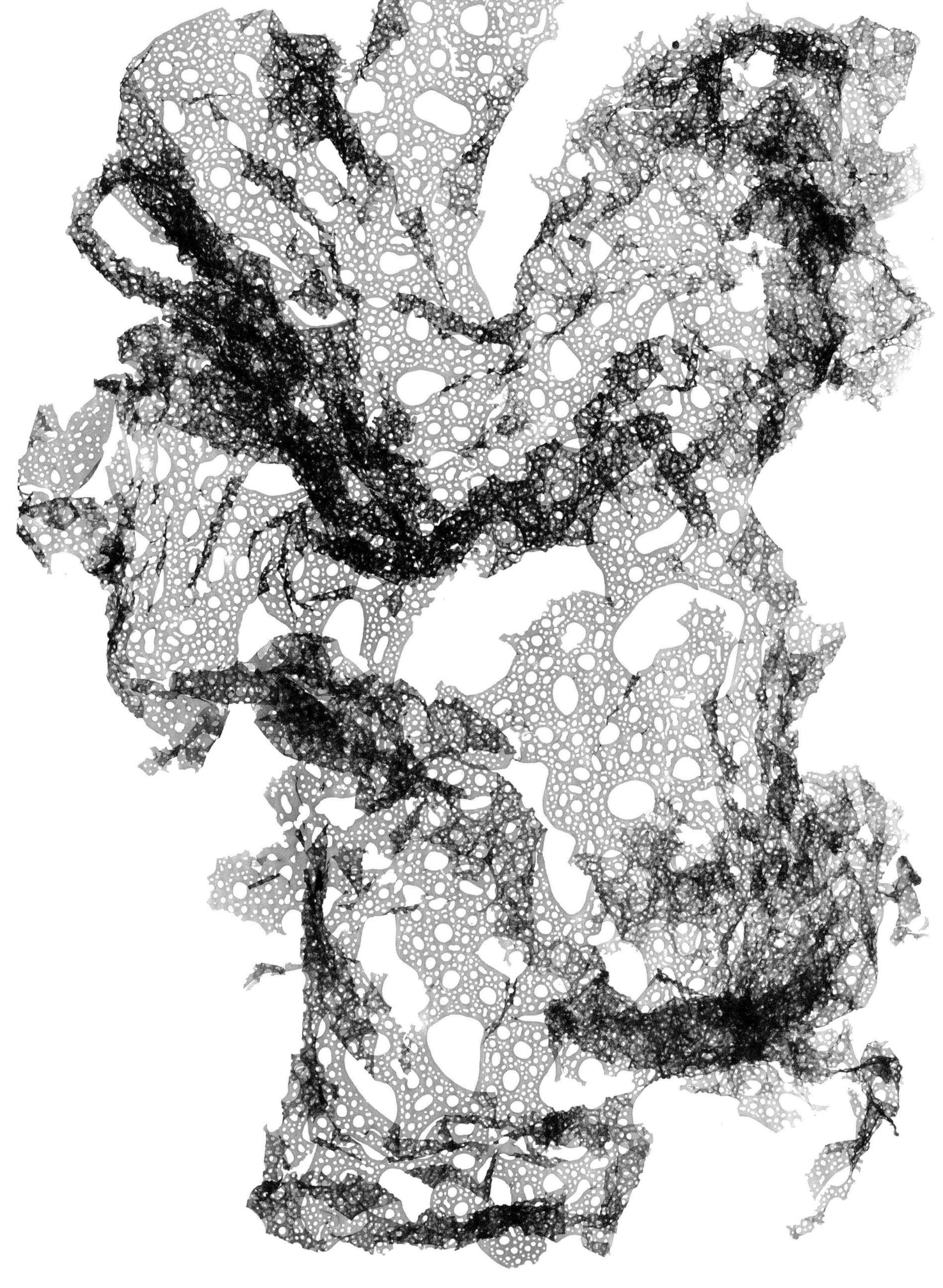

图 33

PINUS CONTORTA
TWISTED PINE
FROM COLORADO

Fleurs des Montagnes de Nazareth et de divers sanctuaires vénérés.
DAMES DE NAZARETH
GALILÉE

Bois brûlé
Nazareth
Bois brûlé

图 34

图 35

植物王国

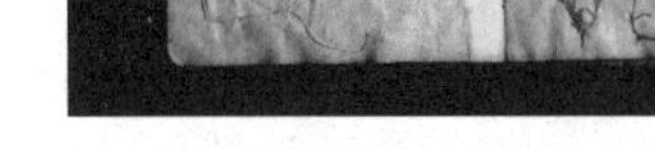

051　拉美西斯二世的花环　　干制花卉

蓝睡莲 *Nymphaea caerulea*
埃及　帝王谷　代尔巴哈里
公元前 1224 年；1883 年制成标本
48 厘米 × 32 厘米
加斯东 · 马斯佩罗旧藏，后归格奥尔格 · 施魏因富特所有
MNHN-P-P00307211

本馆的国家植物标本馆虽建于 19 世纪末，却拥有世界上最古老的植物标本之一，图中的蓝睡莲干花曾被放置在拉美西斯二世的木乃伊上。

根据古埃及的习俗，法老的遗体被制成木乃伊，然后覆以金箔、贵重物品和花环，最后被护送到帝王谷。1882 年，时任埃及文物局局长的埃及古物学者加斯东 · 马斯佩罗，委托德国植物学家格奥尔格 · 施魏因富特研究在凯尔奈克[1]对面的墓地发现的放在木乃伊身上的花环。

施魏因富特仔细记录了花环在棺木里的状况及其在木乃伊身上的位置。他视情况用沸水或冷水给花或叶补水，然后将其摊开晾干，制成标本。他逐一分析和鉴定了花环所包含的植物物种，还解释了它们在整个花环中的角色以及在古代仪式中的用途。完成任务后，施魏因富特将修复后的花环分享给了埃及、法国、英国、荷兰和德国。不幸的是，运抵柏林的那部分在第二次世界大战的炮火中遗失了，而 1884 年送往巴黎的六片干花则仍由本馆悉心保存着。

052　让 · 吉罗的植物标本集　　干制植物

干制植物标本集
法国　里昂地区
1558 年
33 厘米 × 23 厘米 × 5 厘米
布瓦西耶捐赠

法国最古老的植物标本集由 16 世纪的医科学生让 · 吉罗制作，汇集了许多因药用价值而闻名的物种。在植物学还附庸于医学的时代，吉罗完成了这本《活体植物标本集》，书中配有植物版画，供医生参考使用。

吉罗是雅克 · 达莱尚的学生。达莱尚因两方面的工作而闻名：他著有《植物学通史》（1586—1587）一书，该书汇编了他那个时代的植物学知识；此外，他还将古希腊医生们的著作翻译成了法文。

吉罗的植物标本集共一卷，81 页，包含 310 种粘上去或缝上去的干制植物，均附有标签，大部分属于里昂地区的植物区系。标本的排列似乎并未遵循任何逻辑顺序：既不按季节排列，也不按地理划分，与所收集植物的特性也无关，尽管其中某些物种在当时被认为是可入药的。

1721 年，里昂的布瓦西耶先生将这本标本集送给了里昂国王花园的植物学家安托万 · 德 · 朱西厄。它先是保存在里昂学院，后于 1857 年入藏本馆。尽管时光流逝，这本标本集的保存状况仍然相当不错：植物的形态特征大都可以辨别，其中一些甚至还保持了植物原本的色彩。

译者注

1. 凯尔奈克位于尼罗河东岸的埃及城市卢克索的北部，是太阳神阿蒙的崇拜中心，古埃及最大的神庙所在地。
2. 黎凡特相当于现在所说的东地中海地区，指的是中东托鲁斯山脉以南、地中海东岸、阿拉伯沙漠以北和上美索不达米亚以西的一大片地区。
3. 康莫森亡妻的姓“Beau”在法语中也是“美丽”的意思。因此，在 *Pulcheria commersonia* 这个物种名中，属名代表了康莫森的亡妻，种加词代表了康莫森自己。
4. 原文为 *Tragopogon australis*，但根据当前的分类意见，该种已并入 *T. porrifolius*。
5. 切罗基族，北美印第安人，为北美东南部最大的部落。他们的语言是易洛魁语。
6. 一种法国旧币。
7. 位于法国埃纳省，建在山脊上，可观赏埃纳河两岸风光，路易十五为女儿们设计此路作娱乐之用。

053　图内福尔的植物标本

干制植物

金粉叶蕨 *Pityrogramma chrysophylla*
法国　安的列斯群岛
1689 至 1696 年之间
44 厘米 × 28 厘米
查尔斯 · 普卢米尔收藏
MNHN-P-P00667256

这种美丽的金色蕨类植物是 17 世纪末查尔斯 · 普卢米尔神父在某次加勒比海之行中收集的。

它学名中的种加词 *chrysophylla* 源自希腊语，chryso 意为“金色”，phylla 意为“叶子”。它的叶片之所以呈金色，是因为上面覆盖着一层粉末，这些粉末来自渗到叶子背面的蜡状类黄酮沉积物。

普卢米尔被任命为驻安的列斯群岛的皇家植物学家，以植物命名向名人致敬的做法就是他首创的：倒挂金钟属 *Fuchsia* 致敬的是植物学奠基者之一莱昂哈特 · 富克斯；木兰属 *Magnolia* 致敬了蒙彼利埃植物园园长皮埃尔 · 马尼奥尔；秋海棠属 *Begonia* 致敬了皇家海军总督米歇尔 · 贝贡。普卢米尔首次前往安的列斯群岛时，正是与米歇尔 · 贝贡同行的。

这件金粉叶蕨标本由约瑟夫 · 皮顿 · 德 · 图内福尔制作，普卢米尔年轻时曾和他一起进行植物学研究。图内福尔是巴黎皇家花园的植物学教授，著有多本著作，并创建了一个植物标本室，收集了 9000 多种植物。这些植物是他在黎凡特[2]之行期间自法国地中海盆地周围亲手采集，或是从其他博物学家处收集的。

这批收藏依照图内福尔的遗嘱被赠给国王，后来成为国家植物标本馆最早期的收藏之一。普卢米尔和图内福尔还分别以对方的名字命名了紫丹属（*Pittonia*，18 世纪被林奈改为以姓氏命名的 *Tournefortia*）和鸡蛋花属 *Plumeria*。

054　海金沙叶观音座莲

活体标本

Angiopteris lygodiifolia
中国　台湾　台北
2010 年登记
1 米 × 2 米
苏格兰爱丁堡皇家植物园于 2010 年赠送
MNHN-JB-58742

蕨类演化历史悠久，是非常重要的植物类群，它们不开花，也没有种子，通过孢子进行繁殖。

大多数现代蕨类植物，无论是草本还是乔木，都源于一个在中生代（旧称第二纪）分化壮大的类群。在被子植物（开花植物）出现之前，它们与裸子植物（无花的种子植物）一起主导着当时的景观。蕨类植物的第一次大分化发生在古生代，距今约 3.6 亿至 3 亿年的石炭纪。如今，蕨类的代表植物主要生长在热带地区，源于一个曾经非常丰富多样但已经灭绝的植物类群。

因此，观音座莲属 *Angiopteris* 是大型陆生（非树）蕨类植物，属于最古老的维管植物谱系之一（合囊蕨科）。自石炭纪以来，这些植物的变化可能相对较小。在已灭绝类群的印痕化石（图 29）中观察到的（蕨类植物特有的）叶状体，与现代观音座莲属的叶状体相似。

这棵在植物史温室中枝繁叶茂的标本是海金沙叶观音座莲，是生长在中国台湾、日本、韩国的森林和湿地物种。

055　象牙彗星兰

活体标本

Angraecum eburneum
马达加斯加
1946 年登记
60 厘米 × 80 厘米
皮埃尔 · 布瓦塔尔收集
MNHN-JB-340

各种各样的兰花构成了一个令人惊艳的开花植物家族，它们的种类极其丰富多样，演化历史悠久。

兰科的属多到数不胜数，被识别并记录的就有 800 多个，已知物种的数量估计约有 3 万个。其中，彗星兰属 *Angraecum* 包括 200 多个物种，通常是附生植物，植株相当大，花朵气味芳香，大都呈白色或绿色，原产于非洲大陆和印度洋诸岛（如马达加斯加、留尼汪、科摩罗等）。最有名的彗星兰是“马达加斯加之星”长距彗星兰 *A. sesquipedale*，达尔文曾研究过它的授粉。

本馆收藏的的兰花种植在凡尔赛 - 舍夫勒鲁普植物园的温室里，其中有许多彗星兰属兰花。在植物园热带雨林温室举办的“一千零一兰”年度展览上，会展出一些因其美丽、古老甚至稀有而著称的兰花。这种象牙彗星兰便属于此类，它首次被描述命名是在 1946 年，由皮埃尔 · 布瓦塔尔收集，他是马达加斯加塔那那利佛的钦巴扎扎动植物园的前主管。

由于地理分布广泛——从非洲到马达加斯加再到留尼汪岛，且花朵的解剖学特征（大小、唇瓣形状、距的长度）存在差异，象牙彗星兰已经区分出多个亚种。

056 多尔斐大戟

活体标本

Euphorbia delphinensis
马达加斯加
1959 年登记
60 厘米 × 70 厘米
雪松植物园捐赠
MNHN-JB-2464

马达加斯加是大戟理想的栖息地，干旱地区多刺多肉的大戟尤其喜欢这里的气候。这株多尔斐大戟来自法国蔚蓝海岸的雪松植物园，如今在本馆的沙漠温室中生机勃勃。这是一种多刺的灌木，花朵被红色苞片包围，并不显眼。

多尔斐大戟的模式标本保存在本馆植物园的国家植物标本馆中。该物种由 E. 厄施和 J. D. 莱安德里于 1954 年描述并命名，所依据的标本母株生长在钦巴扎扎公园（马达加斯加塔那那利佛），但标本收集自陶拉纳鲁（或称多凡堡）。该物种是这一地区所特有的。

大戟属是被子植物中最多样化的属之一，包括 2000 多个种，单在马达加斯加就有不少于 170 个种，包括多刺和多肉的大戟。它们的器官富含水分，能适应非常干旱的环境，几乎所有大戟都是地区性特有的。

尽管人们针对这一类群开展了一系列科学研究，但这些旱生植物中的许多物种仍然鲜为人知，还有一些大戟有待发现和记录。由于马达加斯加大岛自然环境的多重退化，以及国际园艺贸易的合法或非法采集，大戟属植物正面临威胁，因此受到高度保护，被列入《濒危野生动植物种国际贸易公约》附录 1 和 2 以及世界自然保护联盟红色名录。

057 百慕大箬棕

活体标本

Sabal bermudana
培植于比利时
1939 年定植
高 12 米
MNHN-JB-58430

这棵树以庄严之姿俯瞰整个热带森林温室的植物，宽大的叶片呈扇形张开，树枝上经常挂满棕色的果实。

这种热带棕榈树应该是在 1939 年温室建成后不久种植的，而且是在 1945 年 1 月温室供暖中断导致的零下低温环境中唯一幸存下来的植物。

这种棕榈树虽然十分耐寒，却是从未经历过霜冻的百慕大群岛的特产，其所属的菜棕属 *Sabal* 原产于加勒比海及周边地区。

在菜棕属野外存活的 15 个物种中，本馆收藏有 10 个，并获得了专业植物收藏温室（CCVS）的“批准收藏”标签。

棕榈科约有 3000 个物种，本馆温室中收藏的种类很好地代表了这个类群的多样性，从林下的小灌木到林冠层的高大乔木，有的长在林中空地上，也有的长在沼泽甚至沙漠环境中。棕榈有藤本的也有直立生长的，其树干（不分枝直立茎干）有单生的也有丛生的，其叶片有全缘的也有分裂的，叶形有羽状、二回羽状、肋掌状，等等。这个多样化的植物家族为人类提供了食用、药用、纺织、建筑等多重资源。

058 康莫森的植物标本

干制植物

花叶多心桐 *Polycardia phyllanthoides*
马达加斯加
1768 年至 1773 年
44 厘米 × 28 厘米
康莫森和巴雷收藏
MNHN-P00680345

1766 年至 1769 年，医生兼植物学家菲利贝尔·康莫森乘坐由布干维尔船长指挥的“星辰”号参加了法国第一次环球航行。他在巴西停留了一段时间，收获了一种被他命名为叶子花属 *Bougainvillea* 的植物。探险队穿过麦哲伦海峡，进入太平洋，然后前往印度洋。

康莫森与法兰西群岛的总督皮埃尔·普瓦夫尔关系密切，借此关系他和第一位参与环球航行的女性让娜·巴雷在毛里求斯定居下来。由于当时女性被禁止上船，让娜扮成男人旅行。他们一起建立了一个包含几千种植物的标本室。

这个在马达加斯加采集的标本后来被纳入朱西厄的收藏。康莫森先后将其命名为 *Commersonia polycardia*、*Pulcheria commersonia* 和 *Polycardia commersonia*。Polycardia 指的是该植物心形的花朵。康莫森在对该植物的描述中写道：“我在这棵树上铭刻下两个名字，它们将永不分离”。这里致意的对象似乎是他早逝的妻子维万特·博（pulcher 在拉丁语中意为“美丽”）[3]。

康莫森还将另一个物种命名为 *Baretia heterophylla*（现用名为异叶杜楝 *Turraea heterophylla*），以此来致敬让娜·巴雷敢为人先的勇气。可惜后世学界并没有保留这些满怀温情的命名。

059　旅人蕉的种子　　干制标本

Ravenala madagascariensis
马达加斯加
2014 年采集
17 厘米 × 51 厘米 × 20 厘米
个人捐赠
MNHN-JB-94413

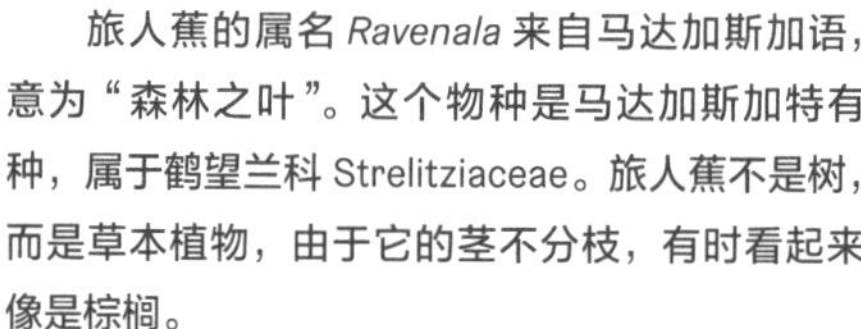

旅人蕉的属名 *Ravenala* 来自马达加斯加语，意为“森林之叶”。这个物种是马达加斯加特有种，属于鹤望兰科 Strelitziaceae。旅人蕉不是树，而是草本植物，由于它的茎不分枝，有时看起来像是棕榈。

旅人蕉可以长到 20 米高，叶片长 2 ~ 3 米，在同一平面上呈扇形排列。它们的叶柄基部呈杯状，可以储存雨水，这也是该物种俗名的由来：叶柄基部储存的水，再加上其特别的树液，可以让旅人解渴。每根叶柄切开可得 1 ~ 1.5 升树液。

旅人蕉存水的部位为一些非常原始的物种提供了繁衍的家园，如两栖类、甲虫和蚊子，它们依赖这个微生境生存。前来寻蜜的蝙蝠和狐猴会顺便帮它授粉，这些动物还会吃它的果实。旅人蕉会开白色的大花，花序外是 15 ~ 20 厘米的佛焰苞。它的果实是一种形状类似香蕉的木质蒴果，果实中含有多颗令人印象深刻的种子，种子外面包裹着亮蓝色的纤维。

除了可供食用，以及作为建材建造当地的传统房屋，旅人蕉还具有可观的经济价值：作为马达加斯加的象征，它受到世界范围内园艺景观设计者的喜爱。

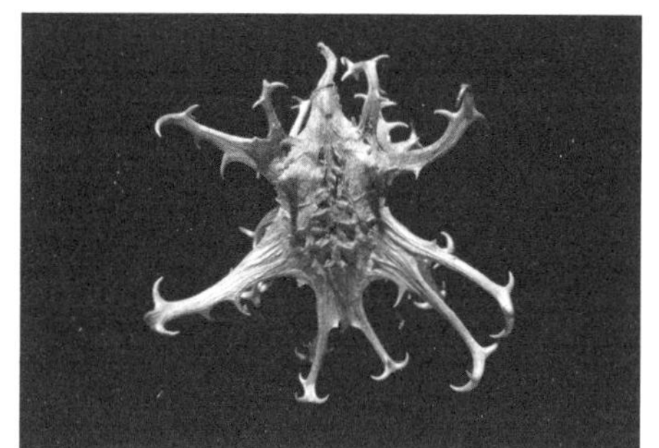

060　爪钩草　　干制标本

Harpagophytum procumbens
纳米比亚沙漠
1950 年采集
6 厘米 × 6 厘米 × 5 厘米（包括爪钩）
4.5 厘米 × 2 厘米 × 0.8 厘米（不包括爪钩）
个人捐赠
MNHN-JB-145250

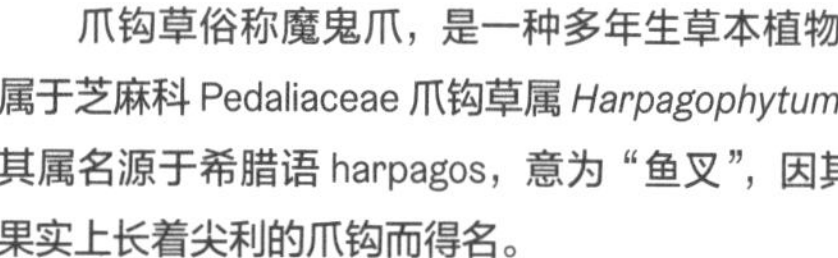

爪钩草俗称魔鬼爪，是一种多年生草本植物，属于芝麻科 Pedaliaceae 爪钩草属 *Harpagophytum*，其属名源于希腊语 harpagos，意为“鱼叉”，因其果实上长着尖利的爪钩而得名。

爪钩草茎匍匐，长可达 2 米。它原产于半沙漠地区，生长在南非富含氧化铁的土壤中，从纳米比亚的草原和卡拉哈里沙漠到非洲南部均有分布。

它的果实看起来像木质的胶囊，外面长满了爪钩，可以钩住动物的嘴和毛发，甚至羚羊、绵羊和牛的蹄子，钻进它们的肉里。动物们会陷入狂躁，想要摆脱这些陷入皮肉、缠在毛发上的小钩子，从而无形中促进了种子的传播。

爪钩草长达一米的主根上会长出次生根，膨大成有治疗功效的块茎，它们是非洲南部地区的传统药物，人们普遍认为其可以缓解风湿疼痛，帮助消化。20 世纪初，一位与当地人有接触的德国农民发现了这种植物，于是它潜在的药用价值在 20 世纪七八十年代被传播到世界各地。为名声所累，爪钩草已成为濒危物种，凭借法律赋予的受保护地位，爪钩草的采集已经得到了管控。

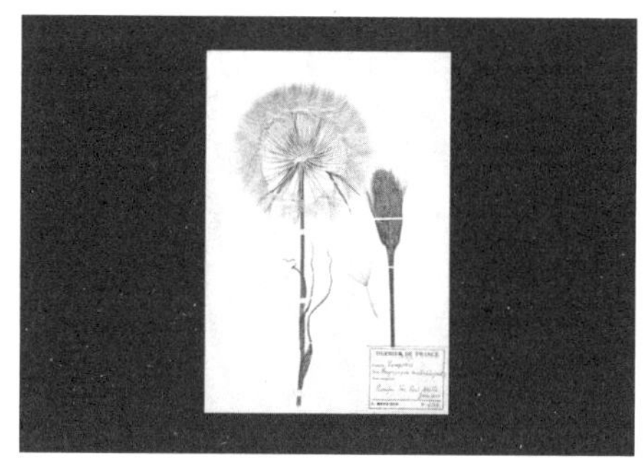

061　梅屈兰的植物标本　　干制植物

蒜叶婆罗门参 *Tragopogon porrifolius*[4]
法国　皮埃尔弗 - 迪瓦尔
1951 年 6 月
44 厘米 × 28 厘米
莱昂 · 梅屈兰收藏
MNHN-P-P00267725

莱昂 · 梅屈兰制作的标本集包含了本馆最漂亮的一些植物标本。

他在 1927 年至 1977 年间收集并保存了数千种植物标本，但他并非植物学家，而是邮政公司的雇员，负责电报和电话业务。然而，采集时对标本的精心挑选，干燥时的小心翼翼，组装时的精细操作，以及在物种识别方面的知识储备，使他远远超出了一名见多识广的业余爱好者的范畴。

制作标本时，为了保留植物鲜活的外观，梅屈兰构思并自制了相关设备。他会给收集到的植物补水并将其保存在可扩展的、带吸水纸的文件夹中。此外，他还准备了干燥垫和钳子，以最妥帖的方式处理花朵……他的专业技巧使得植物原本的光彩与鲜活得到了保留，让今天的我们仍然感到惊艳。除了法国国家植物标本馆，土伦和马赛的自然博物馆也收藏有他制作的标本。

梅屈兰还出版了关于地中海地区的植物学笔记，包括皮埃尔弗 - 迪瓦尔镇马约斯村的植物群，他在那里有一处房产。他在土伦博物学协会担任秘书期间的工作，为他赢得了学术官员的任命。他同时也是法国国家自然博物馆的通讯员。

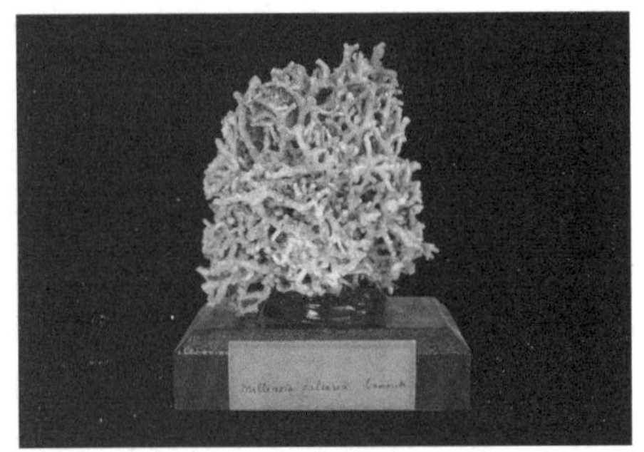

062 珊瑚藻

干制标本

钙质疣石藻 *Phymatolithon calcareum*
18 世纪采集
8 厘米 × 10 厘米
让 - 巴蒂斯特 · 德 · 拉马克旧藏
MNHN-P-PC0607194

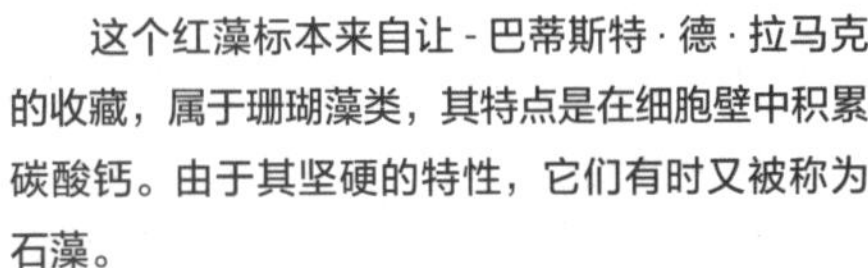

这个红藻标本来自让 - 巴蒂斯特 · 德 · 拉马克的收藏，属于珊瑚藻类，其特点是在细胞壁中积累碳酸钙。由于其坚硬的特性，它们有时又被称为石藻。

像珊瑚一样，拉马克认为珊瑚藻也是钙化的珊瑚虫，并将其归类为动物。直到 1837 年，博物学家鲁道夫 · 阿曼多 · 菲利皮才将珊瑚藻与红藻联系起来。

珊瑚藻种类繁多，目前已知的有近 700 种，是红藻中物种最丰富的类群。

珊瑚藻是法国大西洋海岸的钙质沉积海滩的主要物种之一，那里形成了多维的栖息地，庇护各类动植物。钙质沉积土在英吉利海峡沿岸长期以来被作为矿产资源开采，其主要功用是肥田，现在在法国已经被禁止开采。

珊瑚藻是为数不多能形成化石的藻类之一。因此，其化石记录是一个重要的研究课题，尤其是可以帮助我们了解这些藻类的分化与演化史。

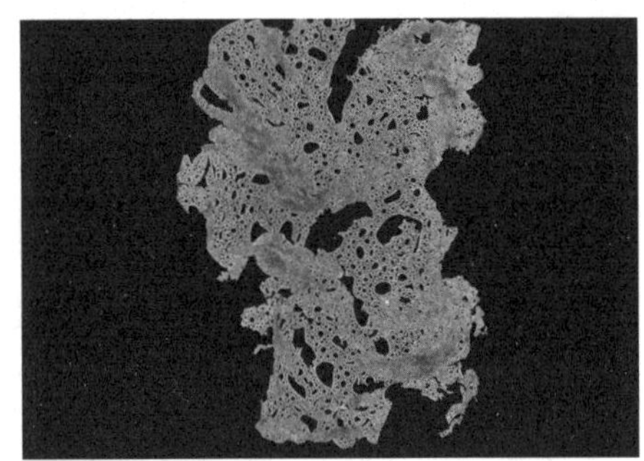

063 红藻

干制标本

西部楷膜藻 *Kallymenia westii*
法国　马提尼克岛
2016 年 9 月 21 日采集
32 厘米 × 49 厘米
采自 2016 年的底栖动物考察活动
MNHN-PC0606266

这种楷膜藻是在马提尼克岛钻石岩周围潜水时采集到的一种红藻，有着真正的玫瑰色花边。

红藻的颜色来自其体内所含的色素，这是一种玫瑰色的蛋白质，有助于吸收太阳的能量，在光合作用过程中制造有机物。红藻有近 7000 个已描述的物种，是所有海洋藻类中种类最多的，此外还有许多物种有待发现。

探索生物多样性是本馆的使命之一，本馆会定期在世界各地组织考察活动，在现场对标本进行影像采集，并进行 DNA 分析，以促进研究和丰富收藏。

法国拥有大西洋、地中海和海外属地等多处海岸，也拥有世界第二大专属经济区（EEZ）。2016 年的底栖动物考察活动旨在调查马提尼克岛的底栖生物的多样性，包括藻类、甲壳类、软体动物等。

这种楷膜藻生长在相对不受洋流和海浪影响的海洋深处，由非常薄的叶状体组成，上面点缀着许多大小不一的孔。这些孔使水能够在叶状体两侧流动，最大限度地降低了叶状体被撕裂的风险。

064 巨杉切片

干制标本

Sequoiadendron giganteum
美国　加利福尼亚州
1917 年采集
直径 2.70 米
美国加利福尼亚州和美国退伍军人协会于 1927 年赠送
MNHN-P00425183

这块切片来自美国西部的一株巨杉，是法国国家植物标本馆木本收藏中的王牌。1927 年，美国加利福尼亚州和美国退伍军人协会将它赠送给了法国。

沿着这棵树在近两千年的生长过程形成的年轮，我们可以在铜牌的指引下回到过去，这些铜牌记录了从基督诞生到美西战争（1898 年）之间的大约 20 个历史事件。对这些事件的选择反映出一定的历史观，其中主要包含了美国和法国的历史事件：巴黎大学建立（1100 年），发现美洲（1492 年），“五月花”号上的清教徒登陆美洲（1620 年），美国独立宣言发表（1776 年）等。有些铜牌用法语标注，有些则用英语标注。

这株柏科的针叶树在 20 世纪初被砍伐时，已经在加利福尼亚森林里的其他巨树之间生活了近两千年。在 19 世纪和 20 世纪初，由于过度砍伐，巨杉的数量急剧减少。之后，自然保护区的建立使它们得以幸存。这些巨杉能长到 90 米高，寿命可达 3000 年，如今是像约塞米蒂这样的国家公园的骄傲。

巨杉的拉丁名 *Sequoiadendron* 是为了纪念切罗基人[5]塞阔雅，她为自己的母语发明了文字。

065 槐

活体标本

Styphnolobium japonicum
中国　北京
1747 年
高 21 米
传教士汤执中于 1747 年寄送
MNHN-JB-99497

这是欧洲最古老的槐树，见证了旅行博物学家的科学史诗，他们从世界各地收集标本，然后将其送到博物馆进行研究，以评估其医药、生产或装饰价值。

在传教士向欧洲植物园运送标本之前，西方人对东亚地区的植物区系几乎没什么了解。槐的引进可以追溯到 1747 年，当时身处中国的耶稣会传教士汤执中将种子寄给他的朋友贝尔纳 · 德 · 朱西厄，当时的皇家植物园总管。

伴随种子一起抵达的还有一条颇显神秘的备注“*Arbor sinarum incognita*”（中国的一种不认识的树）。种子发芽后长势良好。朱西厄将这棵树种在现今玫瑰园的尽头——那里当时被称为“乔木和灌木花舍”，并向法国和英国的其他地方分发种子。

直到这棵树在 1779 年夏天开花（这在欧洲尚属首次），我们才能将这批种子与槐树联系起来。1767 年，林奈参考据说采自日本的植物标本描述了这个物种，并命名为 *Sophora japonica*。植物学家后来发现，该物种并非日本的原生物种，而是原产于中国和朝鲜。最近的遗传学研究表明，该物种与苦参属 *Sophora* 那些名为某某槐的灌木并没有亲缘关系，因此将其移出该属，归为独立的槐属 *Styphnolobium*，更名为 *Styphnolobium japonicum*。

066 日本樱花“白妙樱”

活体标本

Prunus Groupe Sato-zakura ‘Shirotae’
原产地不详
1950 年代
高 4 米
MNHN-JB-11932

“白妙樱”是 16 世纪左右日本培育的园艺品种，于 20 世纪初引入法国。

在东亚地区，樱花的栽培、选育和交易已有一千多年的历史，各种野生樱花的界限及其原产地已经模糊不清。几个世纪以来，东亚种——主要是原产中国东部、朝鲜和日本的山樱 *Prunus serrulate*——的连续杂交，已使大多数现代种的谱系无法追溯，导致命名混淆。它们通常被统称为山樱，但这是错误的，因为这些杂交种的祖先中还有其他物种。

由于没有专门的名称，园艺学将它们归入“里樱”（Satozakura，意为“乡村樱花”），这是樱花在日本的传统名称。每年春天日本都会举办樱花节，吸引成千上万的游客遵循古老的花见（“赏花”）传统到全国各地的公园赏樱。

“白妙樱”这个品种，其名称意为“明亮的白色”，它开花的习性不同寻常，会从淡粉色的花蕾中绽放出纯白芳香的重瓣花朵。“白妙樱”的另一特点是其水平伸展的枝条：图中这棵 4 米高的樱花树树冠宽超过 15 米。

067 黎巴嫩雪松

活体标本

Cedrus libani
英国　伦敦
1734 年
高 20 米
彼得 · 柯林森于 1734 年捐赠
MNHN-JB-13908

黎巴嫩雪松引入欧洲的历史可以追溯到 1650 年之前，但直到 1732 年，才有一棵 1683 年在伦敦切尔西药用植物园种下的黎巴嫩雪松结出种子。富有的英国商人彼得 · 柯林森培育出了这种树的幼苗，第一代欧洲本土雪松由此而来。他将两株雪松幼苗送给了贝尔纳 · 德 · 朱西厄，后者于 1734 年将它们带回了巴黎。传说在他快到植物园时，花盆破了，两棵小雪松是装在他的帽子里抵达目的地的。

最早来到法国的这两棵雪松，其中一棵被种在迷宫丘一侧，现在长到 20 多米高了。作为巴黎最年长的雪松，它并不算高大，这可能是由于生长环境不理想导致的，毕竟迷宫所覆盖的科伊珀丘是一堆中世纪的残砖碎瓦。

另外一棵被送给皇家苗圃的主管兼财务总监丹尼尔 · 夏尔 · 特吕代纳。他将这棵雪松种在自己位于塞纳河和马恩省蒙蒂尼 - 伦普的庄园里。1935 年，它在一场雷雨中被击倒，当时已高达 32 米。

该物种原产于土耳其南部、叙利亚和黎巴嫩，现被列为易危物种。在黎巴嫩，受到放牧、伐木、虫害和城市化的威胁，原始雪松林的面积只剩下不到 5%。

068 银杏

活体标本

Ginkgo biloba
英国　伦敦
1780 年
高 28 米
M. 德 · 珀蒂尼于 1780 年捐赠
MNHN-JB-14538

1780 年，M. 德 · 珀蒂尼在伦敦以每株 40 埃居[6]的高价购得五株银杏幼苗，首次将银杏带到法国。因为这一轶事，银杏有了“40 埃居之树”的绰号。法国植物学家图安收到了其中一株，将其种在温室的花盆里，之后又于 1792 年移植到布丰街附近的一块耕地上。

银杏在 17 世纪中期以种子的形式传入荷兰，对当时的植物学家来说是一种神秘莫测的树。彼时欧洲所有已知的银杏都是雄性，源自第一批银杏树的扦插或压条。直到 1814 年，人们才在日内瓦附近发现了一棵银杏雌株。为了获得可育的种子，植物学家将雌树的枝条嫁接到雄树上。图安这株银杏在 1838 年由首席园丁卡米泽进行了嫁接，使用的雌枝来自 1830 年在蒙彼利埃植物园完成的第一次嫁接。

银杏是 2.7 亿年前出现的一个古老谱系的最后代表，当时地球上还没有开花植物和松柏类（见第 44 页，013），而它的形态这些年来几乎没有发生变化。银杏原产于中国西南部，在野外很少见，甚至一度被认为已经灭绝。这个物种的存活完全归功于人工栽培，中国僧侣一千多年来一直在寺庙周围种植银杏，到如今世界各地都有种植，它们可以用于园林观赏，其果仁也可食用。

069 开心果

活体标本

Pistacia vera
土耳其　安纳托利亚或希腊　克里特岛
1704 年左右种植
高 5 米
约瑟夫 · 皮顿 · 德 · 图内福尔于 1702 年采集
MNHN-JB-10965

这棵开心果树是植物园中最古老的三棵树之一，曾见证过一场重大的科学争论。

开心果以其干果而闻名，原产于中亚，在古代被引入地中海世界。本馆这棵树源自图内福尔 1702 年从黎凡特带回的种子。1704 年左右，它被种在以前的苗床园地的遗址上，1931 年那里被改造成了高山植物园。

作为植物学权威，图内福尔认为花粉只是花的排泄物。而他以前的学生塞巴斯蒂安 · 瓦扬则认为花粉是花的雄性种子，可以使雌性器官受精。瓦扬利用本馆的开心果树证明了这一点：它的花只产生花粉，所以它是雄性。瓦扬知道巴黎的药剂师植物园里还有一棵开心果树，它的雌花在此之前一直没有结果。于是他从我们的树上取下一根花枝，去给那棵树授粉，后者才首次结果。

1717 年，瓦扬在一堂课上将花的器官与动物的生殖系统进行了类比，他的同事们对此瞠目结舌，但正是这份在他去世后才得以发表的讲稿启发了林奈，后者在几十年后对植物分类法进行了颠覆性变革。

070 蔷薇“叙尔库夫男爵夫人”

活体标本

Rosa‘Baronne Surcouf’
法国
20 世纪 90 年代
丛高 1.4 米
MNHN-JB-57355

植物园中的玫瑰园创建于 20 世纪 90 年代初，拥有近 350 个园艺栽培品种，代表了蔷薇繁育历史的不同阶段。

蔷薇是蔷薇属 *Rosa* 植物的通称，原产于北半球温带和亚热带地区，包含约 350 个野生物种。

蔷薇是多刺的落叶灌木，有的种会攀缘。它们的花有五枚萼片、五枚花瓣和许多雄蕊。野生蔷薇的花为单瓣，是栽培蔷薇的祖先。重瓣蔷薇是自发突变导致雄蕊转化为花瓣的结果。

蔷薇的各种园艺品种是起源于欧洲和亚洲的物种之间复杂选择和杂交的结果。几千年前，这个选育过程就开始了，至今已培育出 2 万多个栽培品种。所涉及的物种如此之多，反复杂交的过程如此复杂，以至于除了少数例外，现代蔷薇园艺品种都无法追溯至任何特定物种。因此，它们的全名由属名 *Rosa* 和栽培品种名组成。

071　围裙水仙“美杜莎喇叭”　　活体标本

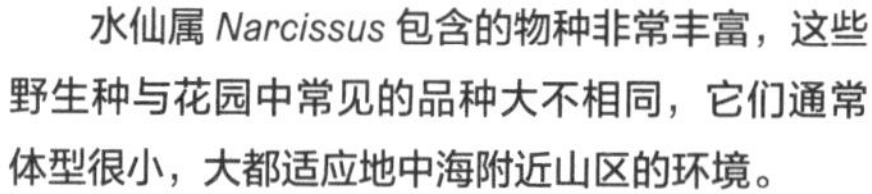

Narcissus bulbocodium
摩洛哥
1955 年采集
高 15 厘米
MNHN-JB-21043

水仙属 *Narcissus* 包含的物种非常丰富，这些野生种与花园中常见的品种大不相同，它们通常体型很小，大都适应地中海附近山区的环境。

这株围裙水仙是 1955 年在摩洛哥山区采集的。它被安置在高山植物园的岩石花园里，通过播种和球茎分蘖自发繁殖，长成了一大片，每年早春以其明艳繁盛的花朵装饰着园区。

它属于“美杜莎喇叭水仙”的代表，其独特的外观是由于副花冠（在本馆植物园中水仙的副花冠被称为“喇叭”）呈漏斗状，比花瓣大得多。副花冠是水仙特有的，由花瓣和雄蕊之间的增生组织构成。

这类水仙从法国西南部到摩洛哥均有分布，通常长在山区的草地上，构成了一个复合群。它们在形态上非常相似，至今仍是分类学研究的重点对象，而对于该类群相关的各种分类假说与命名，植物学界至今仍未达成共识。

072　朝圣植物标本　　干制花卉

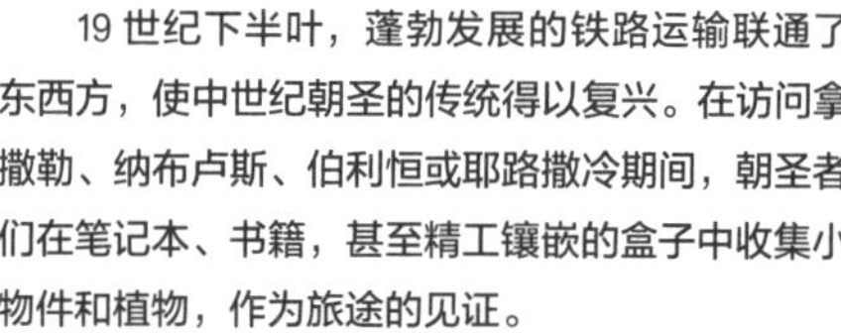

来自拿撒勒山和各种圣地的花朵
以色列　拿撒勒
1863 年采集
30.5 厘米 × 22 厘米
泰奥芬 · 德凯沃利埃神父旧藏

19 世纪下半叶，蓬勃发展的铁路运输联通了东西方，使中世纪朝圣的传统得以复兴。在访问拿撒勒、纳布卢斯、伯利恒或耶路撒冷期间，朝圣者们在笔记本、书籍，甚至精工镶嵌的盒子中收集小物件和植物，作为旅途的见证。

这件藏品名为“来自拿撒勒山和各种圣地的花朵”，由耶路撒冷宗主教区主教泰奥法恩 · 德克沃利埃神父于 1863 年制作。他将整朵花或是植物的不同部位拼贴在一起，创作出真正的花卉画。

识别这些植物所属的物种并不容易，因为它们都只取了每种植物的局部，而且创作者有时会将不同物种的部位组合在一起，创造出梦幻的花朵。

尽管如此，在这幅画中，我们仍可以确定有铁线蕨（*Adiantum capillus-veneris*，通常被称为维纳斯的头发）的叶子、白木樨草 *Reseda alba* 和侧金盏花属 *Adonis* 的花朵，以及菊科植物的头状花序，它们围绕着带锯齿的仙人掌属 *Opuntia* 植物的网状脉络组成花环，其间点缀着不引人注目的紫色花朵，可能是十字花科 Brassicaceae 植物。

073　“战壕”植物标本　　干制花卉

法国
1914—1918 年间收集
29 厘米 × 22 厘米 × 6 厘米
路易丝 · 加耶东的后裔雅尼娜 · 莫尼耶捐赠

这个植物标本由路易丝 · 加耶东制作。她是一位战时教母，嘱咐与她通信的士兵在信件中附上从战场或废弃的花园中采集的植物材料（花、叶、树枝），有大约二十名士兵照做了。为了纪念她与这些士兵缔结的友谊，她将这些植物材料保存在这个装订好的小标本册里。

士兵们收集的物种大都很常见，也容易识别，有铃兰、罂粟、银莲花、雏菊、常春藤、蕨类植物等。保存者一一注明了这些植物的收集地点，让人联想到可怕的战场，如凡尔登、贵妇小径[7]、阿尔贡、香槟等。收集者姓名的首字母是用稻草纤维书写的，人们在查阅时仍能感受到其中蕴含的感情。

此类收集植物的行为，和用日常物件或装饰品制作手工艺品类似，被称为“战壕艺术”。我们发现采集者对植物是有选择的，每种花具有不同的象征意义，这些观念在当时颇为流行，通过战前的日历广为流传。

战争期间建立的联系在停战后仍在延续，植物起到了维系情感的作用。为了留存这些证据，路易丝 · 加耶东的后裔雅尼娜 · 莫尼耶将标本册委托给博物馆保管。

074　牡丹“八束狮子”　　活体标本

Paeonia × suffruticosa Andrews‘Yatsuka Jishi’
日本　八束市
2004 年
株高 1.2 米
八束市于 2004 年赠送
MNHN-JB-41541

野生牡丹原产于中国，两千多年来，因其根皮的药用价值和本身的观赏价值，在中国一直深受喜爱。

栽培牡丹 *Paeonia × suffruticosa* 由现存 9 种野生牡丹中的 6 种杂交而成。经过 1500 多年来对这些杂交种的持续选育，牡丹已经能开出非常大的花，有单瓣，也有重瓣，颜色从白色到紫色不一。早在 11 世纪，中国文献就记载了 900 种牡丹。

日本人对牡丹的热爱是从中国流传而来的。牡丹于 8 世纪被引入日本，在江户时代（1600—1868）尤为风靡，选育出了许多品种。日本的品种形态轻盈透气，花朵离叶片较远，不像中国的品种那样矮壮。花朵直径可超过 25 厘米，以高纯度的明亮颜色而独具风采。

日本牡丹的主要产区位于八束市附近的大根岛，每年出产近 180 万株牡丹。为了推广这一可追溯到 18 世纪的当地传统，八束市政府于 2004 年向本馆捐赠了 31 个品种，种在植物园的布龙尼亚苗圃里。

075　簇枝南洋杉　　活体标本

Araucaria rulei
法国　新喀里多尼亚
1986 年
高 5 米
热带森林技术中心于 1986 年捐赠
MNHN-JB-59196

三分之二的南洋杉属 *Araucaria* 物种是新喀里多尼亚特有的。1986 年，位于马恩河畔诺让市的热带森林技术中心赠给本馆一批南洋杉种子，图中标本正是来自这批种子。在这些如今已长成美丽树木的种子中，有几种来自新喀里多尼亚。植物园有个专门安置南太平洋群岛植物群的温室，里面种植了不同种的南洋杉，右图展示了生长在矿山丛林区的簇枝南洋杉 *Araucaria rulei*。

新喀里多尼亚特殊的地质历史，特别是其土壤中丰富的矿物质（超镁铁质），使其保留了世界上独一无二的原始植物群，其中 76% 是当地特有的植物。这里有大量裸子植物，有超过 40 种松柏，其中包括 14 种南洋杉。

簇枝南洋杉是一种大型针叶树，可以长到 20 ~ 25 米，植株轮廓呈锥形金字塔状，年老个体则呈烛台状。它生长在茂密湿润的丛林中，分布在格朗特尔岛北部到南部的人烟稀少之处。

该物种现在正受到采矿和许多其他灾难的严重威胁，被世界自然保护联盟列为濒危物种，其他新喀里多尼亚松柏类大多也面临类似情况。

IV

动物世界

MONDE ANIMAL

动物世界由具有特定的蛋白质（即胶原蛋白）和特定的细胞黏附方式的生命体组成，绝大多数都有用于运动的神经和肌肉。法国国家自然博物馆收藏的动物既有脊椎动物也有节肢动物，前者有骨质或软骨质的内骨骼，后者则构成了最多样化的动物类群，如昆虫、甲壳类、多足纲和蛛形纲。节肢动物的标本有 4000 多万件，占本馆动物收藏总量的一半以上。得益于海洋学考察活动的开展，本馆海洋无脊椎动物的收藏年增长率最高。本馆的动物藏品有保存在酒精和福尔马林中的浸制动物标本，也有硬组织（如骨架、甲壳和贝壳），甚至还有干尸，动物园中还饲养着活体动物。

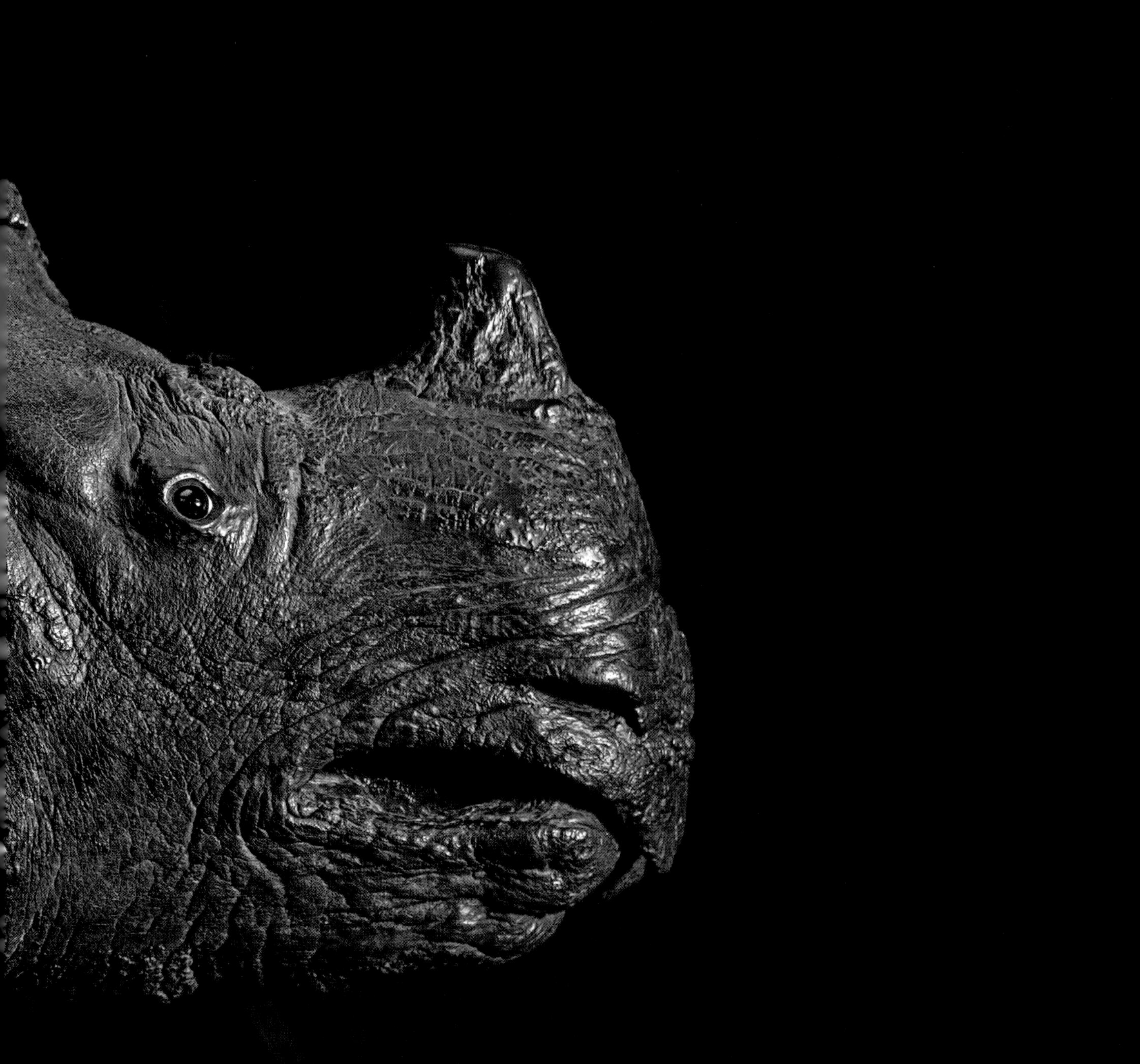

图 37

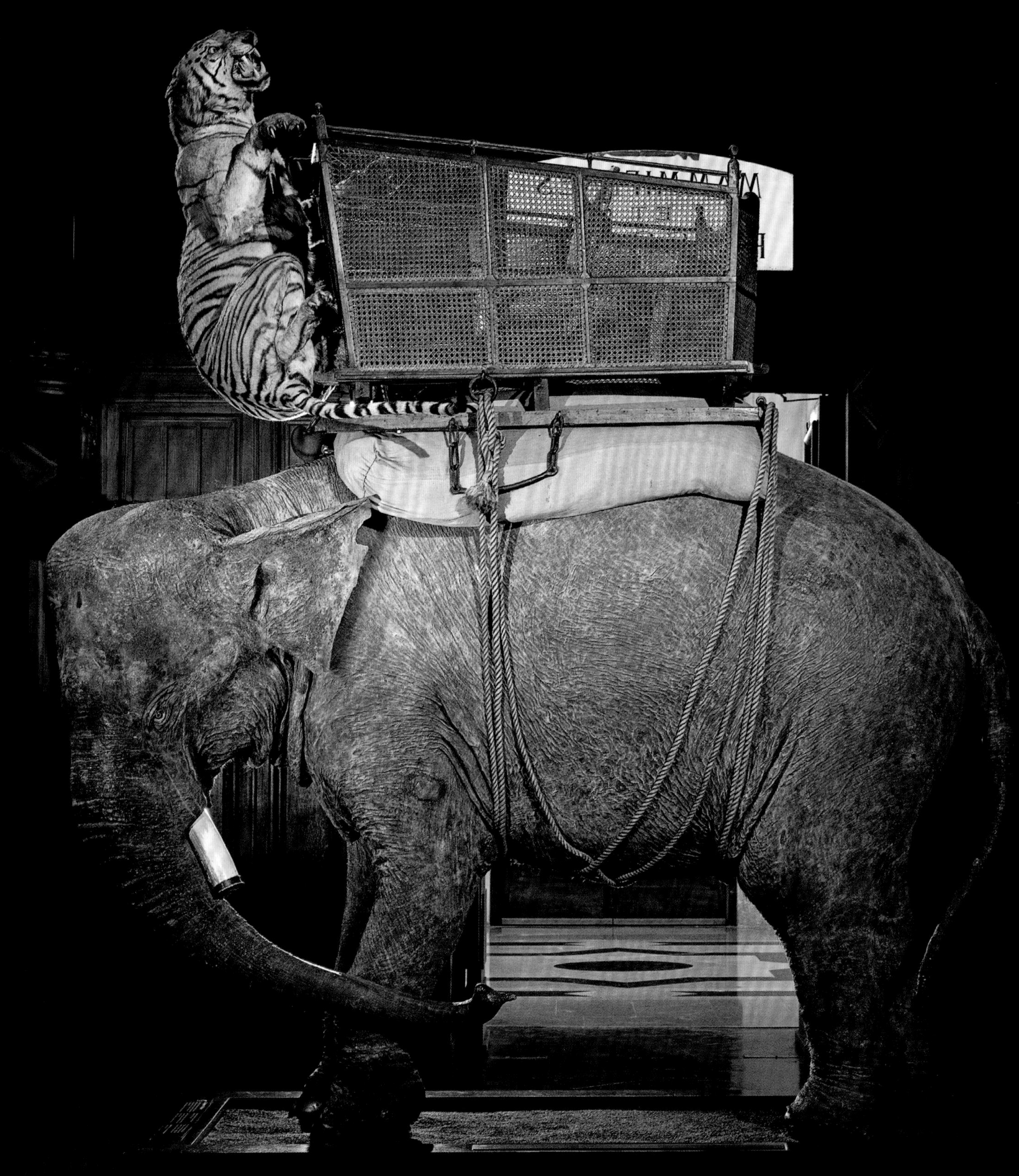

图 38

图 39

图 40

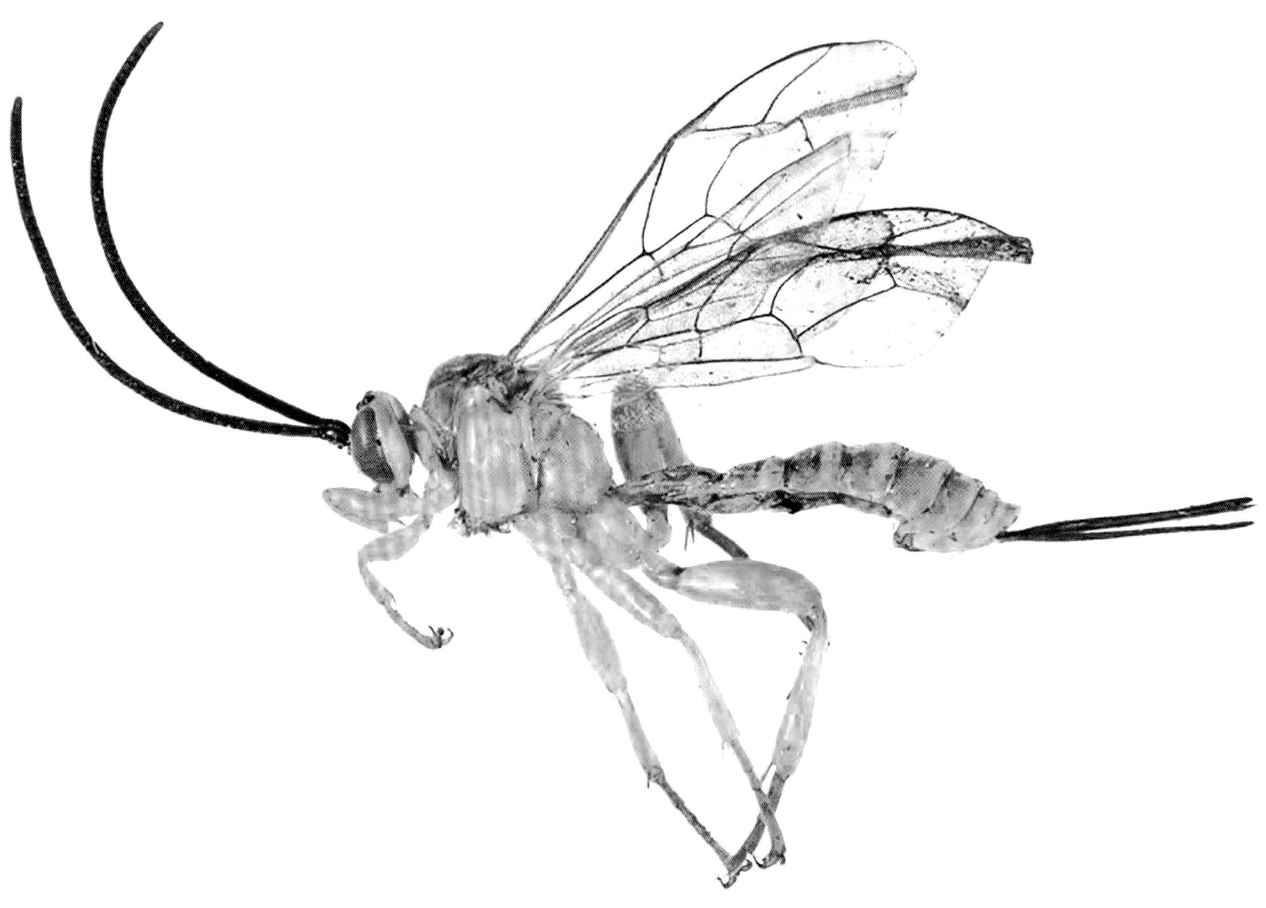

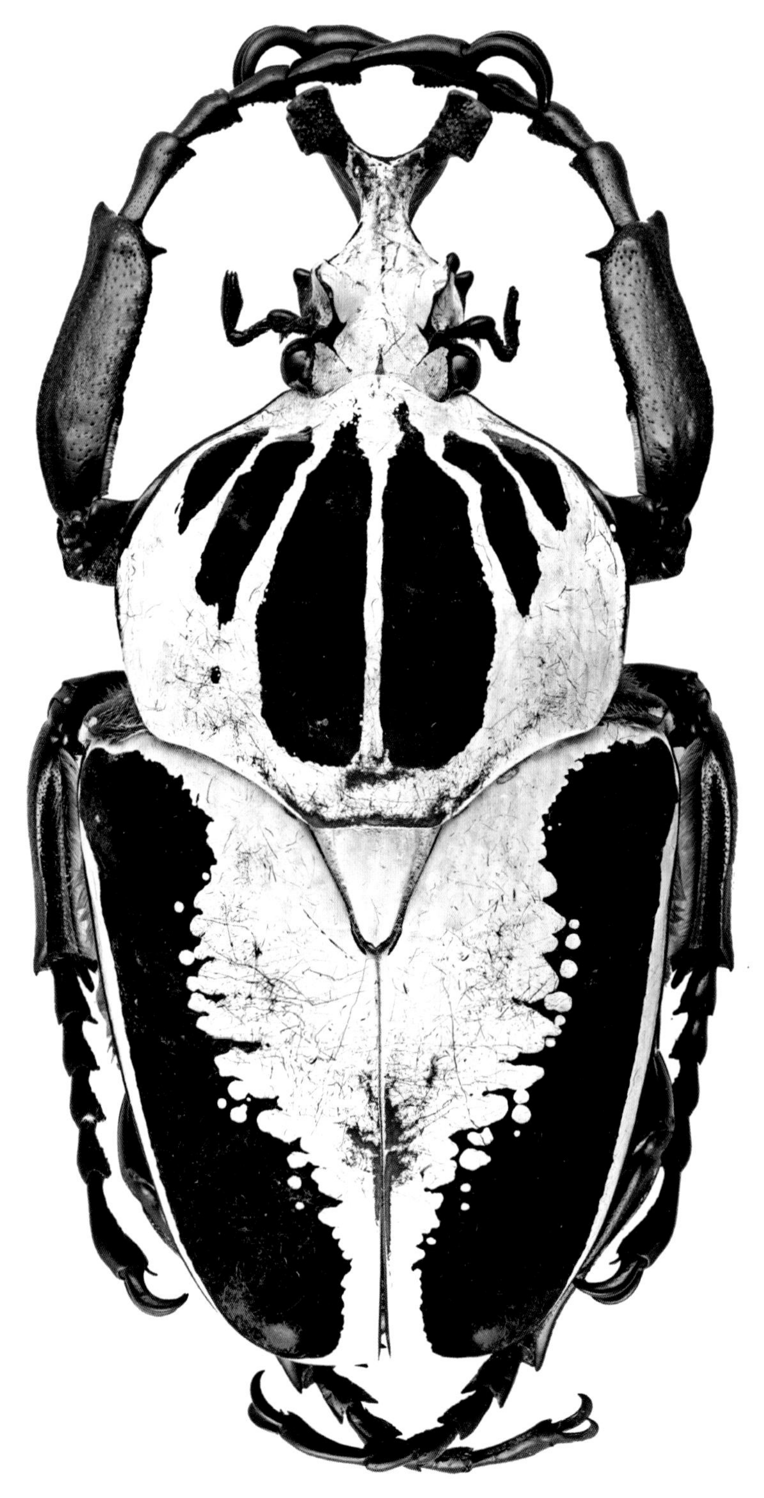

图 41

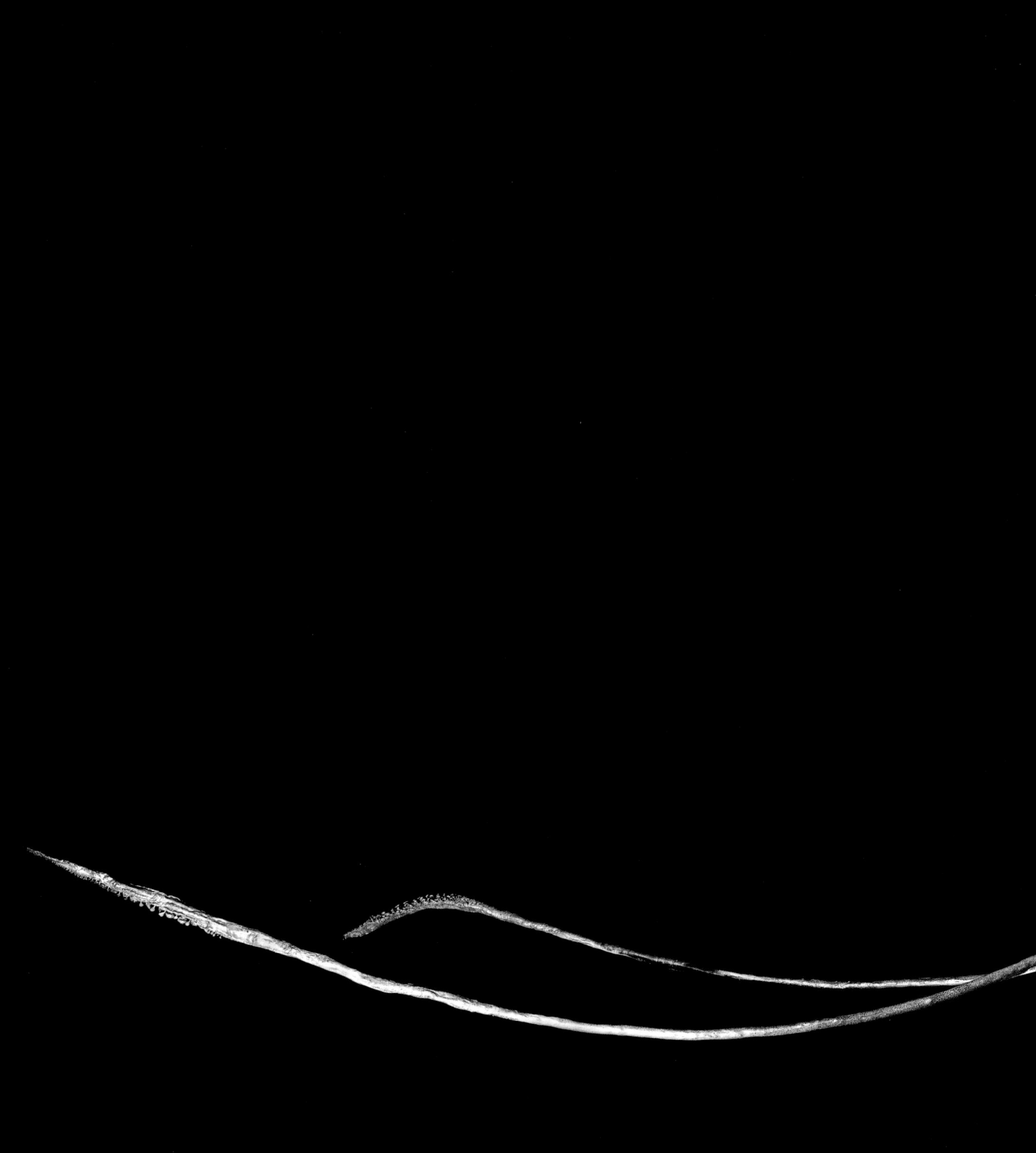

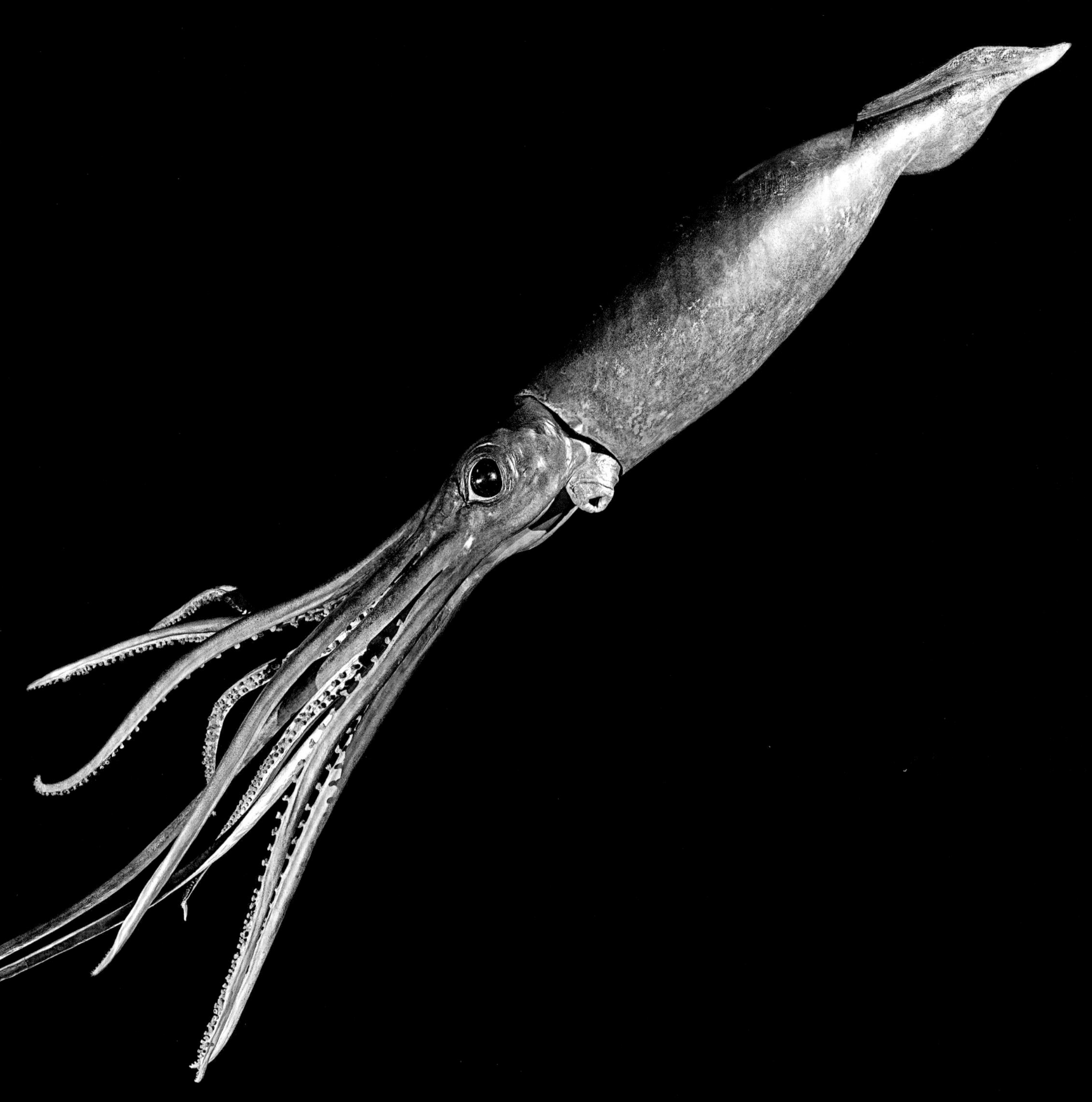

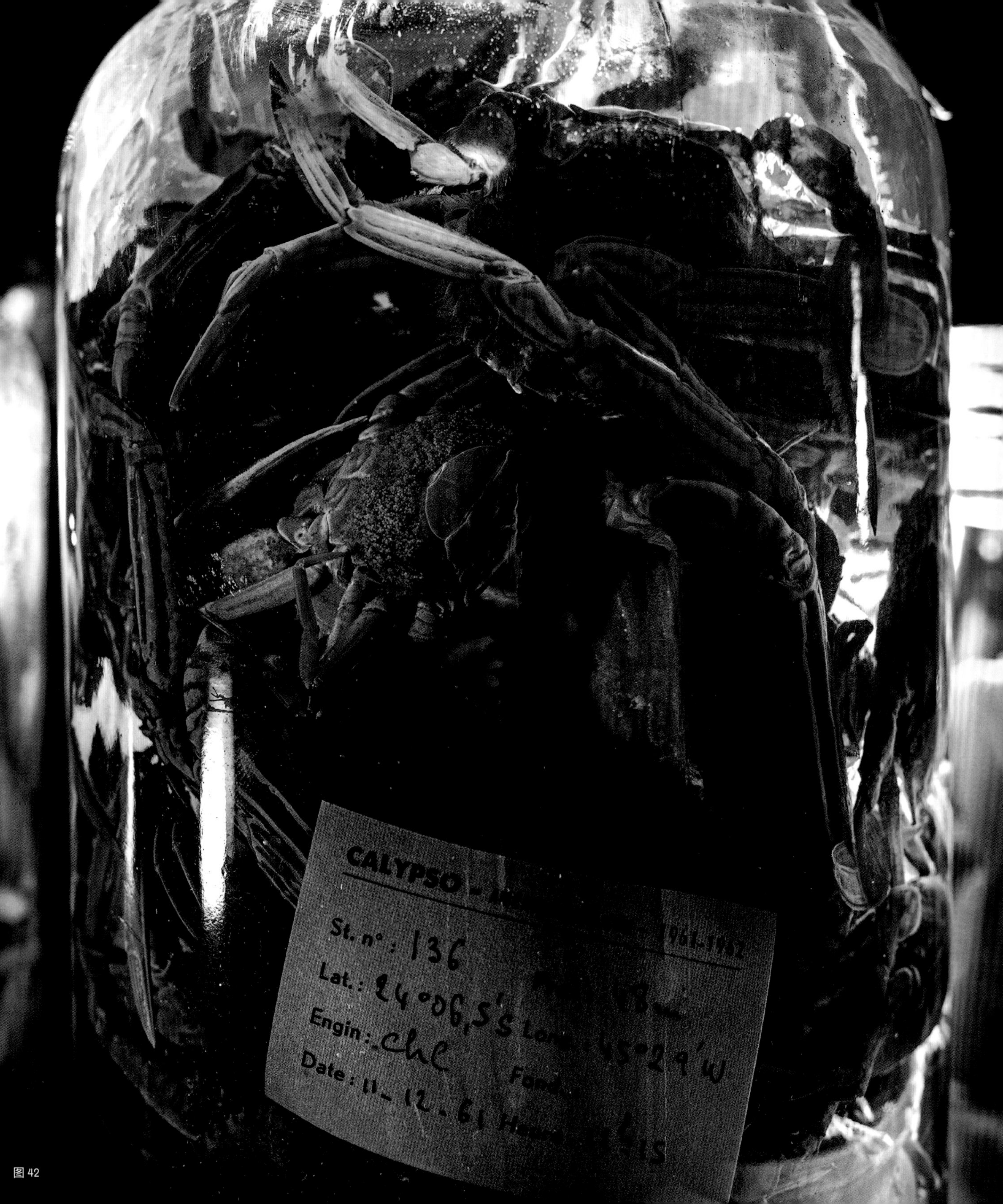

图 42

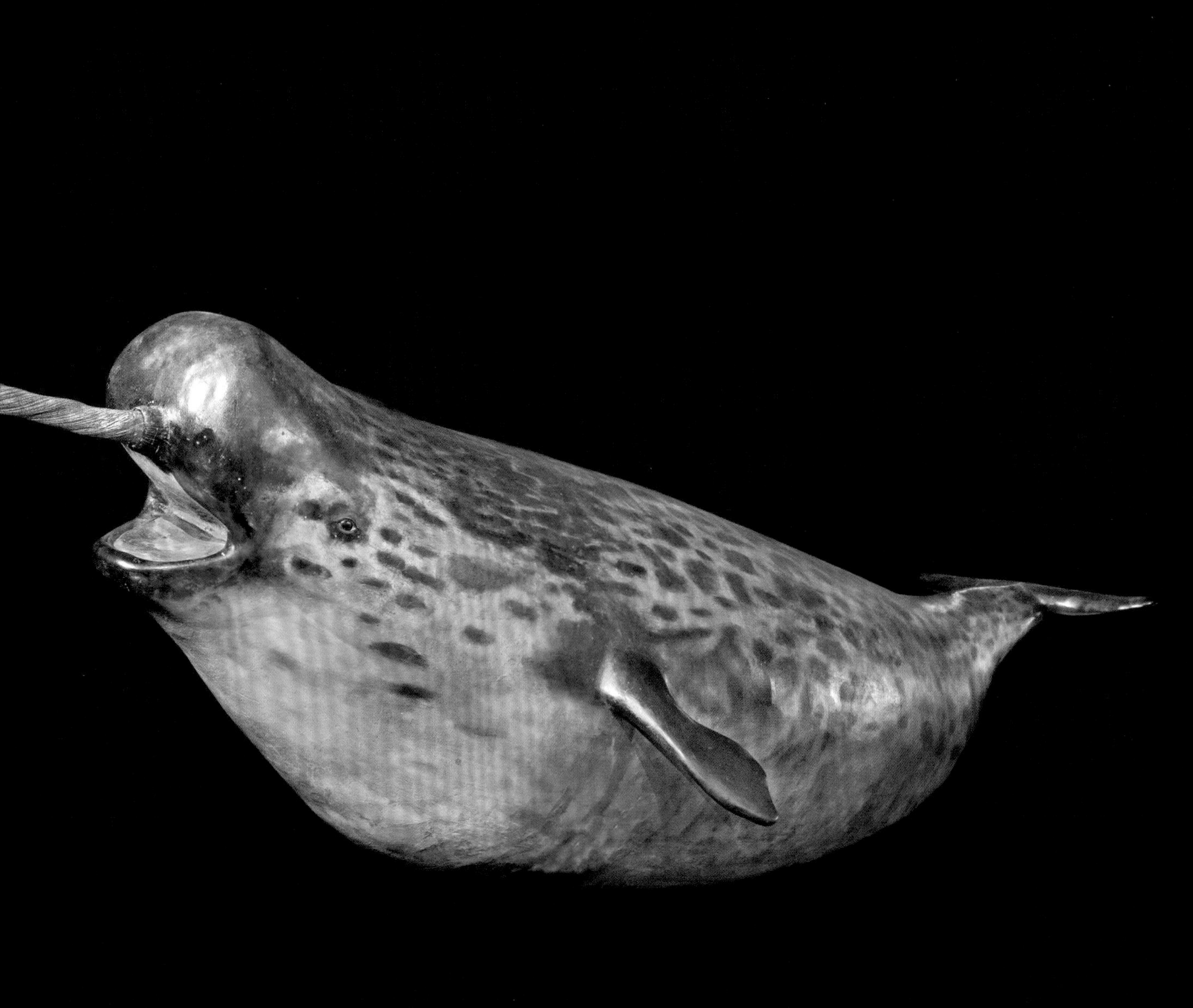

3071
3074
2181
Pinnothère
(Pinnothères globosu
Le Pinnothère rond
un Mollusque bivalve
ment « Jambonneau »
sur les côtes de la Nouvel
3921
4144
Pirimela denticulata ♂♀ Montagu
Côtes de France
Les Pinnothères sont de petits Crus
Latreille
sheres pisum Pennant)
hère transversal
transversalis Milne Edwards)
coquilles des Mollus-
taille, ils se reconnaissent à leur for-
leurs pattes grêles; leur carapace est cir-
nthère pois est très commun dans les Mou-
3522

图 43

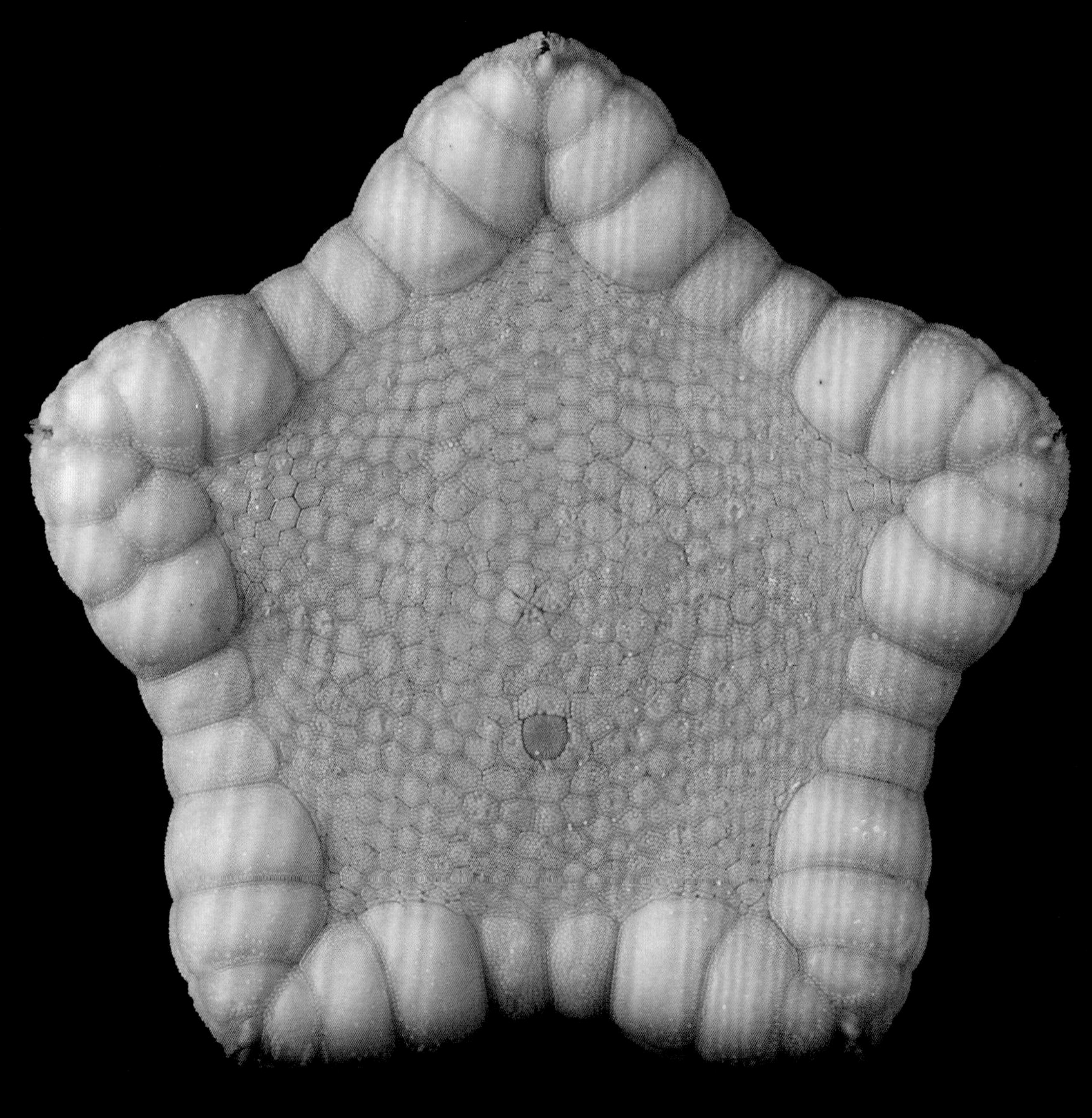

Coelacanthe *Latimeria chalumnae* Smith, 1939

图 44

CŒLACANTHE
(Latimeria chalumnæ Smith)
Mâle adulte-Anjouan 1953

动物世界

076　开普狮　　剥制标本

Panthera leo melanochaita
南非　开普省
1834 年制成标本
1.88 米 × 1.02 米 × 0.42 米
MNHN-ZM-1994-1078

这头体型庞大、长着黑色鬃毛的狮子所属的物种曾是令人梦寐以求的战利品，这导致了它的灭绝。

开普狮生活在非洲南部，它们黑色的鬃毛延伸到肩膀和腹部，皮毛深受人们的喜爱，也因此曾遭到大肆猎杀。这种狮子体型很大，体重可达 250 千克，身长可达 3 米。

最后一头野生开普狮于 1858 年被杀，最后一头人工饲养的开普狮在 1865 年左右去世。唯一一头在生前被拍摄到的开普狮似乎就是 1860 年生活在本馆动物园的那头。

2000 年，俄罗斯有几头人工饲养的狮子被认为是这些开普狮的后代，但它们是否真的是这个种群的代表尚不能确定。

开普狮所属的亚种在非洲南部和东部的大部分地区都有出现。事实上，开普狮显著的形态特征被认为是适应当地环境的结果，它最终被认定是一个灭绝的当地种群，而不是一个独立的亚种或种。

这里展示的经填充复原的雄狮标本应该曾经生活在本馆植物园的动物园中。

077　双角犀鸟　　剥制标本

Buceros bicornis
法国　巴黎动物园（从出生到死亡都由人工饲养）
1996 年制成标本
94 厘米 × 51 厘米 × 24 厘米
MNHN-ZMO-MO-1997-930

双角犀鸟是缅甸钦族人的象征，如今正面临着生存威胁。它头顶巨大的金色盔突，是树栖犀鸟家族中体型最大的。

双角犀鸟生活在印度西南部以及从喜马拉雅山南麓到苏门答腊岛的热带雨林中。水果是它的主要食物，它弯曲的喙能以惊人的准确性摘取水果，但除了水果它也会吃昆虫和小型脊椎动物。

犀鸟在树洞里筑巢，雌鸟把自己封在洞中，只留下一个小口，防止掠食者进入，雄鸟会为它带来食物。

犀鸟喙上方的盔突是血管密集的骨质附属物，雄性的比雌性的更发达，可以放大鼻腔中发出的声音。

人们曾将犀鸟视为可食用的禽类，也有将其入药的传统，因此对它们展开了狩猎和诱捕，还将其盔突作为战利品进行交易。此外，它们的栖息地同样遭到破坏。由于这些因素的影响，该物种的数量正在不断下降。

译者注

1. 海雀和企鹅在法语中都是 pingouin。

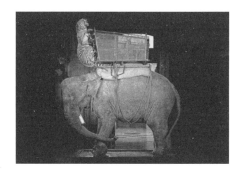

078　路易十五的犀牛

剥制标本

印度犀 *Rhinoceros unicornis*
印度
1793 年制成标本
1.5 米 × 1.2 米
尚德纳戈尔总督于 1770 年献给路易十五
MNHN-ZM-MO-1991-1439

该标本代表了亚洲最大的犀牛物种——印度犀。

这头犀牛于 1769 年底离开印度，6 个月后抵达洛里昂。在那里，人们为它定制了一辆马车，将它运往凡尔赛宫的皇家动物园。它引起了许多博物学家的兴趣，例如布丰就曾多次前来研究。这头猛兽很有攻击性，据说曾杀死两个闯入其领地的人。1793 年，这头犀牛在动荡的局势中离世，遗体被转移到本馆进行解剖，这也是本馆首次剥制并复原这样庞大的动物。

1804 年，居维叶发表了关于这头犀牛的第一份详细的解剖报告。它的骨架在比较解剖学展厅展出，其经过剥制填充的外皮自 19 世纪末开始便一直在动物学展厅展出。

印度犀是单角犀牛，它的角可以长到 50 厘米。它们曾占据喜马拉雅山麓的大片区域。虽然它们现今只分布在印度北部和尼泊尔，但因为喜欢吃草、叶和水生植物，在平原和沼泽地带，它们的数量在增加。两个多世纪以来，这种孤独的动物奇特而庄严的外表，既让人着迷，也让人害怕。长期以来，它们因漂亮的角受到人类追捧而被大量猎杀，其生存仍然受到威胁。

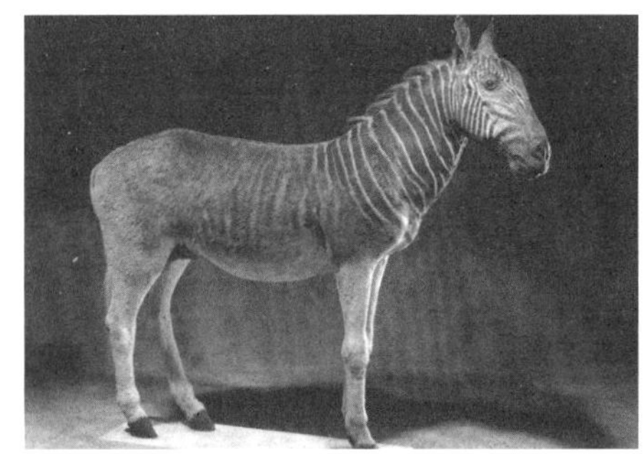

079　路易十六的斑驴

剥制标本

Equus quagga quagga
非洲南部
1798 年制成标本
肩高 1.30 米
于 1794 年转移自凡尔赛皇家动物园
MNHN-ZM-MO-1984-632

斑驴是非洲南部的一种斑马，有棕色的被毛，只有身体前半部分有斑纹。在 19 世纪灭绝之前，由于皮和肉的实用价值，它一直受到人们的追捧。

1883 年，最后一头斑驴在阿姆斯特丹的一家动物园里死亡。然而，直到 19 世纪初，这个物种还大量生活在南部非洲的平原上。1784 年，一位从印度回国的船长将一头斑驴带到了凡尔赛皇家动物园。1794 年，它被转移到本馆植物园的动物园，四年后它在那里去世，随后被制成标本。

与其他非洲斑马相比，斑驴的皮毛与众不同，人们长期以来都以为它是一个独立的物种，但最近的一些遗传学分析表明，它可能是平原斑马的六个亚种之一。

斑驴是群居动物，生活在非洲南部的草原上。早期的欧洲殖民者大量猎杀它们，除了想获取它们的肉和皮毛，还因为它们与牲畜争夺牧场。

进入 21 世纪后，一个研究小组通过连续选育平原斑马，重新培育出一种与斑驴有相同毛皮特征的动物，但我们知道，它永远不会成为真正的斑驴。

80　奥尔良公爵的大象和母虎

剥制标本

Elephas maximus & Panthera tigris
大象来源不明；母虎 1898 年来自尼泊尔（组合展示）
3.36 米 × 3.50 米 × 1.50 米
奥尔良公爵于 1926 年遗赠
MNHN-ZM-MO-1994-1086（大象）
MNHN-ZM-MO-1994-1070（母虎）

在进化大展厅的一层，迎接我们的是一个异乎寻常的场景：一只老虎正在攻击一头大象，在这只猫科动物的猛烈进攻下，大象似乎屈服了。

1888 年，已加入英国军队的奥尔良公爵在尼泊尔参与了一次围猎老虎的活动。在当时的英属印度群岛，这样的活动很常见。这场狩猎惊险万分，稍不留神就有可能丧命：年轻的公爵躲在大象驮在背上的象轿里，一只母虎为了保护幼崽凶猛地冲向大象，用爪子抓住象轿，大象落荒而逃……

多年以后，奥尔良公爵为了向这只母虎致敬，委托一家英国作坊制作了这件 19 世纪维多利亚时代最伟大的动物标本之一。公爵希望它能起到教育作用。1926 年，他把自己的全部收藏，包括这件纪念品，作为遗赠捐给了本博物馆。

在展现科学发展的历程的同时，这两只缠斗得难分难解的动物还讲述了那些曾对自然知识的积累做出贡献的人们的生活。今天，我们通过分子遗传学分析等新技术继续探索自然，但过去那个时代不应被否定，就让我们把这件作品看成是一个兼具纪念意义和科学价值的雕塑吧！

081　亚洲象“暹罗”

剥制标本

Elephas maximus
印度
1997 年被制成标本
3.5 米 × 1.5 米
1964 年购自科尼马戏团
MNHN-ZM-AC-1998-6

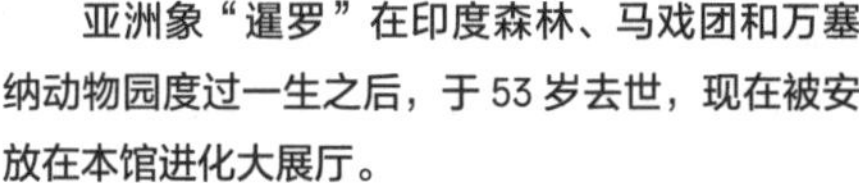

亚洲象“暹罗”在印度森林、马戏团和万塞纳动物园度过一生之后，于 53 岁去世，现在被安放在本馆进化大展厅。

庞然大物“暹罗”的故事十分具有时代特色。1945 年左右，它出生于印度，经过训练后在森林中运输原木。12 岁左右，它被瑞士科尼国家马戏团买下并带到了欧洲，在那里它参加了巡回演出，并参演了几部电影。由于对驯兽师的攻击性越来越强（这在公象中很常见），马戏团在 1964 年将它卖给了巴黎动物园。它在巴黎动物园度过了 33 年，一直是这里的明星，并成为 14 头小象的父亲。1997 年 9 月，“暹罗”去世了，为了保存这只非凡的个体，它的遗体被立即处理，象皮被清洗干净并冷冻起来，以便制成标本。这项艰巨的任务花了将近四年时间。

亚洲象曾经遍布整个亚洲，包括喜马拉雅山脉南部和中国，现在在印度和东南亚也有发现。亚洲象与非洲象同属长鼻目。长期以来，这种植食性动物因象牙贸易而被猎杀，被当作劳动力奴役，面临着灭绝的风险。

082　大熊猫“黎黎”

剥制标本

Ailuropoda melanoleuca
中国　四川
1974 年去世并被制成标本
1.06 米 × 0.86 米 × 0.52 米
中国于 1973 年赠送
MNHN-ZM-MO-1984-610

1869 年 3 月，天主教遣使会传教士、博物学家阿尔芒·达维德（谭卫道）在中国发现了“一种新的熊科动物，它十分引人注目，不仅因为它皮毛的颜色，还因为它那毛茸茸的爪子”。大熊猫因此进入了世界知名物种的行列，也入驻了法国国家自然博物馆——谭卫道把他的毕生收藏都捐给了我们。巴黎从而成为当时第一个可以欣赏大熊猫的地方，尽管是以标本的形式。

约一百年后，1973 年 12 月，两只年轻的大熊猫在长途旅行后从奥利机场下了飞机，这是中国送给法国的官方礼物。“黎黎”和“燕燕”来到万塞讷动物园，园方在一栋建筑里为它们精心安排了独立空间和公共活动空间。

黎黎到达法国时只有约 15 个月大，可能是由于体质虚弱，又或许是出于其他因素，1974 年 4 月它不幸早逝。在那之后，燕燕独自生活，直到 2000 年去世。黎黎去世后被做成标本并纳入馆藏，当时本馆的馆藏数量正快速增长。1975 年，关闭了近 10 年的动物学展厅正式宣布翻修。直到 20 年后，黎黎才终于站在我们今天所知的位置，似乎守卫着灭绝物种展厅的入口，这个濒危物种如今已成为自然保护的标志。得益于多年的保护，大熊猫的受胁等级已从濒危降为易危，中国保护大熊猫的案例也成为全球生物多样性保护的范例。

083　渡渡鸟

嵌合标本

Raphus cucullatus
皮埃尔 - 伊夫·伦金（标本剥制师）
2005 年左右（2006 年欧洲标本剥制大赛一等奖）
鸵鸟的羽毛，美洲鸵的羽毛，鸸鹋的腿，喙部分来自家牛角
63 厘米 × 56 厘米 × 34 厘米

渡渡鸟，或称毛里求斯的渡渡鸟，于 17 世纪末消亡，这距离它被发现还不到一个世纪的时间，是人类造成动物灭绝的典型案例。渡渡鸟在被发现后灭绝得如此之快，以至于到了 19 世纪，人们甚至质疑它是否真的存在过！所有的物理证据仅包括四个支离破碎的标本，而随着时间的推移，人们对它的描述越来越荒诞。

1865 年，人们在毛里求斯东南部松日水库的泥炭沼泽中发现了大量的亚化石遗迹，得以收集到许多渡渡鸟的骨头，从而更准确地描述这种鸟。渡渡鸟作为笨拙大鸟的形象逐渐被更普通的常见鸟的形象所取代。从前渡渡鸟经常被画得很胖，那是因为画中模特都是喂饱了饼干的圈养渡渡鸟！

野生的渡渡鸟以谷物和水果为食，是欧洲探险家在岛上停留时的重要食物来源，尽管人们认为它的肉并不好吃。作为过度捕猎的受害者，尤其是外来物种入侵的受害者，渡渡鸟迅速地消失了，成为受人类殖民影响的代表性动物。

从刘易斯·卡罗尔到卡通工作室，渡渡鸟启发了许多艺术家，是众多艺术作品的灵感来源。这件嵌合标本展示于本馆进化大展厅的灭绝物种专区。

084　角雕

剥制标本

Harpia harpyja
圭亚那
1857 年去世并被制成标本
96 厘米 × 44 厘米 × 35 厘米
圭亚那总督于 1855 年捐赠
MNHN-ZO-MO-1902-1398

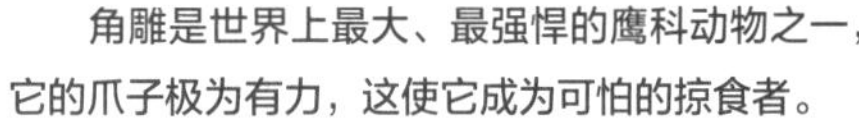

角雕是世界上最大、最强悍的鹰科动物之一，它的爪子极为有力，这使它成为可怕的掠食者。

作为南美洲雨林中最大的猛禽，角雕的学名 *Harpia harpyja* 源自神话中的鹰身女妖哈耳庇厄（Harpy），也是古希腊的复仇之神。

这种令人印象深刻的掠食者翼展并不十分宽大，这让它们能够在树木间灵活地翻飞，捕捉各种各样的猎物，主要是树懒和猴子，也包括负鼠、豪猪、爬行动物和鸟类。

角雕在墨西哥和中美洲几乎已经绝迹了，由于栖息地减少，该物种在南美洲也已岌岌可危。其分布范围内的各国都已经启动了针对角雕的监测和保护计划，并在不同的保护区里对圈养个体进行放归。

图中的标本是由圭亚那总督路易 · 阿道夫 · 博纳尔上尉于 1855 年 8 月捐赠给本馆的。这只大雕在巴黎植物园的动物园里生活了两年，于 1857 年 8 月在那里去世。

085　幼年帝企鹅

剥制标本

Aptenodytes forsteri
南极洲
约 1997—1998 年被制成标本
33 厘米 × 26 厘米 × 22 厘米
法国国家科学研究中心希泽生物研究中心（CEBC/CNRS）于 1997 年捐赠
MNHN-ZM-MO-0000-1917

作为企鹅家族中体型最大的成员，这种南极洲的标志性鸟类打破了动物适应寒冷天气的记录。

帝企鹅不会飞，所有企鹅的共同祖先已经丧失了飞行的能力，但由于上肢的骨骼变得扁平，翅膀化为游泳的鳍肢，它们能够在水下“飞行”，速度最高可达每小时 30 千米。由于羽毛非常致密，在皮肤和正羽之间还有一层保温的绒羽，帝企鹅能够承受极低的气温和水温。

这些高度社会化的鸟儿组成紧凑的群落，群落成员们会定期迁移以保护自己免受暴风雪的侵袭。雌鸟每次产下一枚卵，由雄鸟孵化，雄鸟腹部厚厚的皮肤褶皱可以为卵提供保护。帝企鹅雏鸟在南半球的严冬出生，在“托儿所”长大，直到夏季到来。此时，它们已经换过羽毛，准备好出海了。

在世界自然保护联盟（IUCN）的红色名录中，帝企鹅被列为近危物种。

086　大海雀

剥制标本

Pinguinus impennis
可能是冰岛　埃尔德岛
1831 年
63 厘米 × 22 厘米 × 24 厘米
购入
MNHN-14 775

这只大海雀标本是该物种最后的代表之一。由于人类狩猎和捡蛋，大海雀在 19 世纪末灭绝了。

与它的近亲海鹦和海鸦不同，大海雀不会飞，但却是游泳高手。这里需要指出一个常见的术语错误[1]，北半球的海雀与南半球的企鹅并没有直接的关系，实际上也不属于同一个目。大海雀在北大西洋广泛分布，在繁殖期会形成密集的群落。它们身高约 80 厘米，体重约 5 千克，从史前时代就是人类的食物来源，许多考古遗址的遗迹都证明了这一点。

关于大海雀，最古老的描绘可以追溯到 2 万年前，法国南部罗讷河口省的科斯克洞穴顶部就画着三只大海雀。

从 14 世纪开始，随着鳕鱼捕捞业的扩张，大海雀的数量急剧下降，当时出海的水手们为了获得新鲜的肉而大量捕猎大海雀。格陵兰岛最后一群大海雀是在 1815 年左右被观察到的，纽芬兰岛的最后一群大海雀则是在 1840 年左右被记录。

人们普遍认定，最后一只大海雀是 1844 年在冰岛附近的埃尔德岛上被猎杀的。

087 单纹囊爪姬蜂

干制标本

Theronia univittata
刚果民主共和国　基伍省　卡朱朱
1932 至 1933 年间
长 1.5 厘米（包括产卵管）
居伊 · 巴博收集
MNHN-EY-EY9435

这种昆虫是一种寄生蜂，雌蜂会用长长的产卵管在宿主昆虫的体内产卵，幼虫在化蛹前会慢慢啃食宿主，最终致其死亡。这里展示的是非洲大陆有记录的囊爪姬蜂属 *Theronia* 的三种寄生蜂之一，属于姬蜂科 Ichneumonidae。它们的宿主尚不明确，但已知姬蜂科物种会攻击蝴蝶的蛹或其他寄生蜂的茧，因此它们被称为重寄生蜂，即寄生蜂的寄生蜂。

迄今为止，人们对单纹囊爪姬蜂的了解都是通过居伊 · 巴博在刚果收集的四个标本，安德烈 · 塞里格于 1935 年对其进行了描述。图中的标本是该物种的模式标本，属于塞里格的藏品。他遭遇误判进了监狱，被其他囚犯捅伤，意外死亡。之后，他的妻子便将其收藏捐赠给了本馆。

塞里格是阿尔萨斯人，为本馆工作，同时也是马达加斯加的企业家，对姬蜂科昆虫充满兴趣，曾在全岛范围内捕捉它们。在马达加斯加，他收集了近 10 万件标本，代表了 583 个已知的物种，其中 319 个是由他首次描述的。塞里格的收藏中还包含许多未经科学描述的新物种。其中一些来自现今已经退化的森林环境，这些物种可能已经消失了。

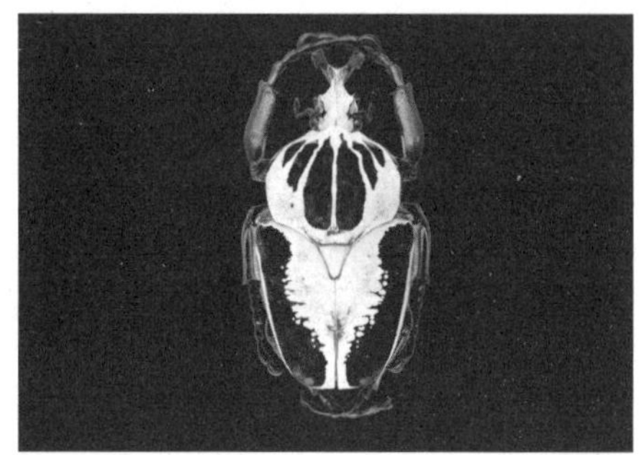

088 皇家大角花金龟

干制标本

Goliathus regius
科特迪瓦　班热维尔
1909 年
10.5 厘米长
贝尔瓦收集
MNHN-EC-11040

皇家大角花金龟是甲虫中的巨人，其体型令人印象深刻，身长近 12 厘米，体重可达 100 克，只有少数近亲物种和某些种类的犀金龟和天牛可以与之媲美。

皇家大角花金龟是一种花金龟，属于巨花金龟族 Goliathini。和这个族其他大多数物种以及体型最大的犀金龟一样，皇家大角花金龟的雄性比雌性个头大，且头上有角，雌性没有角。敌对的雄性利用角来争斗，以赢得雌性的青睐。它们扭打在一起，互相推搡，试图把对方抬起来，将其从所站的树枝上撞下去。

皇家大角花金龟生活在从几内亚到尼日利亚的西非热带雨林中。除了皇家大角花金龟，大角金龟属 *Goliathus* 还有四个物种，和皇家大角花金龟一样大或大小相近，占据了西非、中非和东非的森林地区。

皇家大角花金龟的成虫生活在树叶中间，以树木的汁液和果实为食，幼虫则在土壤中发育。

由于森林遭到砍伐，皇家大角花金龟在许多地区的栖息地都在缩减，现在已经越来越难观察到这种昆虫了。

089 松巴岛翠凤蝶

干制标本

Papilio neumoegeni
印度尼西亚　松巴岛
20 世纪
翼展 9 厘米

这种美丽的蝴蝶为印度尼西亚热带岛屿松巴岛所特有，现在正受到森林砍伐和过度放牧的威胁。

松巴岛翠凤蝶属于凤蝶属 *Papilio*，该属在全世界有 230 多个物种，特别是翠凤蝶亚属 *Achillides*，包括大约 30 种蝴蝶，其翅膀通常饰有蓝色虹彩（金属光泽），这些物种都是在印度 - 马来西亚地区和澳大利亚的群岛上发现的。

松巴岛翠凤蝶翼展约 9 厘米，是四种典型的岛屿物种之一，其姐妹物种分布在相邻的岛屿（爪哇岛、苏门答腊岛、马鲁古群岛）上。

根据它的 DNA 和其他许多凤蝶的 DNA 判断，松巴岛翠凤蝶出现在约 700 万年前，与倭黑猩猩和人类之间的分化一样早。不幸的是，这一古老的物种如今正濒临灭绝，只在松巴岛所剩不多的热带雨林中还能看到，留给它们的自然栖息地还在因人类的扩张而缩小。

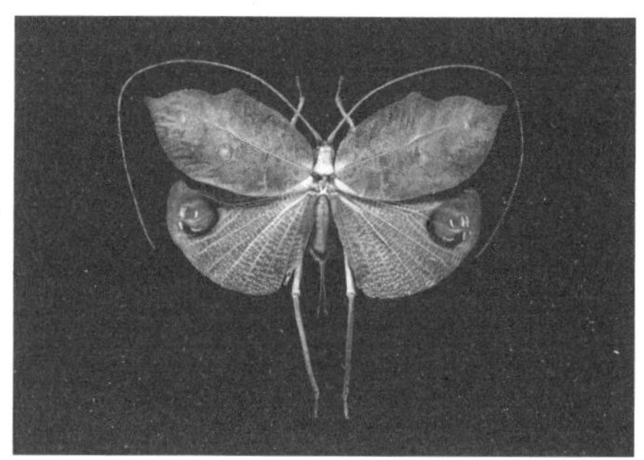

090　拟叶螽　　干制标本

Tanusia sp.
巴西　圣卡塔琳娜　坎普阿莱格里
1991 年 2 月
翼展 9.1 厘米
蒂埃里 · 波里昂收藏
MNHN-EO-ENSIF11530

拟叶螽的翅膀不仅用于飞行，还用于发出声音，并保护自己免受捕食者攻击。

昆虫的翅膀主要用于飞行，但在它们令人惊叹的分化过程中，这些器官也演化出了其他功能。在包括蚱蜢、蟋蟀和蛐蛐在内的直翅目下，螽斯亚目的许多物种雄虫通过鸣叫吸引雌虫。它们会互相摩擦坚硬的前翅，前翅上有专门的结构，可以发出声音：一边翅膀腹面的硬齿组成的音锉，闭合时与另一边翅膀坚硬的边缘（刮器）进行摩擦。这种摩擦产生的振动被传递到翅膀上更大的区域，这个区域被称为镜膜，可以充当共振器，放大声音。

在某些昆虫物种中，翅膀还获得了第三种功能：通过伪装来躲避捕食者。生活在南美洲热带森林中的螽斯科 Tettigoniidae 的拟叶螽有长而宽的翅膀，可以模拟枯叶来保护自己免受天敌捕食，因而得名。

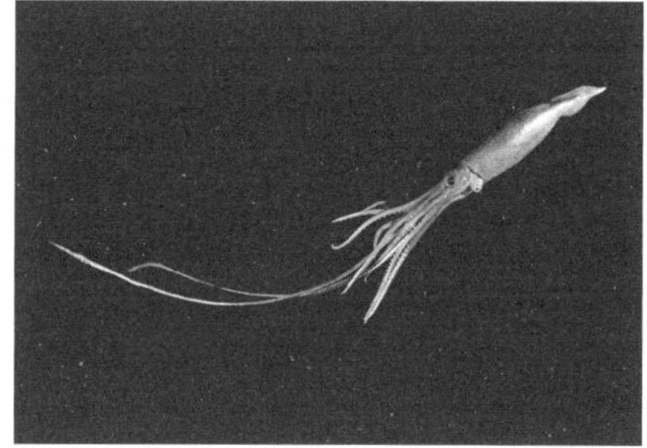

091　大王鱿“惠克”　　塑化标本

Architeuthis dux
新西兰
2000 年 1 月 27 日捕获
6 米 × 0.4 米，尾宽 0.33 米
新西兰政府捐赠
MNHN-GGE-2008-003

它是毛利人所称的“惠克”，一种最终被证明有益的怪物；也是北欧传说中长着许多触手的海怪“克拉肯”，伴随着在欧洲大陆其他地区引发的恐惧而声名远播。这种长期以来不为人知的动物滋养了航行于各大洋的水手们的想象力。无论是出于科学还是商业的目的，直到 19 世纪最后 25 年，捕捞工具的发展才使捕捉这种巨型生物成为可能。该属首次被描述是在 1877 年。

必须指出的是，这类今天仍然鲜为人知的动物是深海（最深可达 3000 米）的常客。它们主要生活在全球温带海域，已有三个物种被描述。

这只雌性大王鱿是在 2000 年 1 月捕获并由新西兰政府赠给法国的。它到达法国时已经是一个松弛的标本，起先在本馆的储藏室中泡了几年防腐液。但问题是，要如何展示头足类动物呢？这种生物基本上由水组成。最终，标本制作人员决定使用所谓的塑化过程（用有色树脂代替体液）来恢复其原本的面貌。最后的着色工序完成后，这只大王鱿于 2008 年被安置在进化大展厅。这是世界各地博物馆中唯一一个以这种方式保存和展示的大王鱿标本。

092　刺鲀　　酒精浸制标本

Diodon sp.
太平洋
1977 年
0.52 厘米
“航迹”任务，1977 年
MNHN-2014-2949

“刺鲀”的名字源于其特殊的习性：当感知到危险时，它们会利用水让身体膨胀，导致平时折叠起来的鳞片像刺一样张开。

这类鱼的幼体和成体都能将水吞入胃中来使身体膨胀，此时，它们身体腹面的皮肤和胃都能发生改变，以适应膨胀时体积的急剧增长和表面积的快速扩张。当水通过口腔排出时，它们的身体又会缩回正常模样。如果离开了水，它们就会吞入空气来使身体膨胀。

刺鲀属有些物种不能食用，因为它们的内脏，如卵巢和肝脏，含有危险的河豚毒素。由于拥有膨胀、刺和毒素这三种防御手段，刺鲀的天敌很少。它们主要在夜间活动，大多待在珊瑚礁的浅水区。它们的牙齿愈合成强有力的齿板，就像鸟类的喙，可以用来粉碎贝壳或蟹壳。

093　裘氏鳄头冰鱼　　剥制标本

Champsocephalus gunnari
南大洋　凯尔盖朗群岛
2017 年
约 35 厘米
“POKER 4”捕鱼任务（TAAF/SAPMER/MNHN），2017 年
MNHN-2020-0015

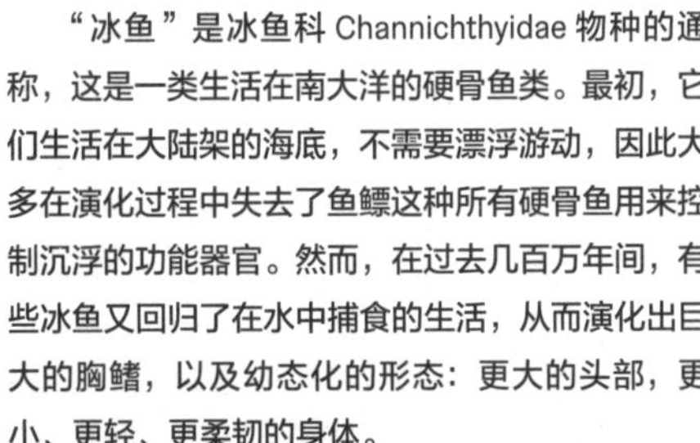

“冰鱼”是冰鱼科 Channichthyidae 物种的通称，这是一类生活在南大洋的硬骨鱼类。最初，它们生活在大陆架的海底，不需要漂浮游动，因此大多在演化过程中失去了鱼鳔这种所有硬骨鱼用来控制沉浮的功能器官。然而，在过去几百万年间，有些冰鱼又回归了在水中捕食的生活，从而演化出巨大的胸鳍，以及幼态化的形态：更大的头部，更小、更轻、更柔韧的身体。

冰鱼科的 17 个物种都具有一系列奇特之处。首先是血液中存在抗冻蛋白。冰鱼科并不是唯一拥有这种蛋白质的硬骨鱼类，但这种蛋白质的功能十分有趣，值得了解。鱼类自身不能调节体温，它们的体温等同于环境温度。然而，在南极附近，水温通常为零下。海水因为含盐要到零下 2℃左右才会结冰，而当温度下降到零下 1℃时，鱼类自身可能会先结冰，因为它们体内的含盐量只有海水的 1/4，而抗冻蛋白能阻止冰晶的形成。

另一个奇怪的现象是，它们是唯一拥有无色血液的脊椎动物类群。也就是说，它们的血液中没有红细胞，在这种情况下，氧气只能被动地扩散到身体各组织中。

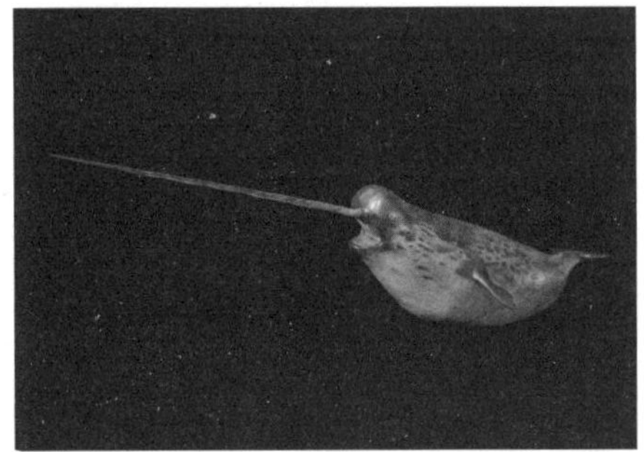

094　独角鲸　　重建标本

Monodon monoceros
北极地区
约 1907—1909 年修复
5.16 米 × 1.82 米 × 1.37 米，角长 1.87 米
奥尔良公爵于 1926 年遗赠
MNHN-ZM-MO-1994-1106

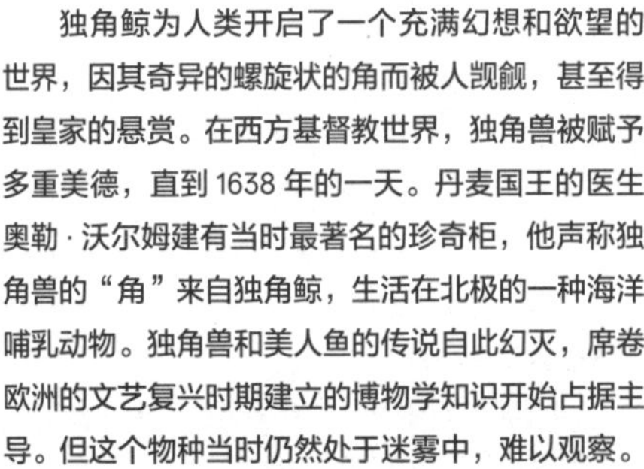

独角鲸为人类开启了一个充满幻想和欲望的世界，因其奇异的螺旋状的角而被人觊觎，甚至得到皇家的悬赏。在西方基督教世界，独角兽被赋予多重美德，直到 1638 年的一天。丹麦国王的医生奥勒 · 沃尔姆建有当时最著名的珍奇柜，他声称独角兽的“角”来自独角鲸，生活在北极的一种海洋哺乳动物。独角兽和美人鱼的传说自此幻灭，席卷欧洲的文艺复兴时期建立的博物学知识开始占据主导。但这个物种当时仍然处于迷雾中，难以观察。

奥尔良公爵在他关于北极的记述中并没有提到狩猎独角鲸，人们对当时的情况仍一知半解。出于教育愿景，他很可能让人对这种动物的形态进行了重建，以便更好地展示从其他地方弄到的角。

这一举措大获成功。在 1907 至 1909 年前后，还很少有人知道独角鲸真正的样貌。这件艺术品由伦敦动物标本剥制公司罗兰 · 沃德制作，除了眼睛是玻璃的，其他身体部位完全由木头、铁丝网和石膏制成。一些解剖学上的错误表明，建模者对这种动物的了解不够充分，染色记录也不完整。不过在 1990 年对其进行修复时，这些不准确之处还是被保留下来，作为那个时代的见证。

095　近扇蟹　　酒精浸制标本

Xanthias cf *maculatus*
莫桑比克海峡
2009 年
高 3 厘米
热带深海底栖生物计划（MNHN/IUEO）迈因巴扎任务，2009 年
MNHN-IU-2008-10234

2009 年，一次海洋学考察在分隔马达加斯加岛与非洲大陆的印度洋莫桑比克海峡内开展，在莫桑比克海岸附近 112 米深处，人们捕获了这只颜色鲜艳的螃蟹。

该标本与日本研究人员酒井恒 1961 年描述的黄斑近扇蟹 *Xanthias maculatus* 相似，后者是在冲绳岛附近海域发现的。

不过，博物馆这件标本与黄斑近扇蟹在色彩纹路方面略有不同，似乎是近扇蟹属的一个新种。新加坡博物馆的螃蟹专家何塞 · 克里斯托弗 · 门多萨正在对此进行研究。

很快，我们就会知道这位专家将如何命名它。近扇蟹属 *Xanthias* 目前有 16 个已知种，即将再添新种。

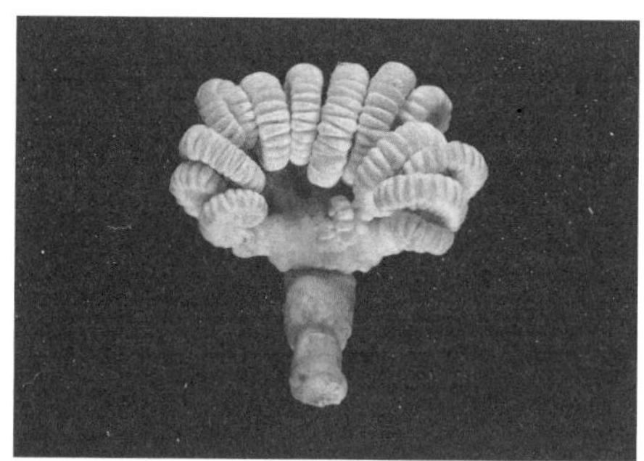

096　里氏新裸海百合　　酒精浸制标本

Neogymnocrinus richeri
南太平洋　法属新喀里多尼亚　斯蒂拉斯特暗礁　诺福克褶皱
1986 年
柄高 35 毫米，基部直径 7 毫米
热带深海底栖生物计划（MNHN/IUEO）查尔卡 II 任务，1986 年
MNHN-IE-2013-10051

有柄海百合是一类通常不为公众所知的棘皮动物。图中这个标本看起来真的很奇怪！

1986 年，人们在新喀里多尼亚海山 500 米深处首次采集到这个物种。从那以后，人们在印度洋－西太平洋的各个海山都发现了它的踪影。

这个物种在海百合中独树一帜，因为它有着短而粗的茎和不对称的腕。这些腕可以自己卷起来，看起来像是握紧的拳头。这种动物呈深绿色或黄色，它们群聚在硬质海底生活，过滤水中的悬浮颗粒为食。

通过对这类动物的生物化学研究，人们发现了一个新的色素家族，即裸色素，其分子被证明是一种非常有效的抗病毒药物，尤其是在对抗登革热病毒方面。值得一提的是，这个物种还被印在了新喀里多尼亚的邮票上。

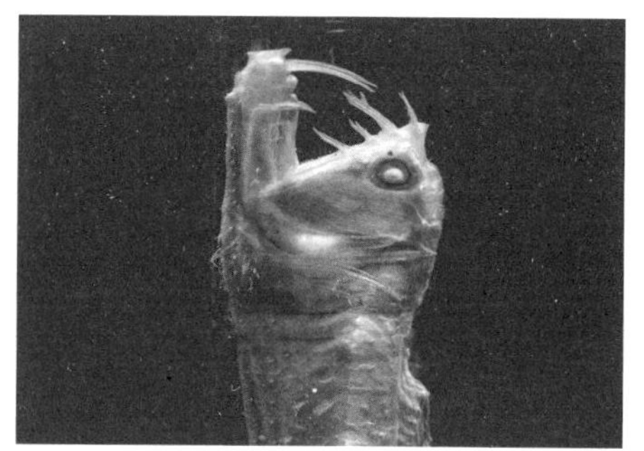

097　斯氏蝰鱼　　酒精浸制标本

Chauliodus sloani
地中海
1887 年
36 厘米 × 9 厘米
加尔采集
MNHN-1887-0915

像所有生物一样，生活在深海的物种必须适应黑暗环境的极端条件。在这里，捕食者遇到猎物的概率极低，因此会做出相应的调整，比如演化出吸引猎物的器官，或是以大型猎物为食同时降低进食频率的能力。

例如，蝰鱼身体侧面就长了一排发光器，这些发光器可以模拟曙暮光，它以此来伪装自己，躲避来自下方的捕食者，并与其他同类个体进行交流。

与巨口鱼科 Stomiidae 的许多其他物种一样，蝰鱼也是外貌奇特的食鱼类捕食者，拥有修长的身体和长着细长牙齿的大嘴。蝰鱼每天都会在水体中垂直洄游，以搜寻猎物，因为有些猎物会在夜间来到水面寻找浮游生物。由于其可膨胀的胃和灵活的、非骨质的脊柱前部，它可以把嘴张得很大，吞下几乎和自己一样大的猎物。

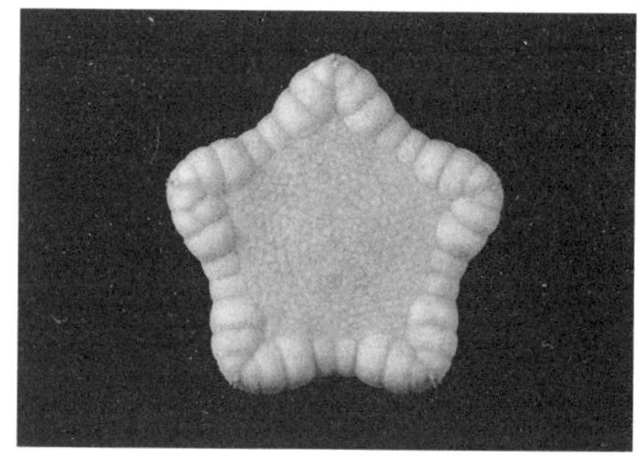

098　加氏球盘海星　　酒精浸制标本

Sphaeriodiscus ganae
印度洋　马达加斯加　沃尔特斯暗沙
2017 年
5 ~ 6 厘米
热带深海底栖生物计划（MNHN/IRD/IUCN）之 MD208-沃尔特斯浅滩任务，2017 年 5 月 7 日
MNHN-IE-2013-17139

海星种类繁多，形状和颜色也多种多样。

这种海星属于角海星科 Goniasteridae，通常生活在寒冷水域或是深水中。图中是它的正模标本。

角海星科的物种骨骼高度钙化，通常非常粗壮。它们是捕食者，喜欢以海绵和刺胞动物（珊瑚、海笔）为食。

这个物种的学名 *Sphaeriodiscus ganae* 一方面指它的形状（sphaerica 意为“球形”；discus 意为“盘状”），另一方面，种加词 ganae 则是指高线社区学院教授克里斯蒂娜·加恩。

这种海星的骨架呈五角形，几乎没有明显的腕。这种特殊的形态使它与家庭自制的饼干非常相似，由此获得俗称“饼干海星”。

这个物种是“马里昂·迪弗雷纳”号最近一次执行海洋学任务（2017 年）时，在印度洋近海海域 647 ~ 712 米深处采集到的。全世界只采集到两件标本，直到最近才为科学界所知。

099 轮形海胆

干制标本

Heliophora orbiculus
大西洋　安哥拉　穆索洛湾
2016 年
约 58 毫米
塞尔日 · 戈法斯采集
MNHN-IE-2016-613

并非所有海胆都长成规则的球形且有长长的刺，有些海胆的外观十分奇特！

图中标本正是一种“不规则”的海胆，在五辐对称之上，还叠加了左右对称。因此，它分前后，且只能朝一个方向移动，不像它那些长得规则的近缘种，能朝任何方向移动。

这种海胆后面的骨架边缘呈锯齿状，让人联想到太阳的光芒。它的形状非常扁平，就像硬币一样，因此被称为“沙币”。

这种海胆生活在波涛汹涌的西非海滩上，齿状后缘的作用是保持自身平衡，以免被海浪冲走。活体“沙币”身上覆盖着短小的刺，让人联想到哺乳动物的被毛，这同样有助于避免被海浪卷走。它以附着在沙粒上的微型藻类为食，由于每粒沙子上附着的藻类很少，它需要吞下大量沙粒。

沙币有很多种，都是扁平的，但轮廓各异。除了欧洲，在世界各地都能看到它们。

100 查卢纳拉蒂迈鱼

模型

Latimeria chalumnae
科摩罗联盟　大科摩罗岛　伊桑德拉（原始标本产地）
1954 年 2 月 1 日捕获
彩绘石膏
126 厘米 × 54 厘米 × 38 厘米
MNHN-ZA-AC-2012-4

1938 年 12 月 2 日，有人在查卢纳河河口捕获了一条没人认识的鱼，南非东伦敦自然博物馆馆长玛乔丽 · 考特尼 - 拉蒂迈因此被请到现场进行辨识。她征求了鱼类学家詹姆斯 · 伦纳德 · 布赖尔利 · 史密斯的意见，后者宣称：“就算是看到恐龙走在大街上，我都不会更惊讶了！”

这种动物的尾鳍分为三叶，其他鳍具柄，这一特征为腔棘鱼所独有。然而有大量化石记录的腔棘鱼据说早在 7000 万年前就灭绝了。这种动物因此被错误地奉为“人类的祖先”“缺失的一环”，甚至是“活化石”。

拉蒂迈鱼偶鳍发达的肌肉下裹着肱骨和股骨，与人类的手臂和腿相似。虽然看起来像鱼，但事实证明，它与我们人类的关系比与鳟鱼的关系更密切。事实上，这种不可思议的鱼类具有许多腔棘鱼独有的特征：鼻腔内的电信号接收器官，分成两瓣的头骨，甚至还有一个已经失去功能的退化的肺。

拉蒂迈鱼生活在印度洋西部和东部边缘 100 至 400 米深的地方，其数量已十分稀少。在人类活动的影响下，该物种现在濒临灭绝。

V

微观领域

MONDE MICROSCOPIQUE

如果我们可以称量地球表面所有有生命的物质，结果可能会让你大吃一惊：生物量最大的一部分竟然被微观领域所占据！如果我们用鲸鱼来代表所有肉眼可见的动物，用有孔虫代表所有肉眼看不见的生物，那我们就得在一条自然大小的蓝鲸（约 25 米）旁边画出 1000 米长的有孔虫！微观领域无处不在：空气中、土壤深处、海洋和河流中，甚至是在我们的消化道和皮肤中。法国国家自然博物馆保存的活体或冷冻的生物资源包含微生物或细胞，可用于研究生命的机理。这个生命物质的储藏室不仅能引起生态学、生态毒理学、生物化学、生物地球化学等领域的研究人员的兴趣，对化妆品、食品、可持续或可替代能源等行业的从业者也很有价值。

9676

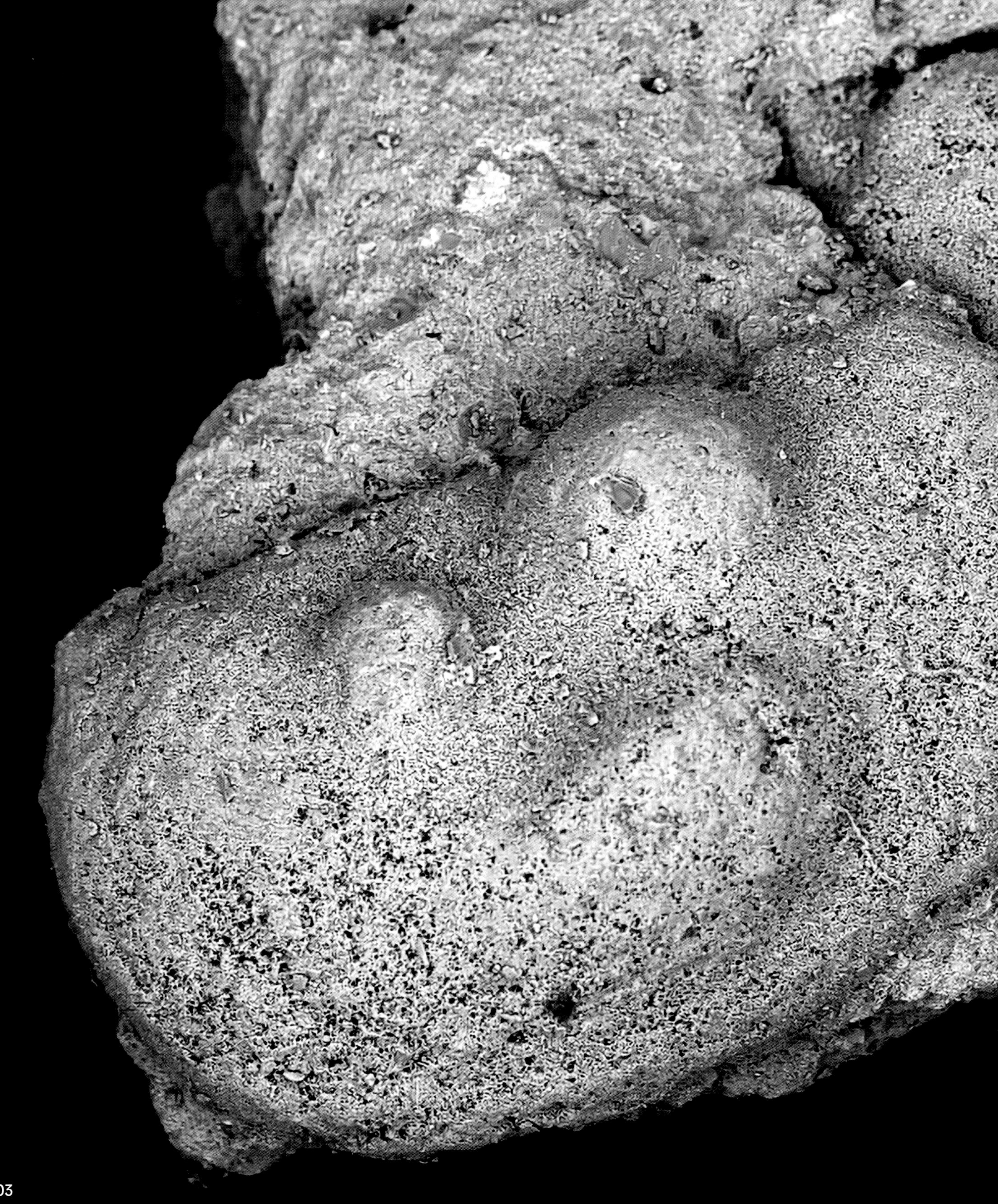

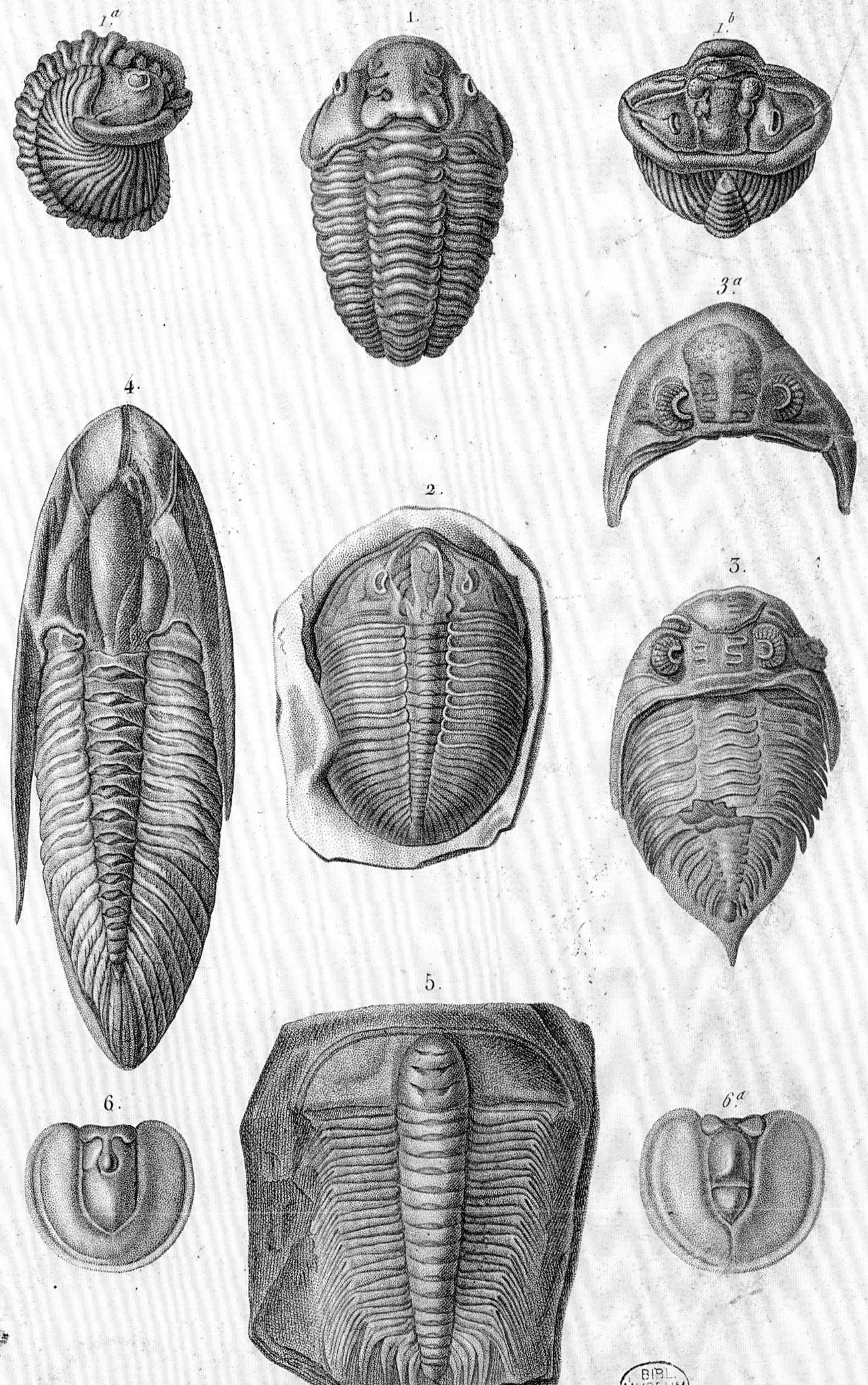

图46

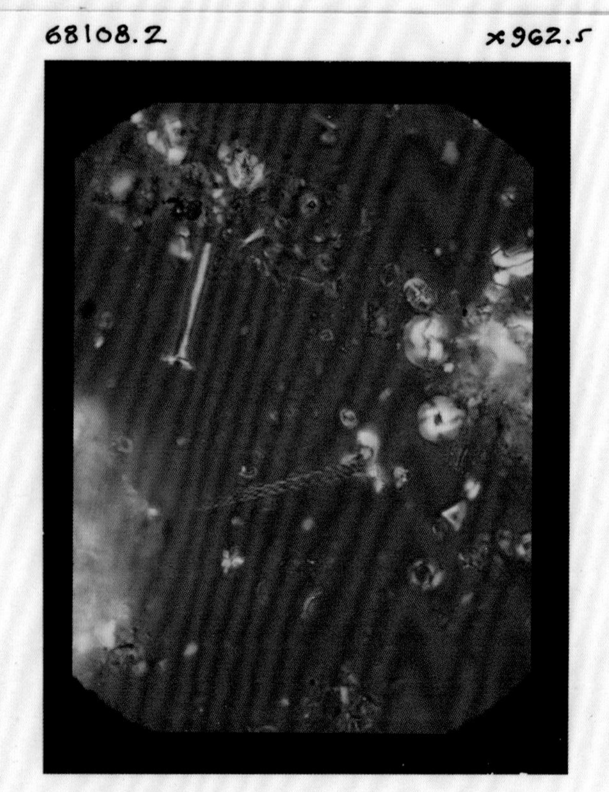

Rhabdolithus splendens - Holotype - AV11, H43
Defl.

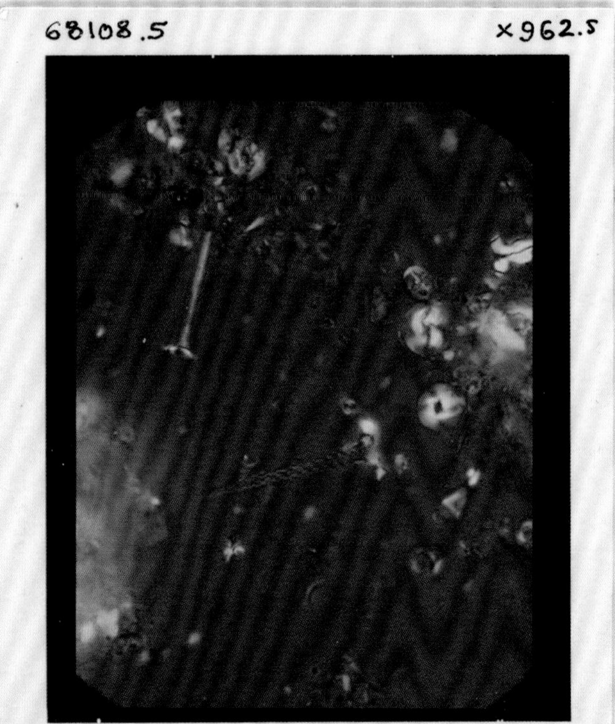

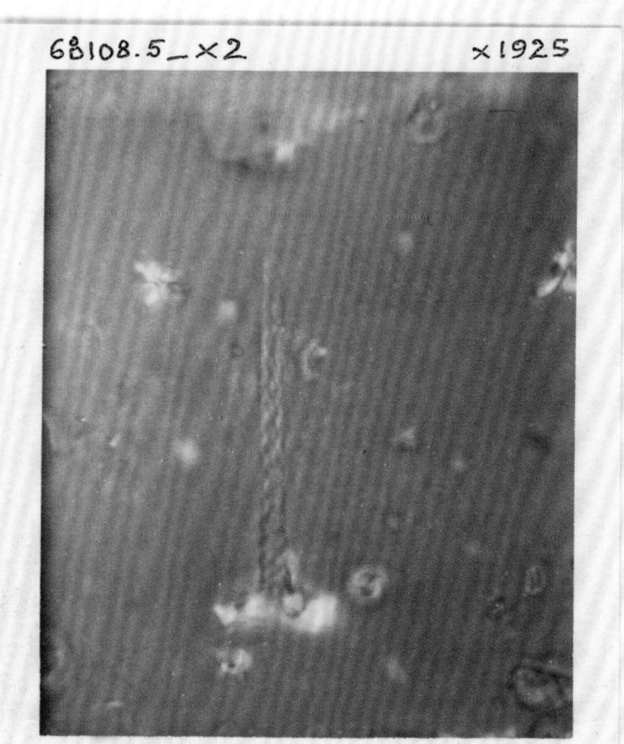

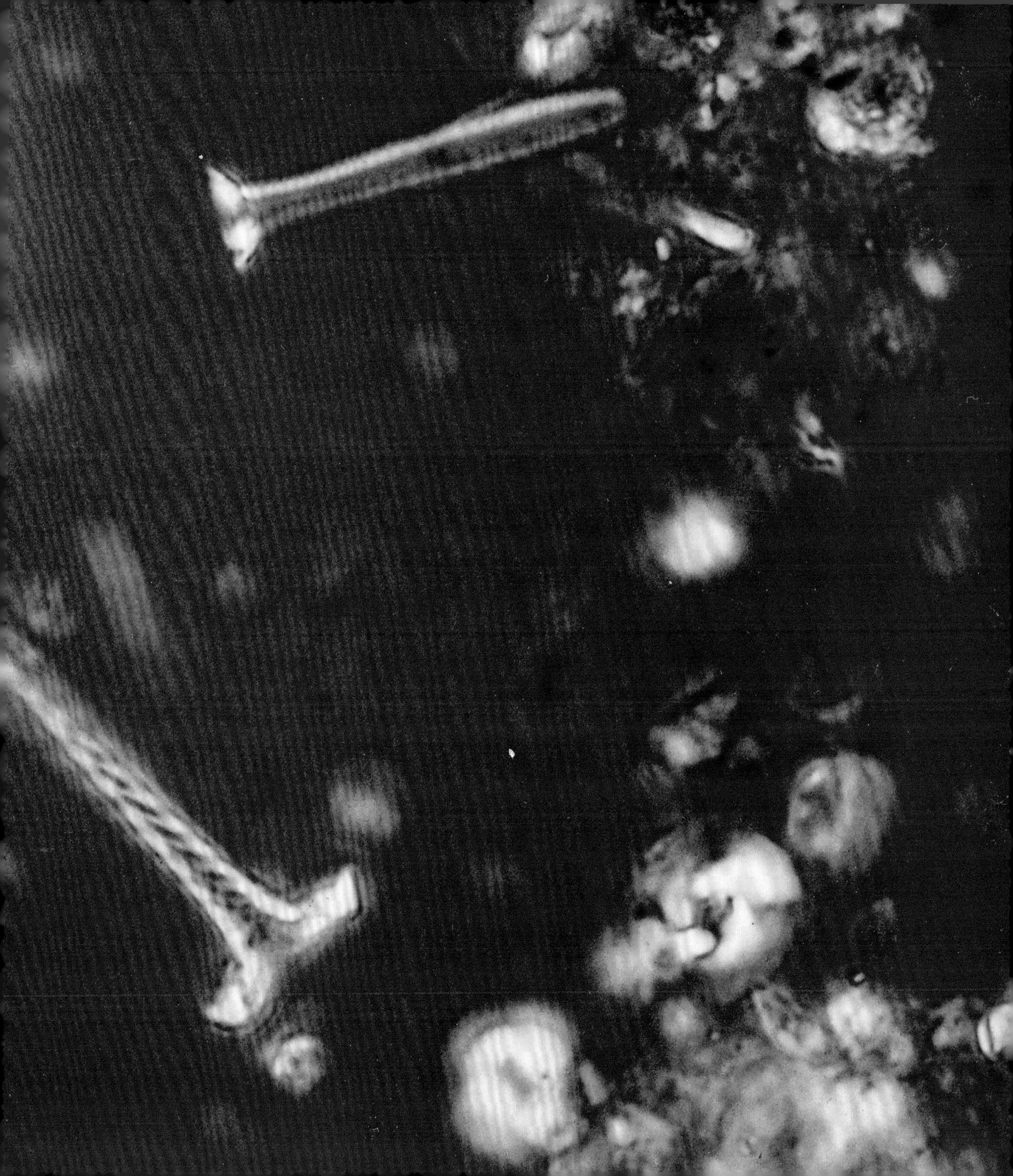

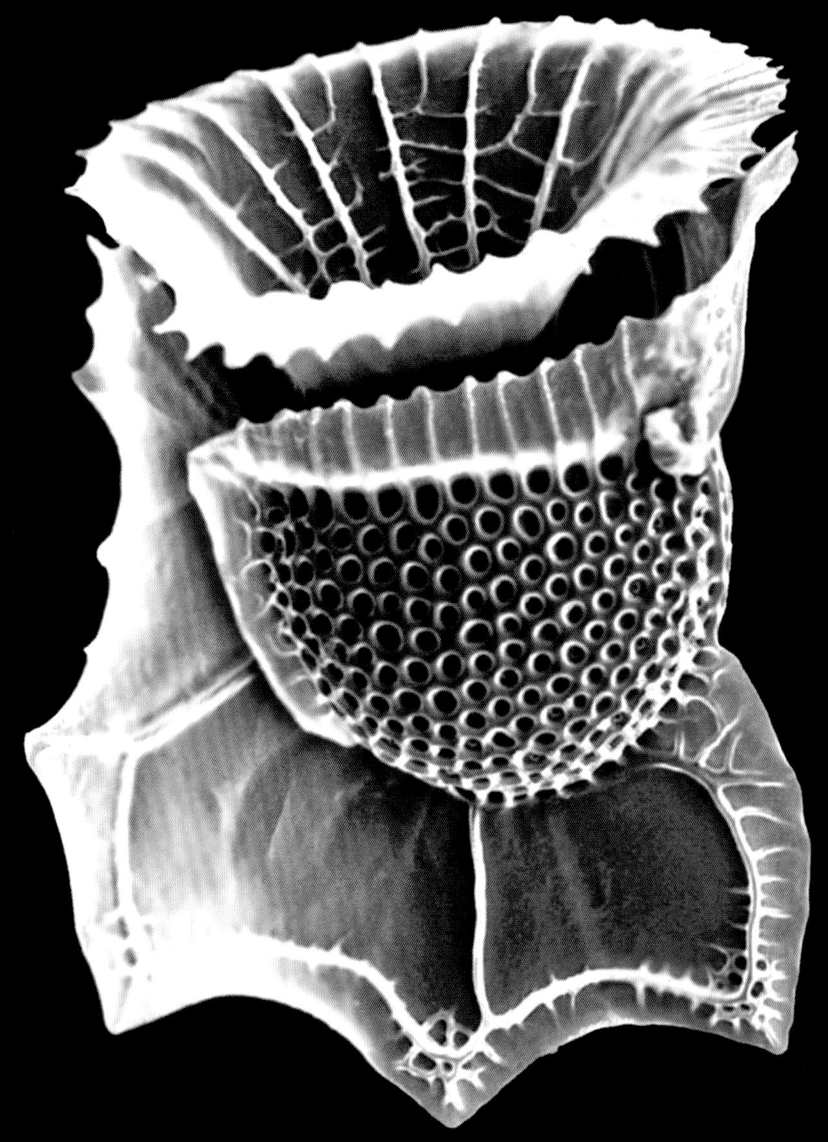

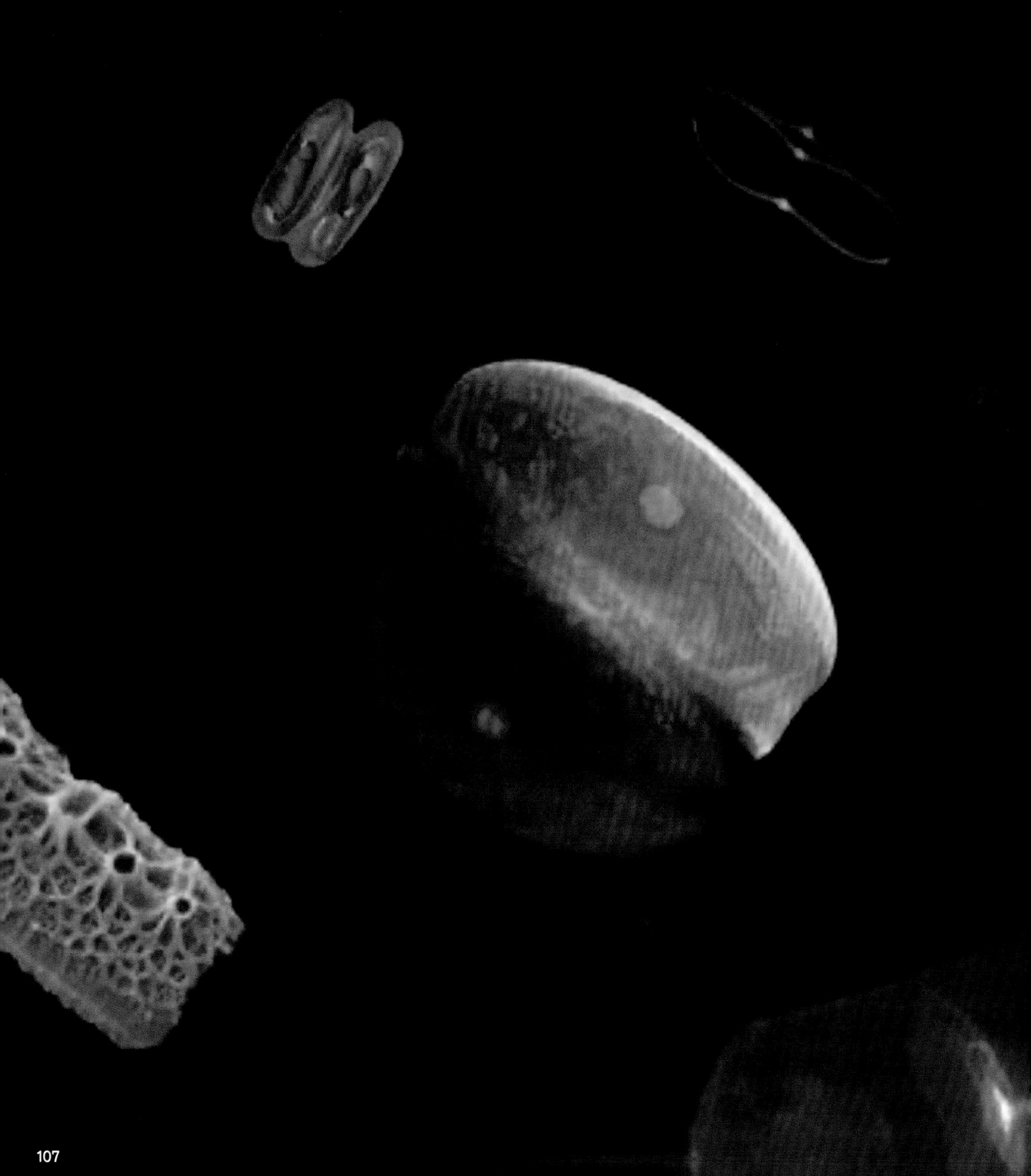

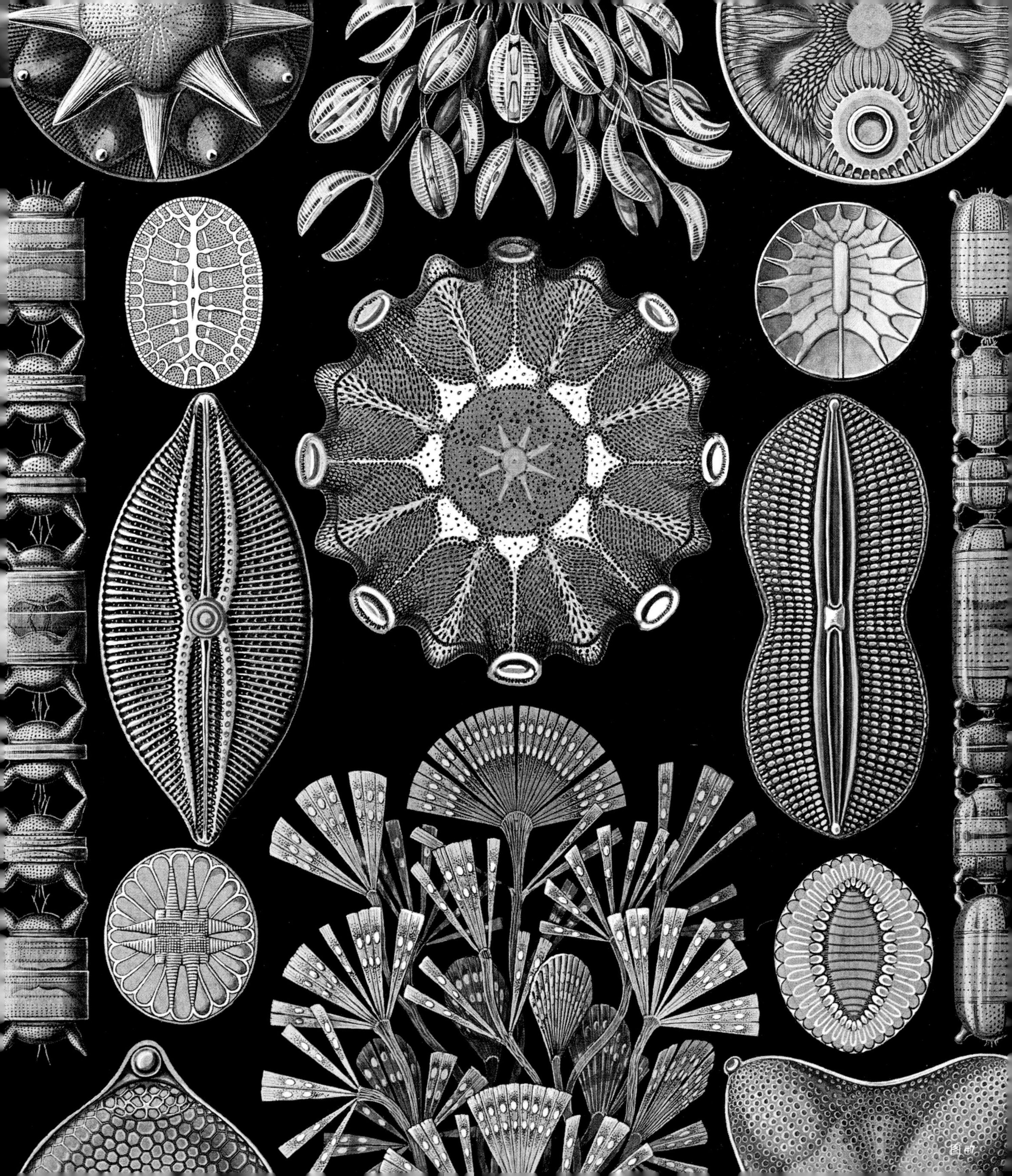
图 #7

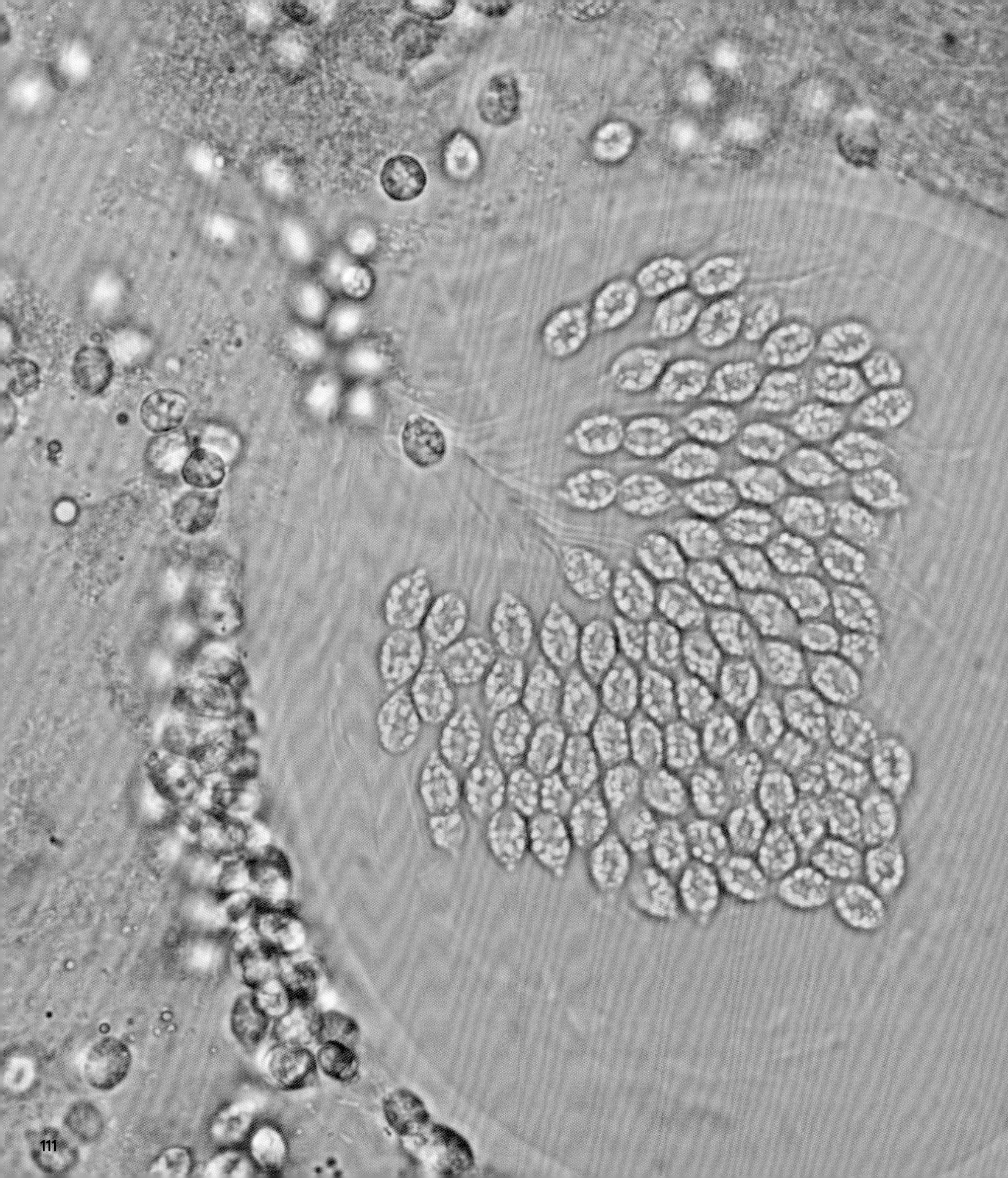
111

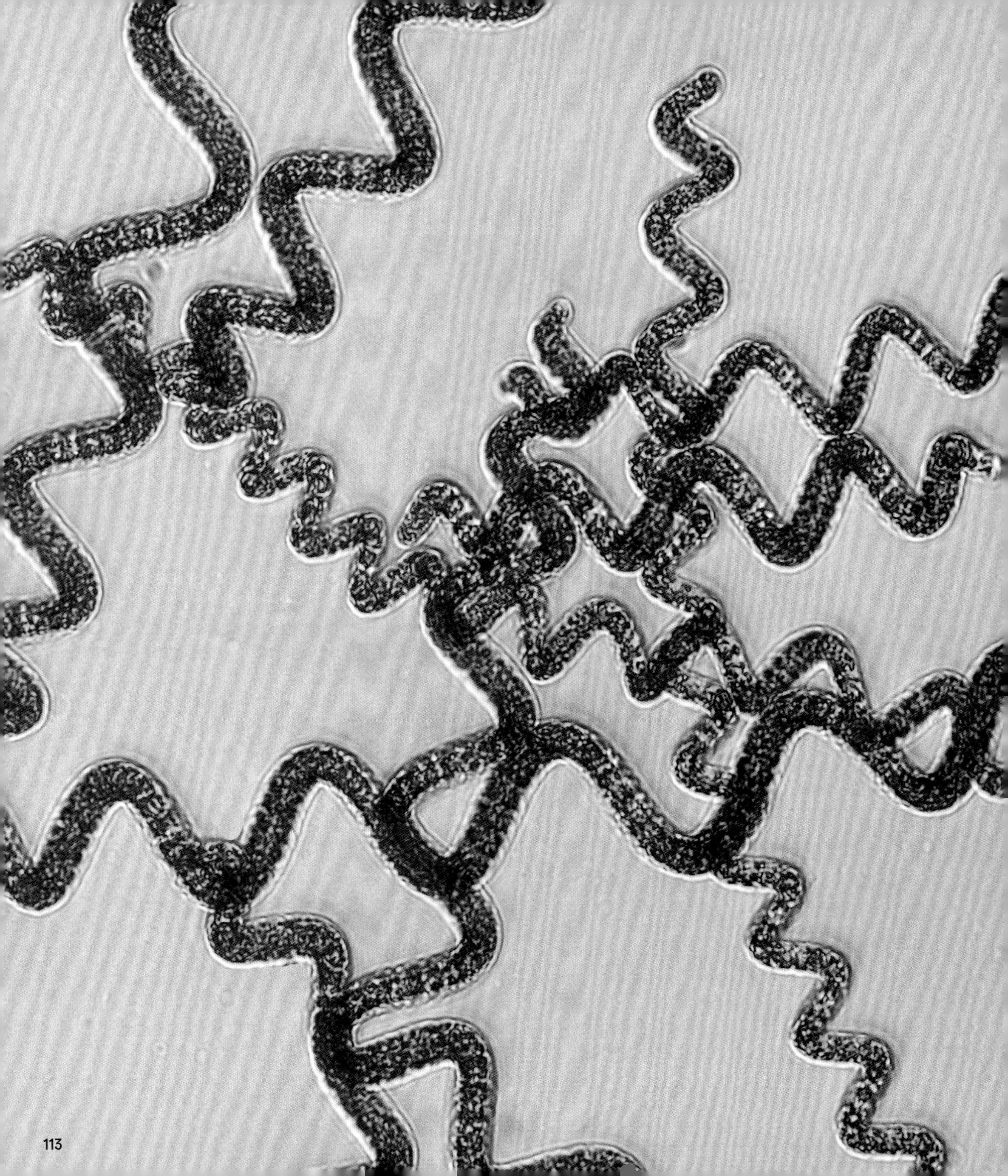

图 48

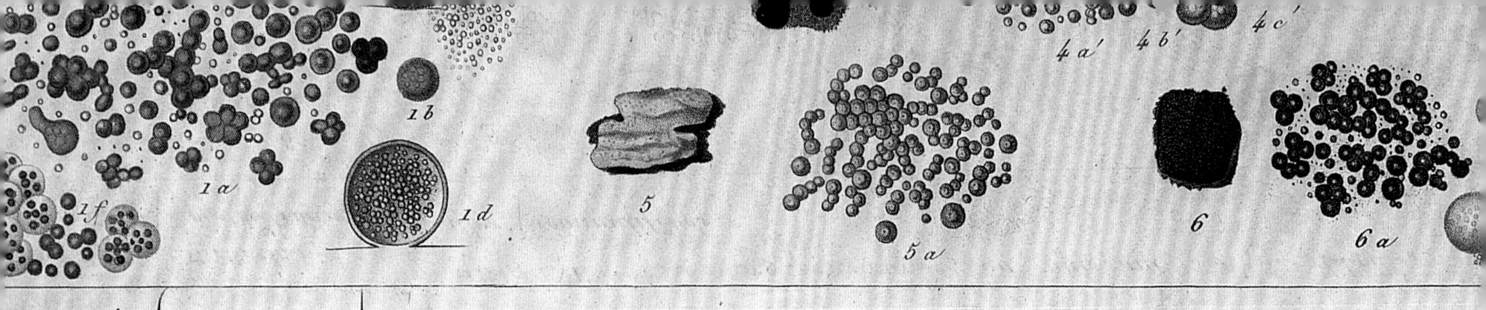

ᵐᵉ DEGRÉ
GANISATION
ÉGÉTALE.

Genre
ALYSPHÆRIA.
Lepra des auteurs.

GLOBULINE vésiculaire, enchainée, *ou naissant sur des fibrilles ou thalles séminulifères.*

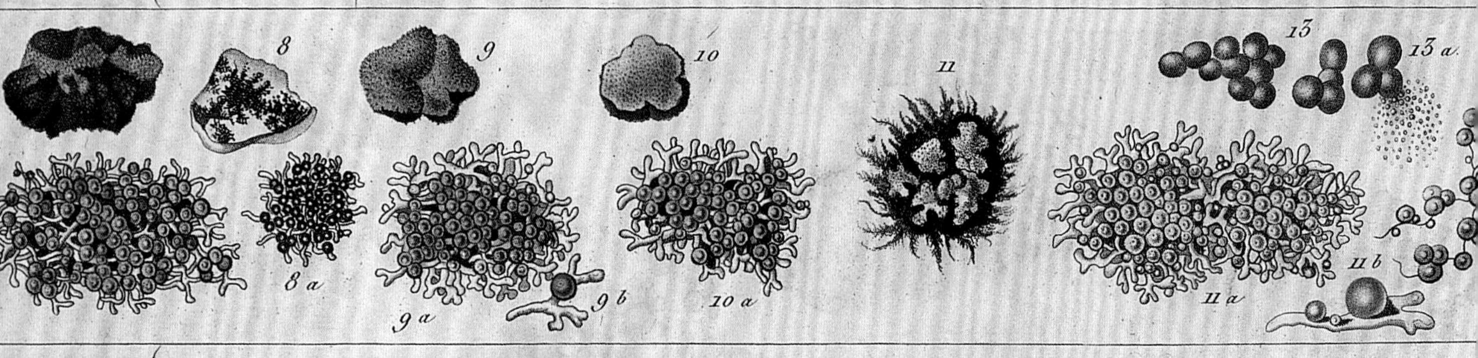

ᵐᵉ DEGRÉ
GANISATION
ÉGÉTALE.

GLOBULINE vésiculaire, captive, *naissant des parois intérieures des vésicules alongées* conferves; *des vésicules mères de tous les tissus* cellulaires; *de la* vésicule pollinique anthères; *de la vésicule de la Lupuline &c.*

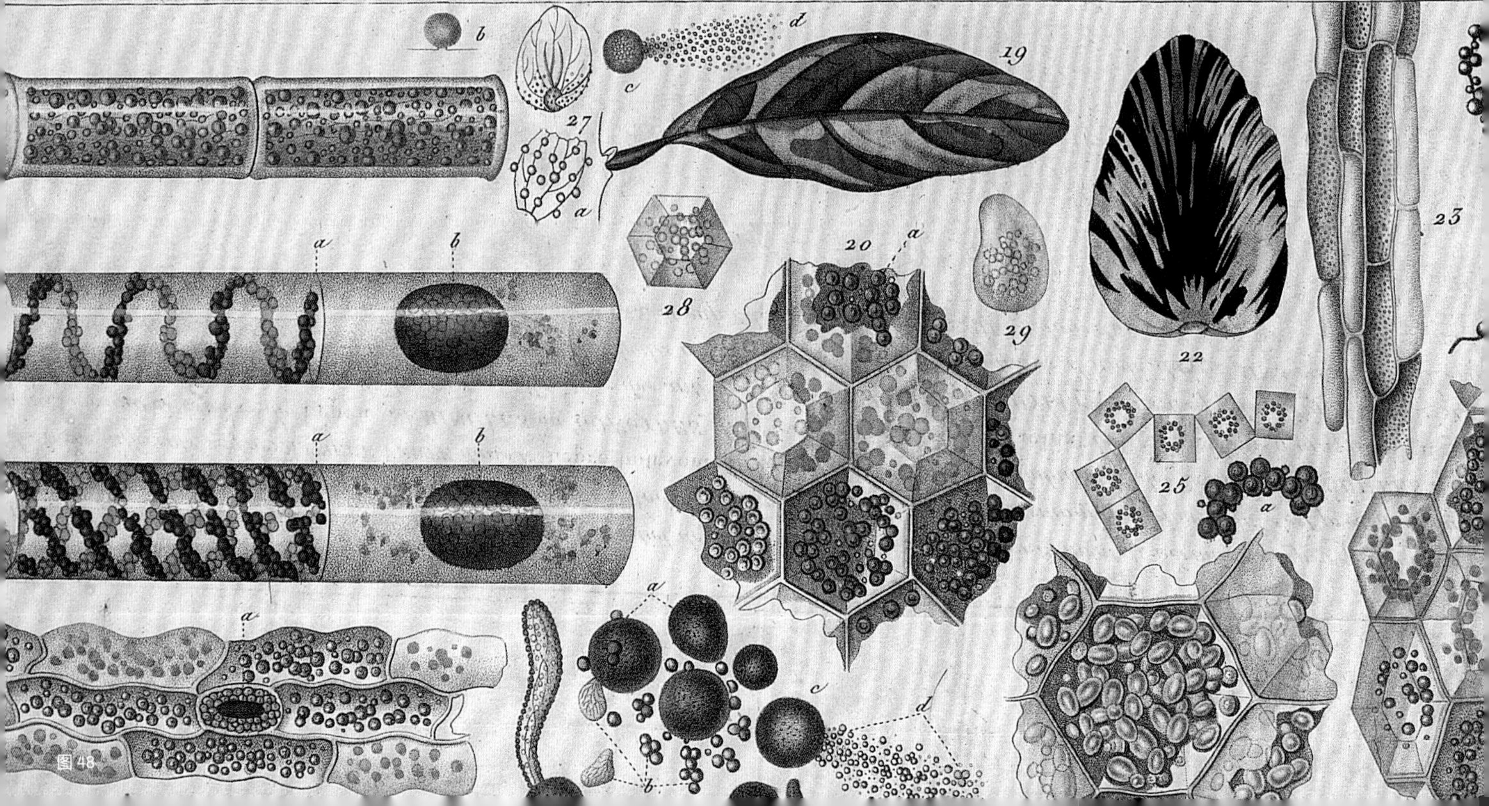

图 48

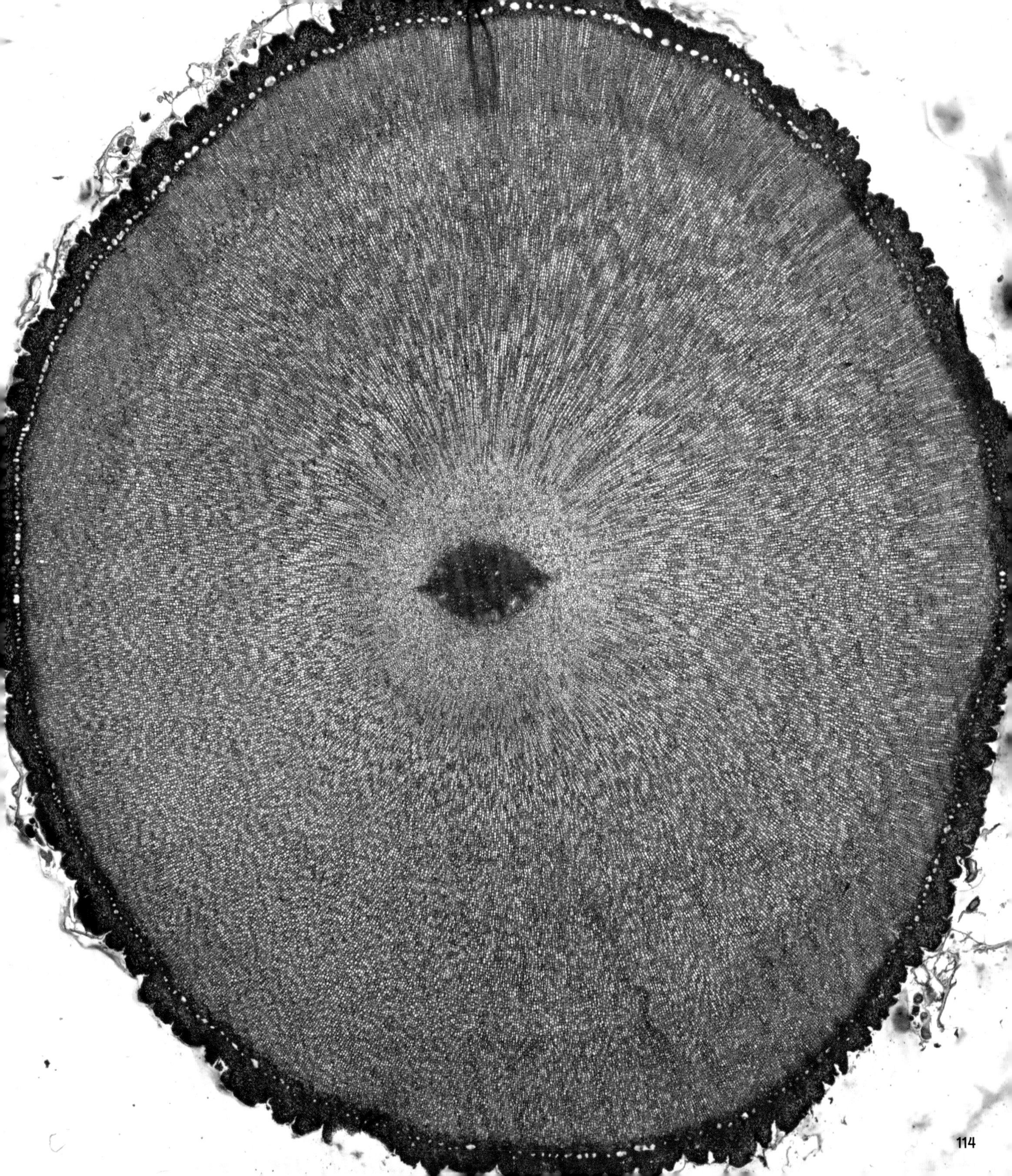
114

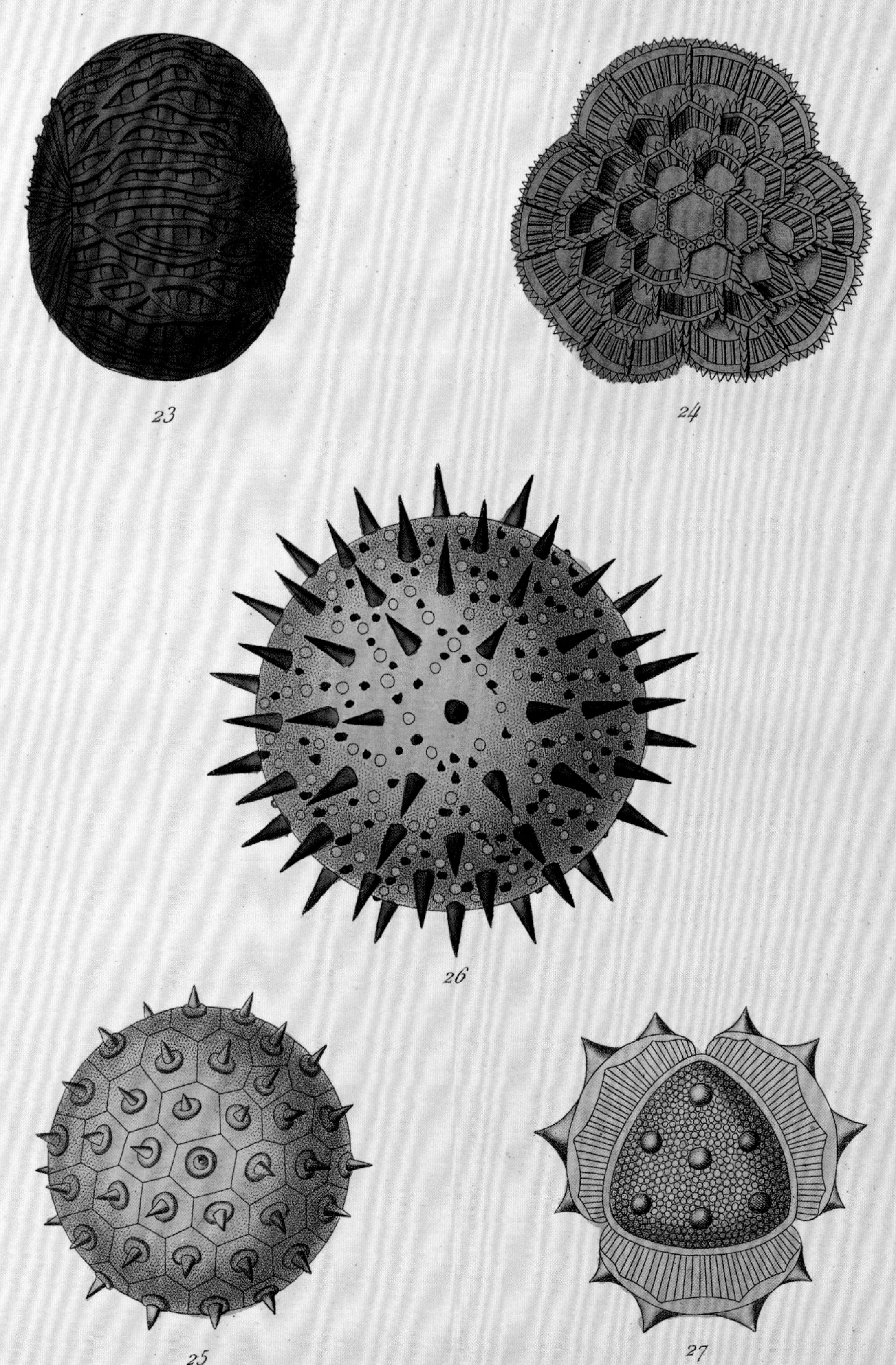

图 50

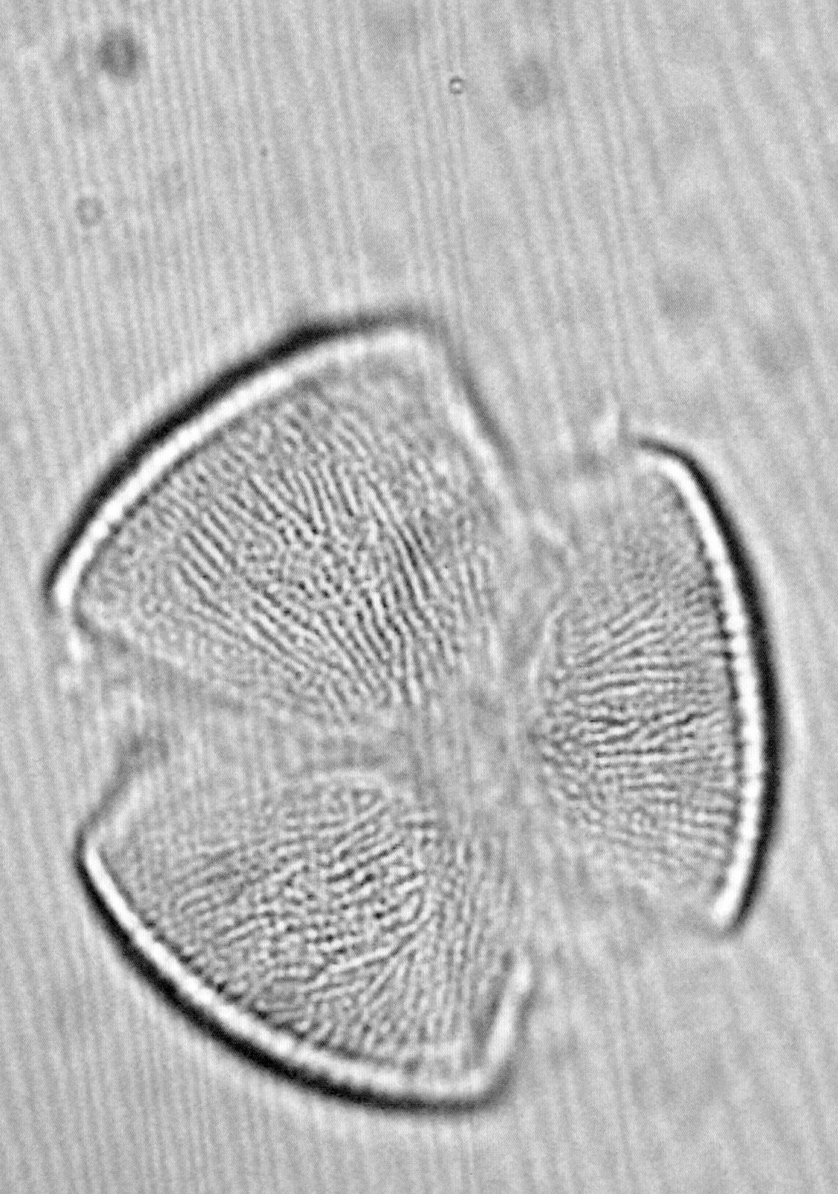

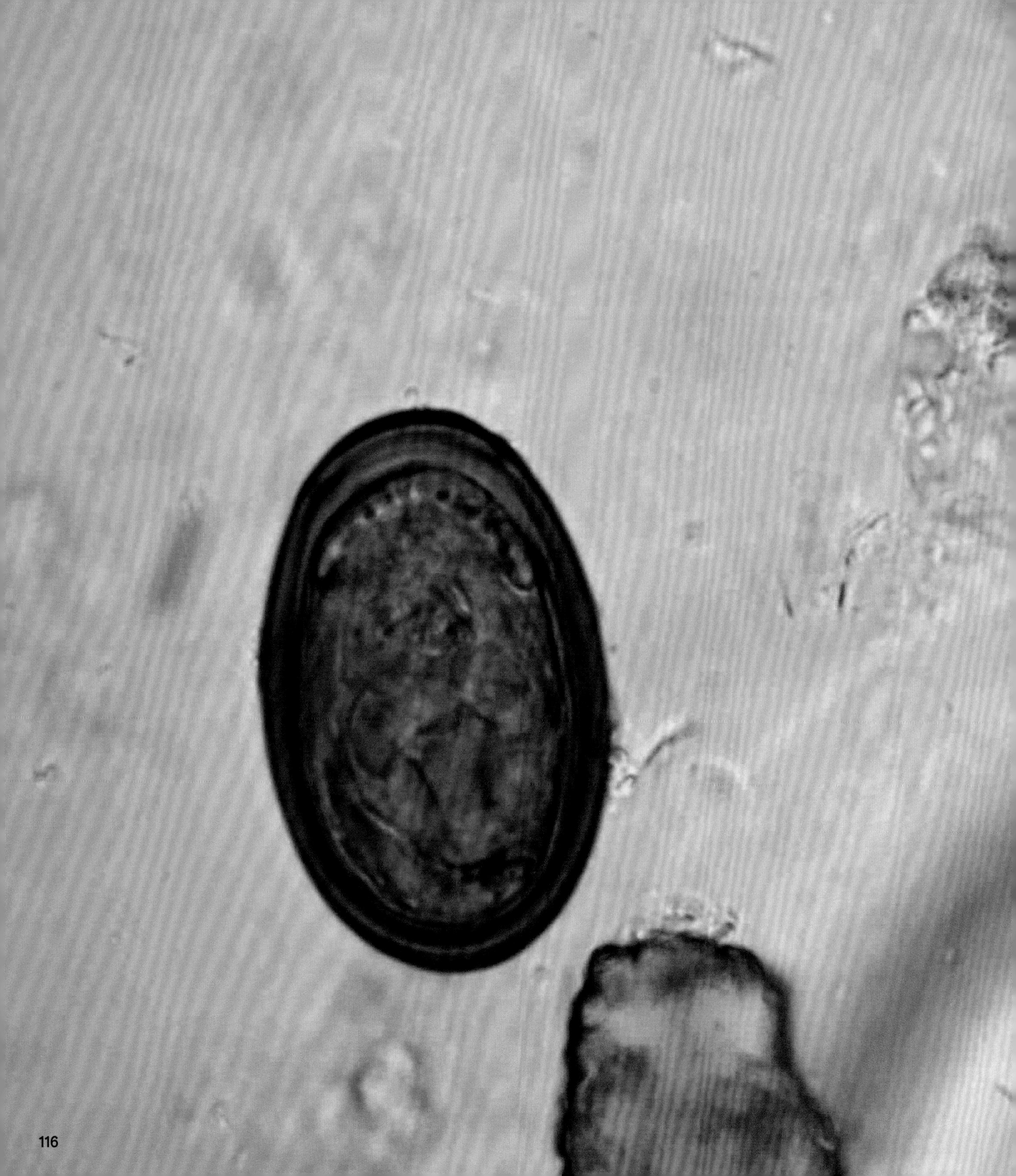

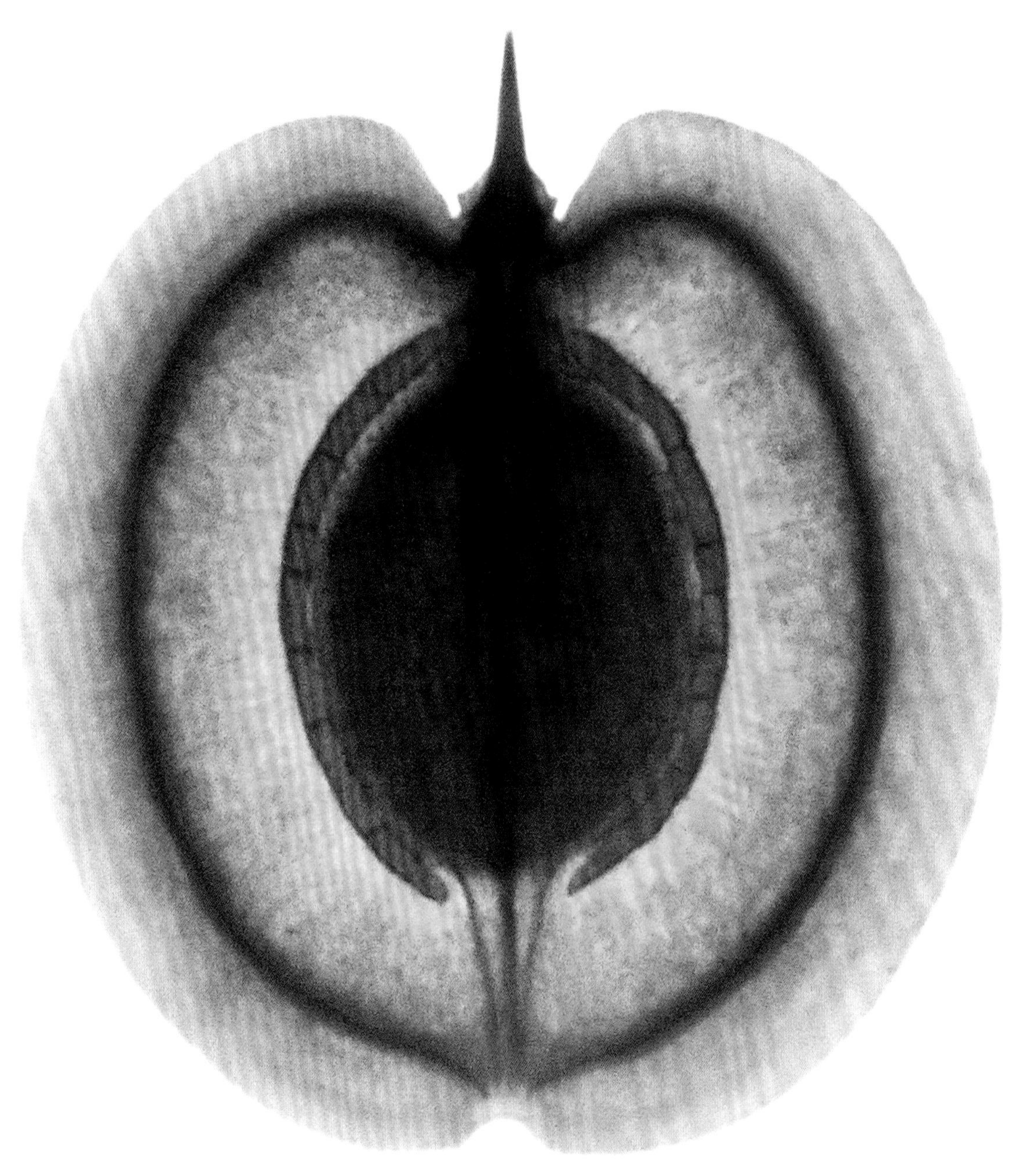

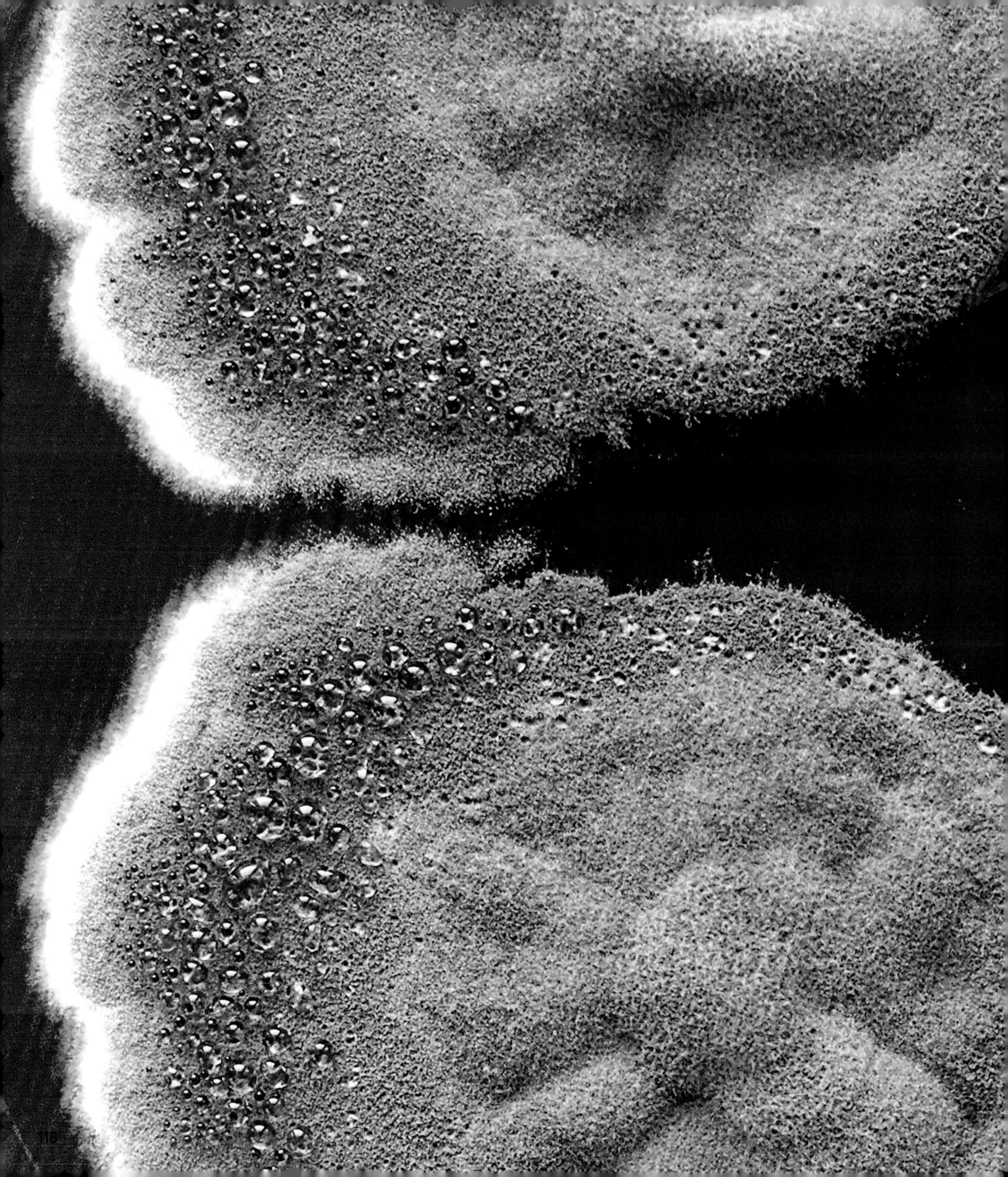

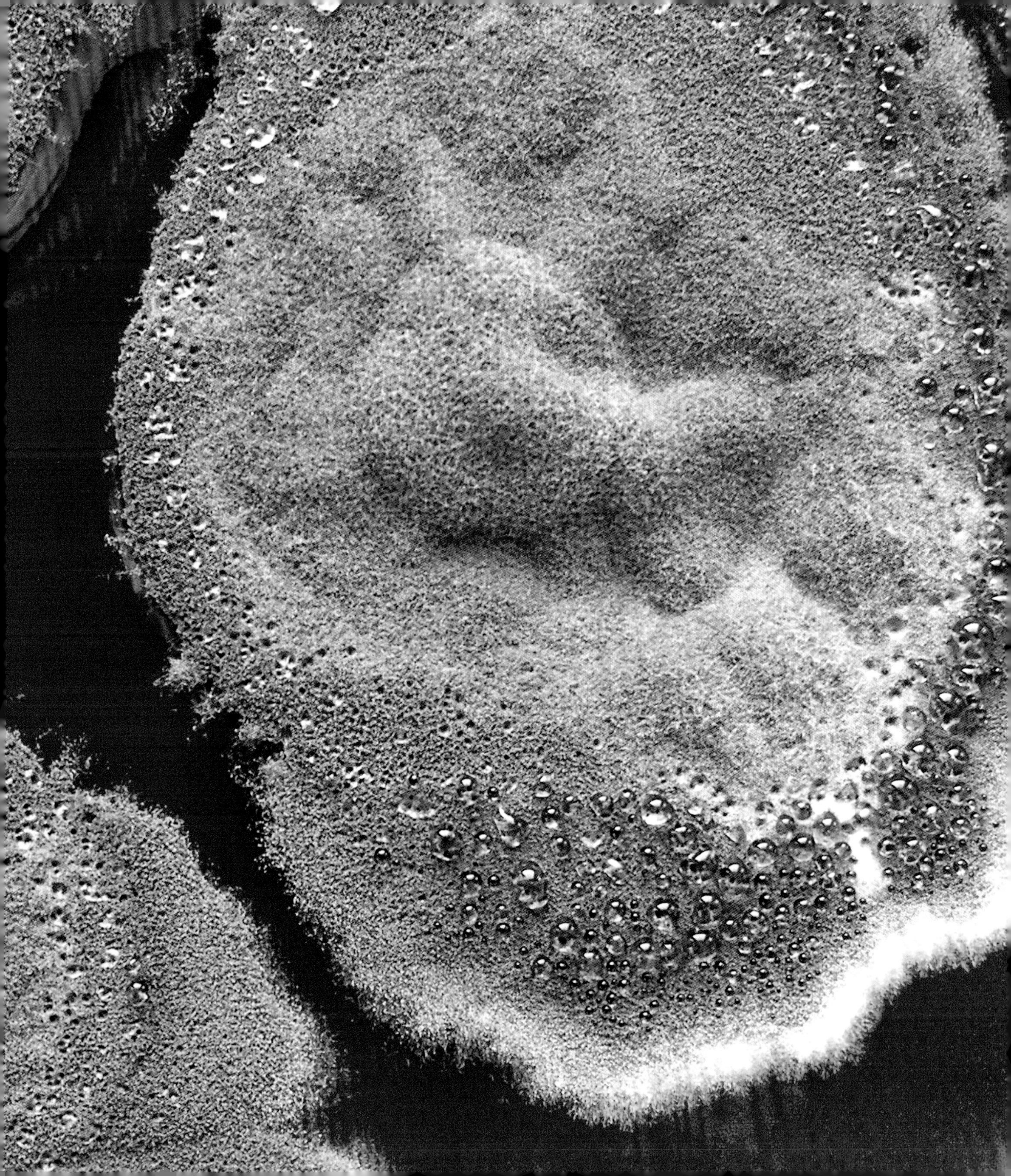

图 51

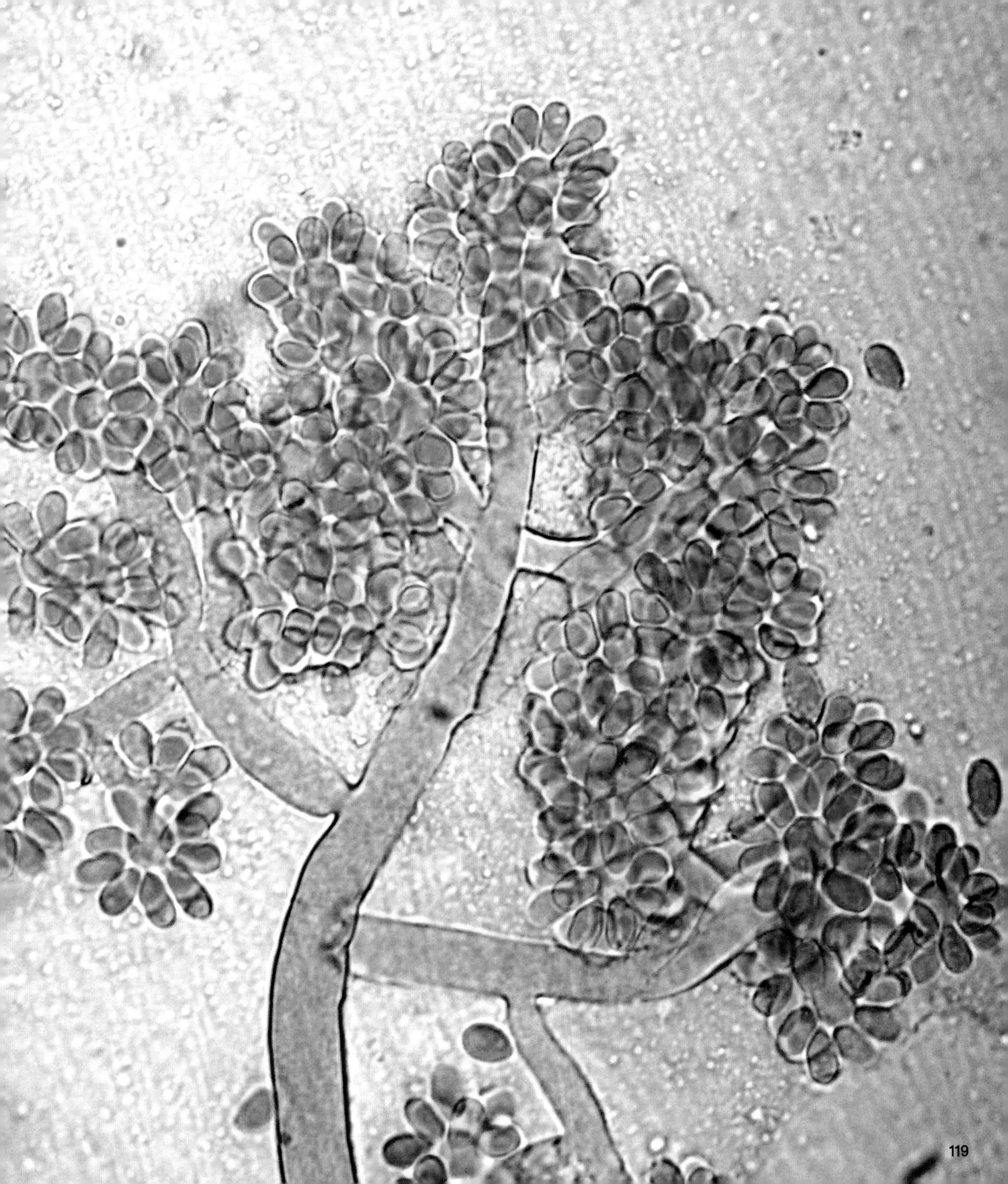

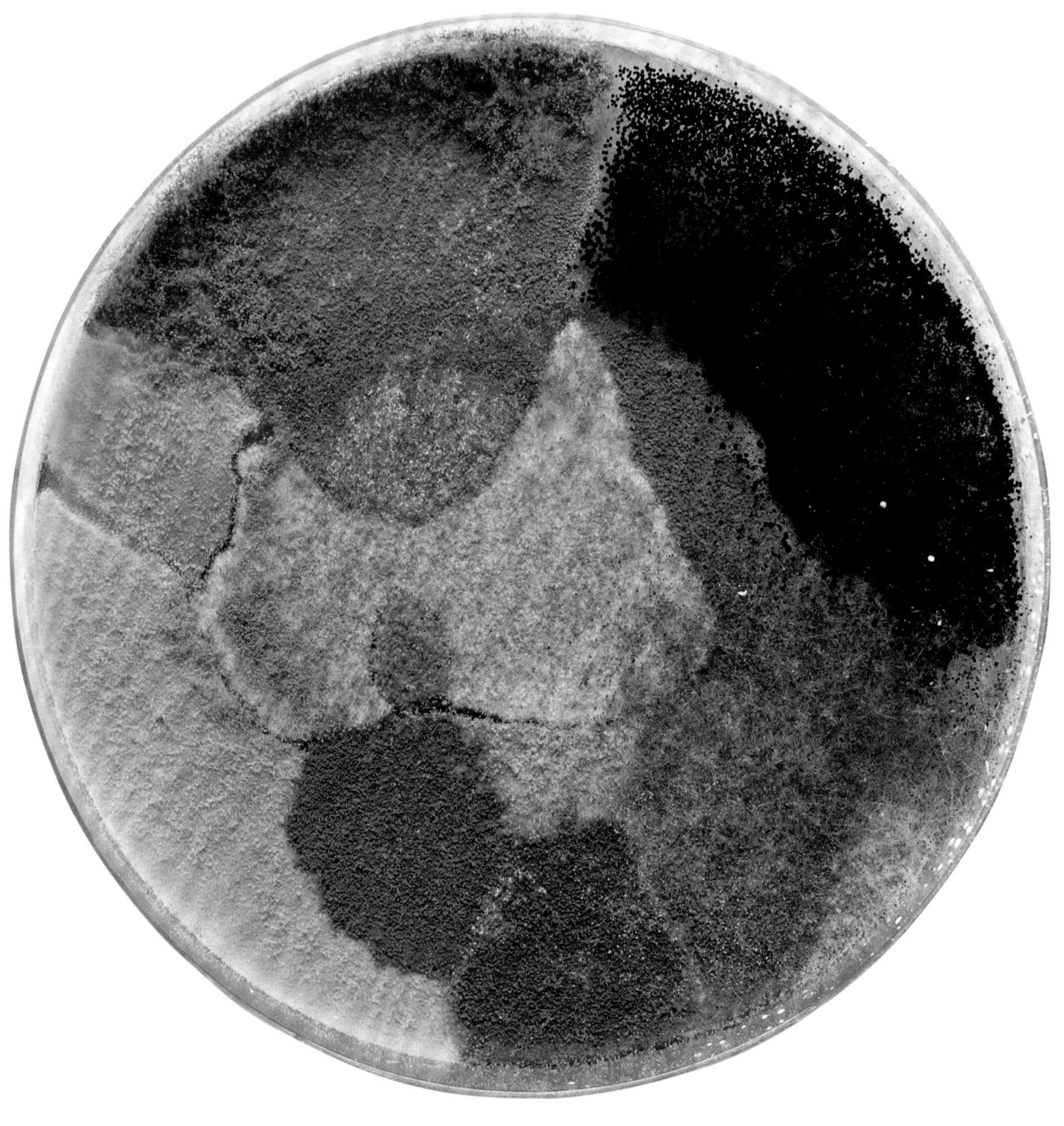

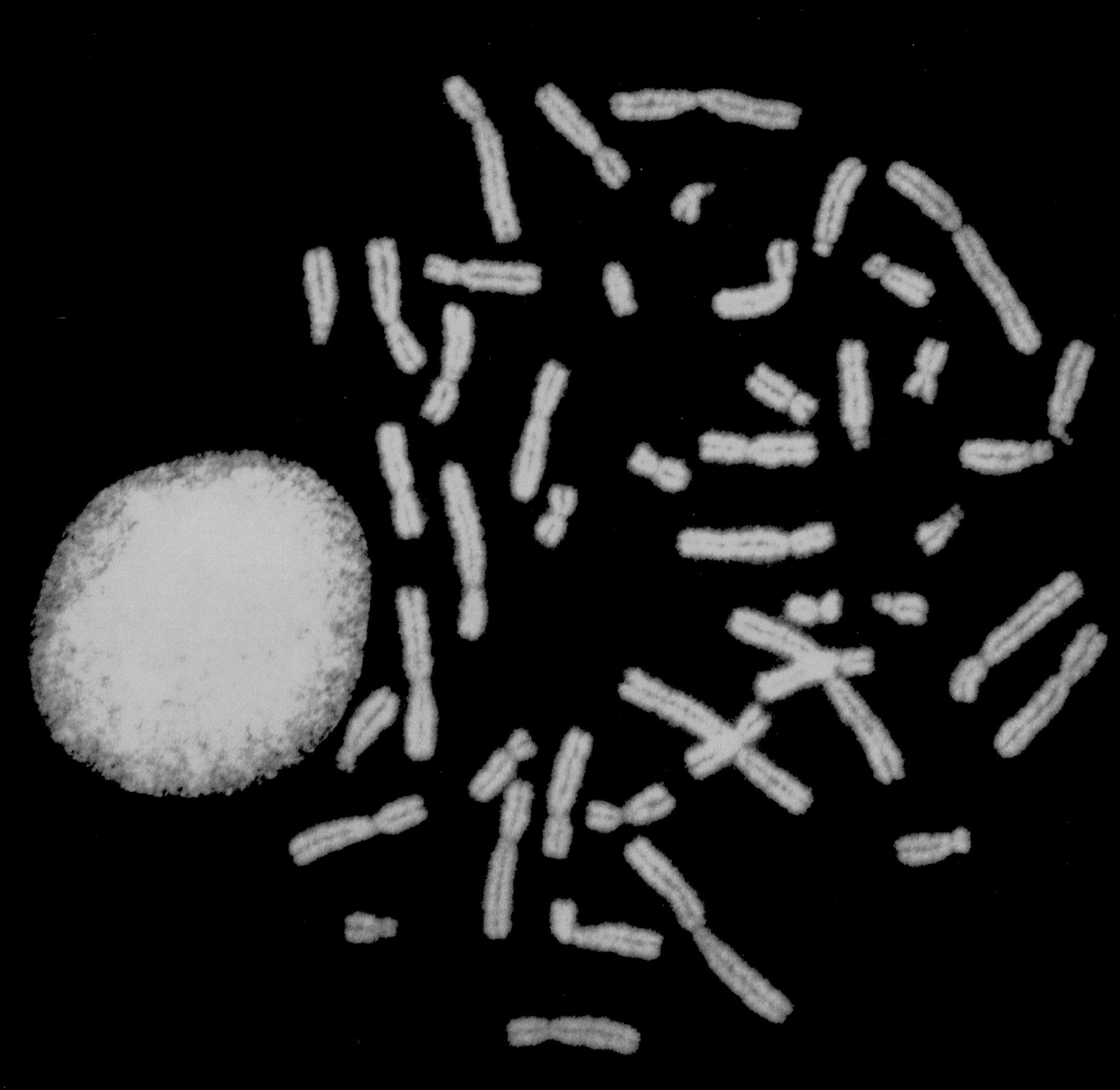

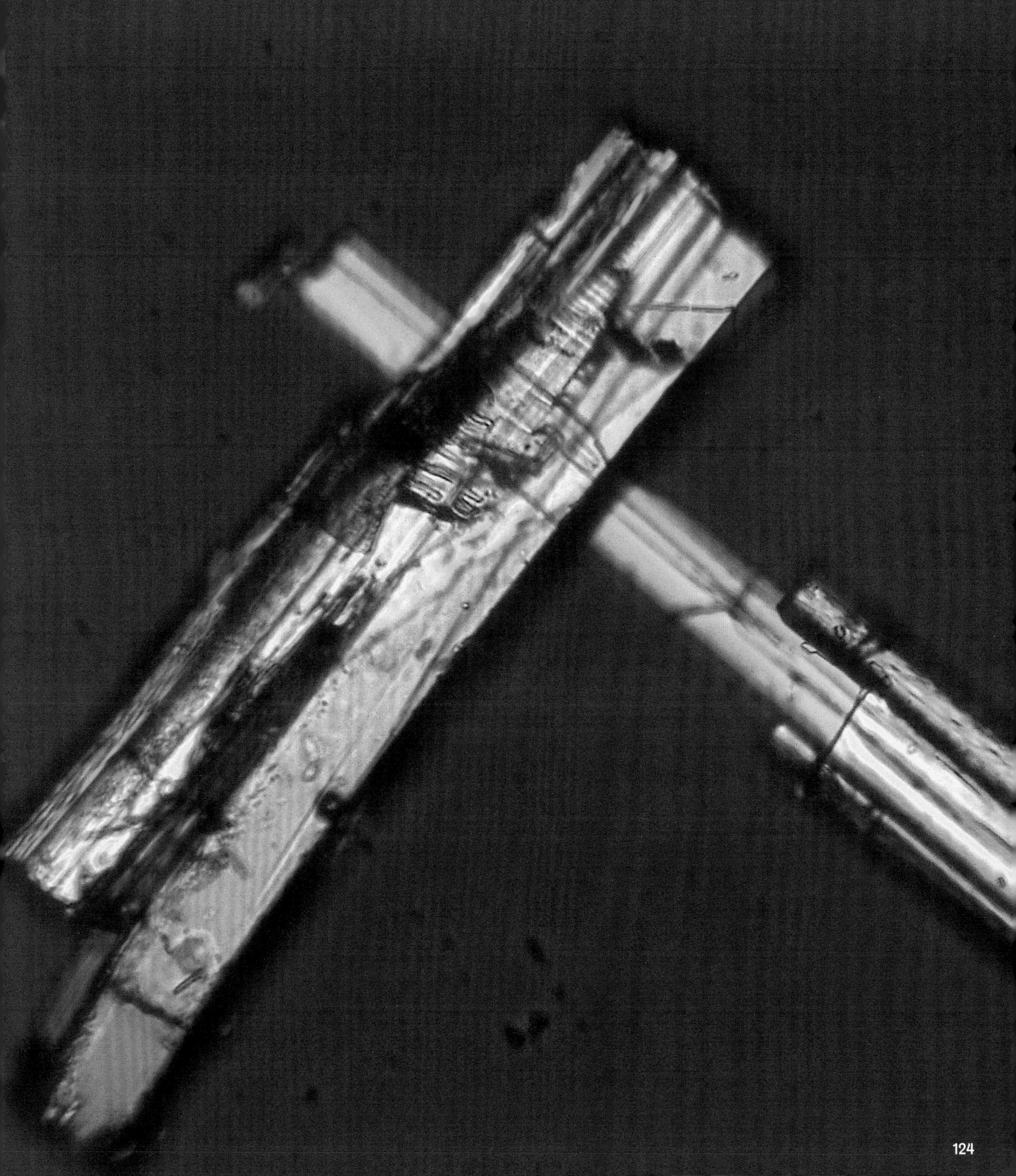

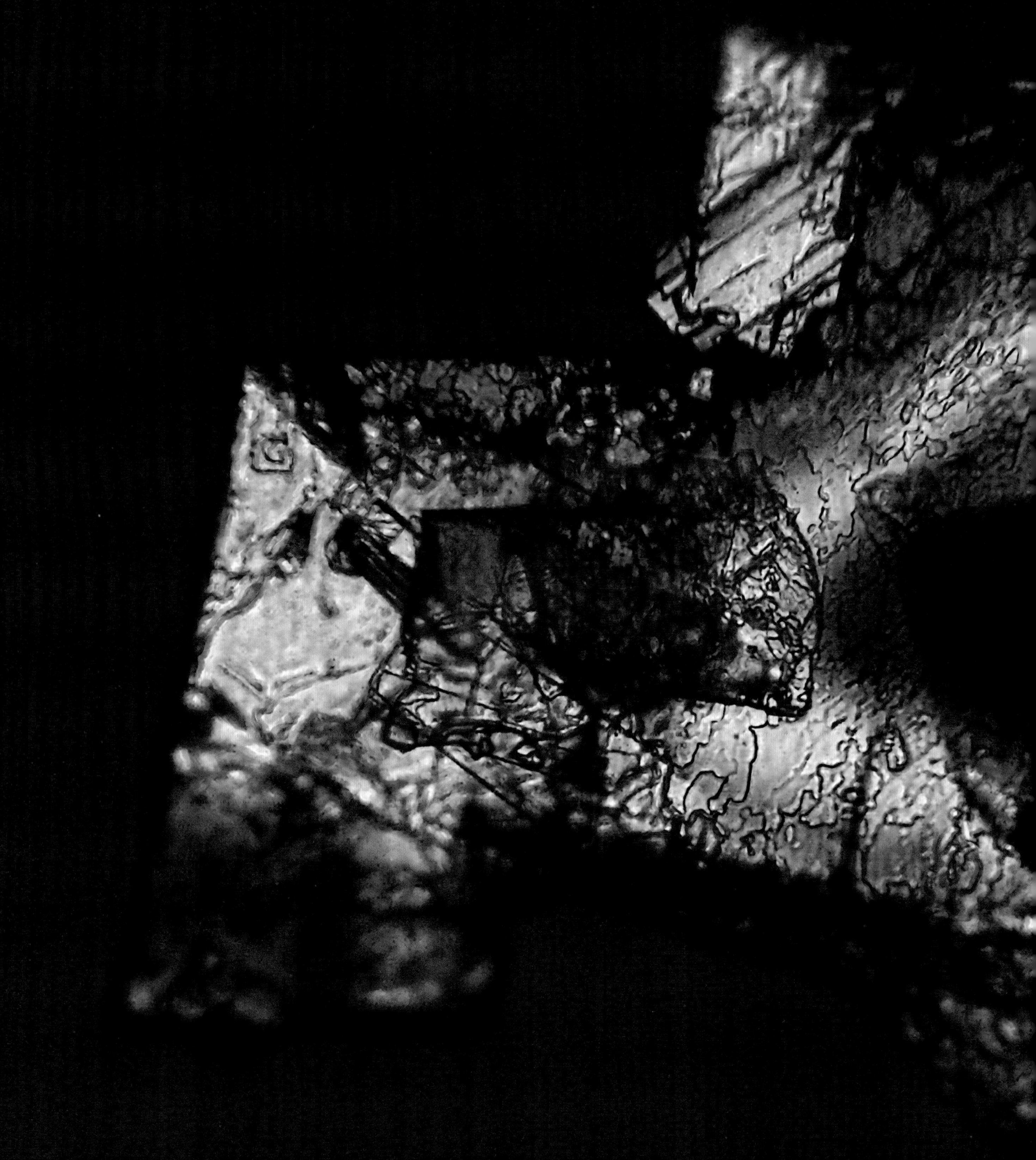

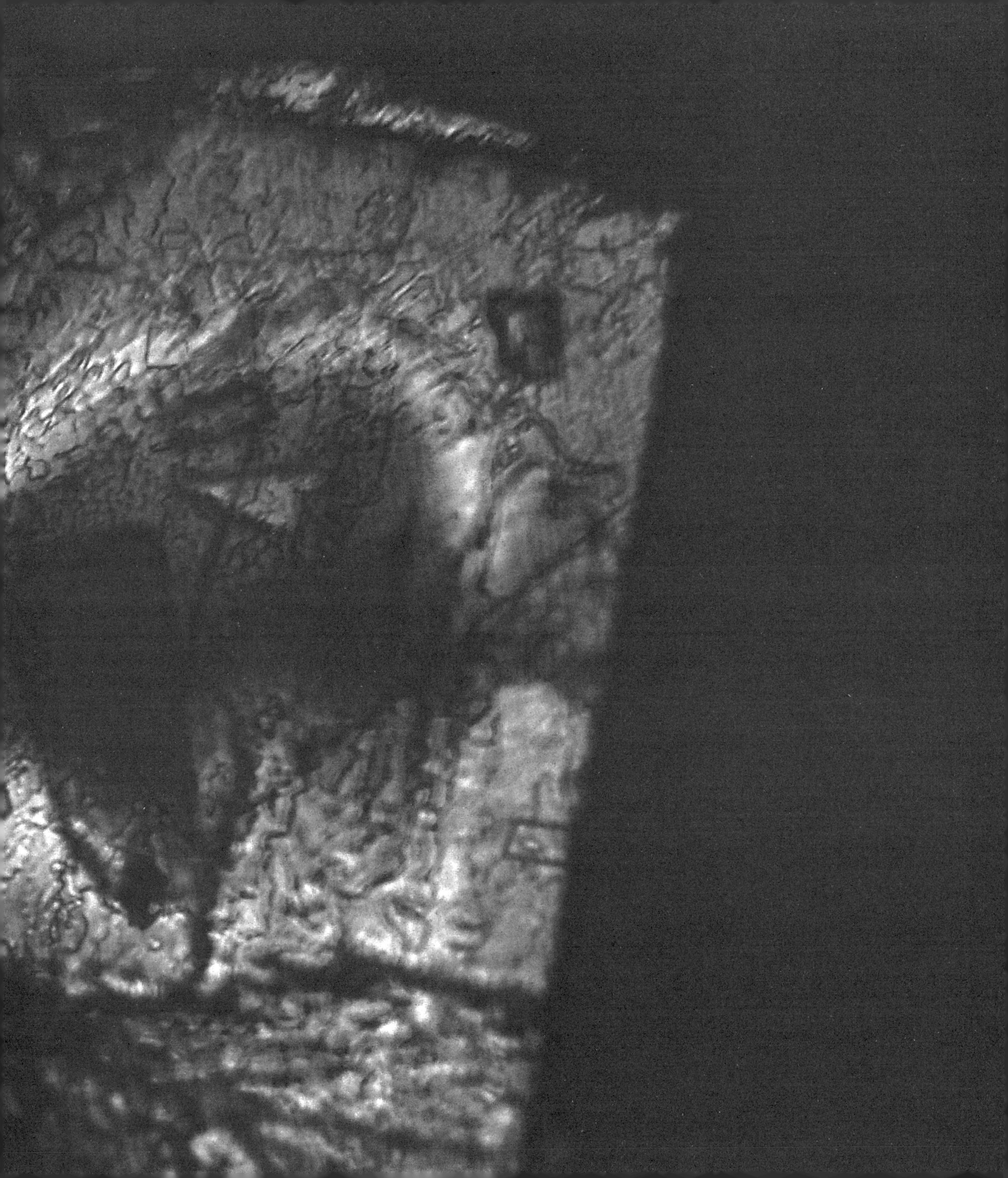

微观领域

101　奥尔比尼收藏的沙子　化石

各种来源
收藏于 19 世纪上半叶
奥尔比尼旧藏

沙子作为单数名词非常奇怪。事实上，我们应该说沙子的复数，因为沙子实际上各种各样，成分各异，唯一的共同点就在于它们都很小。

沙子让人联想到假日，那是人们享受闲暇、观赏风景的美好时刻。年轻的阿尔西德·奥尔比尼也是如此，在夏朗德省的海滩上，受父亲的习惯（观察自然，而不只是看）影响，他非常仔细地观察这些小沙粒。

通过观察，奥尔比尼发现这些沙粒其实不尽相同，有些甚至像他在该地区其他地方看到过的菊石化石的外壳，但这些沙粒显然要小得多。这激发了他的好奇心，他开始收集整理这些沙子，用当时问世的光学显微镜对它们进行观察和记录。

这位研究人员正在探索微观世界，更重要的是，他的工作为微体古生物学这门新学科的建立奠定了基础。一个多世纪以来，微生物研究一直局限于学术界的范畴，直到 20 世纪中叶，企业家才意识到微生物的经济价值，将其应用到产品中。

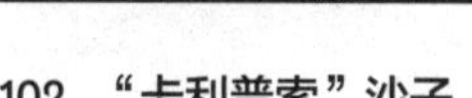

102　“卡利普索”沙子　化石

红海
“卡利普索”任务，1952 年
MNHN.F.F63340-1
MNHN.F.F63340-2
MNHN.F.F63340-3

法国探险家库斯托是一位英雄，他激发了几代海洋学家、潜水员、生物学家、古生物学家以及热爱大海的普罗大众探索海洋的使命感。

这支软木塞玻璃管中保存的是 1952 年收集到的一种独特沙子的一部分。这支探险队于 1951 年 11 月 25 日从土伦港起航，那是一个历史性的时刻：在库斯托的指挥下，一艘以海之女神为名的船“卡利普索”号首次出航执行任务，目的地直指红海中的法拉桑珊瑚群岛。船上随行的有潜水员、摄影师、机械师、动物学家、地质学家和火山学家，其中就包括哈龙·塔齐耶夫，他也是一整代人的偶像。

探险队探索了孤岛、水下斜坡和珊瑚礁，在小岛阿布拉特周围采集了这些沙子，其中含有大量小型动物，包括腹足类、双壳类、有孔虫类和介形虫类，这印证了库斯托的观察：“这揭示了动物群落非同寻常的丰富性”。

这些玻璃管具有非凡的科学价值，自从被封存在“卡利普索”号上，它们至今还没有被打开过。研究它们有助于我们更好地了解在日益增长的人类影响下海洋生态系统的变化。整合 18 世纪探险队采集的沙子是一项大工程，这将为这些微型动物群落的演化提供一个长时间尺度的研究视角。

译者注

1. 阿里阿德涅是古希腊神话中克里特岛国王的女儿，靠着她赠送的线团，雅典王子忒修斯顺利走出了迷宫。

103　盘西小荷尔介　　化石

Hollinella panxiensis
中国　贵州省　中寨镇
距今 2.5 亿年（二叠纪末期）
约 1.5 毫米 × 1.8 毫米
MNHN.F.F62993

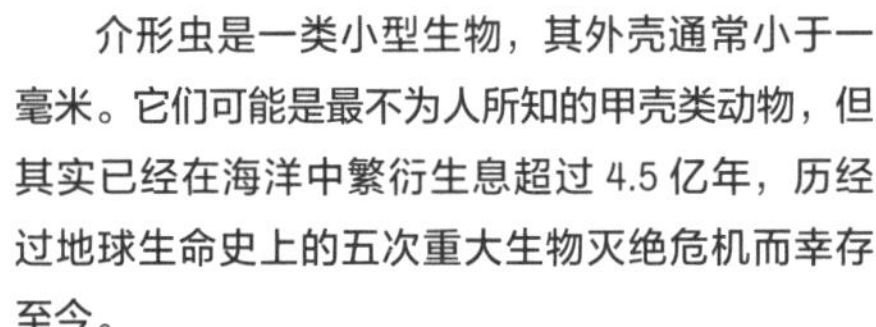

介形虫是一类小型生物，其外壳通常小于一毫米。它们可能是最不为人所知的甲壳类动物，但其实已经在海洋中繁衍生息超过 4.5 亿年，历经过地球生命史上的五次重大生物灭绝危机而幸存至今。

这里的两只介形虫来自中国南方一条公路边的沉积地层。在这个地理区域，有些岩石中保存着 2.5 亿年前二叠纪末期生物灭绝的证据，那次大灭绝改变了生命演化史。

这两个标本是曾在古生代海洋微动物区系中占优势地位的古足介目 Palaeocopida 的代表。尽管有些生命体在大灭绝中侥幸活了下来，从而确保地球上的生命在危机之后重新变得多姿多彩，但古介足目并不在这些幸运儿之列。

这些介形虫证实了一个最近才揭露的惊人事实：在今天的中国南部，沿着地质历史上的海岸一带，曾存在着一片高度局域化的生物避难所，那里的条件让大量古足介目得以暂时存活至三叠纪初，随后它们就从化石记录中消失了。

这些微型甲壳类动物是繁荣的古生代类群的最后代表。它们从生命史上最具破坏性的灭绝中幸存下来，说明了生命虽然极度脆弱，但也具有强大的韧性。

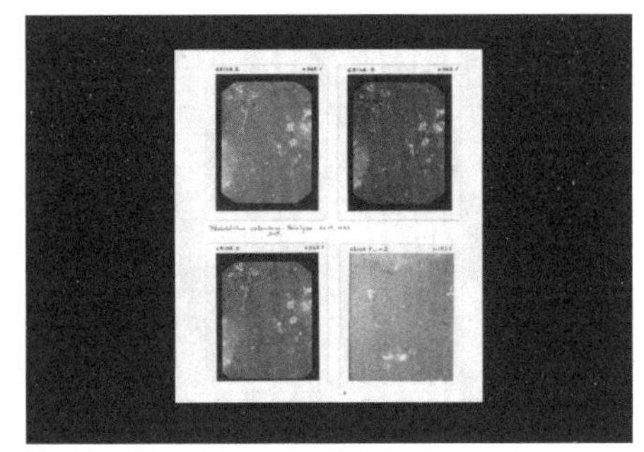

104　微藻　　化石

华丽棒石藻 *Rhabdolithus splendens*（底部）；
胖体棒石藻 *Rhabdolithus pinguis*（顶部）
法国　朗德省　东扎克
距今 4500 万年（始新世）
约 0.6 毫米 × 0.9 毫米
MNHN.F.DAV11-3
MNHN.F.DAV11-18

微体古生物学是古生物学下不太引人注目的一个分支。尽管如此，它所关注的生物体的多样性，及其异乎寻常的精美外形，仍然启发了许多艺术家，如设计师、珠宝匠人、建筑师等。

这些照片是法国最重要的微体古生物学家之一、现代显微镜的先驱乔治 · 德弗朗德尔于 1968 年拍摄的。所有可见的组成部分都是单细胞微藻，也就是由钙质板构成的球石藻。每个被称为茎的细长结构，代表一个不同的物种，而华丽棒石藻 *Rhabdolithus splendens* 这个名字说明了德弗朗德尔是如何被这种螺旋结构的美丽所震撼（种加词 *splendens* 意为华丽的）。

虽然鲜为人知，但这些微藻对于重建地球过去 2 亿年里的气候模型至关重要。浮游生物悬浮在海水中生活，自三叠纪末期出现以来，它们在塑造地球气候的过程中发挥了重要作用，尤其是通过光合作用捕获二氧化碳并释放氧气。

在气候变化的大背景下，这些看似微不足道的微藻是人类强大的盟友：通过将二氧化碳封存在石灰岩中，它们将大气中的二氧化碳转移至海底，对这一导致全球变暖的重要因素进行调节。

105　有孔虫　　化石

希望虫 *Elphidium*
大西洋　大陆架
0.4 毫米

这些微生物大多具有碳酸盐外壳，少数具硅质外壳，还有一些是裸露的。正如其名称所示，它们的外壳上有孔。这些外壳只有沙粒大小，往往会成为海滩上沙子的组成部分。

这些底栖有孔虫在水中大量存在，死后外壳堆积在海底，形成泥浆，随着时间的推移，泥浆逐渐变硬，成为石灰岩。

所有石灰岩都有其生物来源。法国城市中的大多数建筑都是由这些微小遗骸的沉积物筑成的。如果你用放大镜观察塞纳河岸边的石头，或者巴黎圣母院的石头，你就可以辨认出有孔虫。

微生物化石不仅在日常建筑中伴随着我们，还帮助我们实现了一些技术壮举。20 世纪末，修建一条穿越英吉利海峡的隧道面临着巨大的挑战——从海峡两岸出发的两支建筑队伍必须能够在同一地点相遇。为了沿着正确的地层开挖，人们利用的不是精密的工具，而是来自大自然的指示——有孔虫，这种生物所处的地层精准得堪比阿里阿德涅的线团[1]。

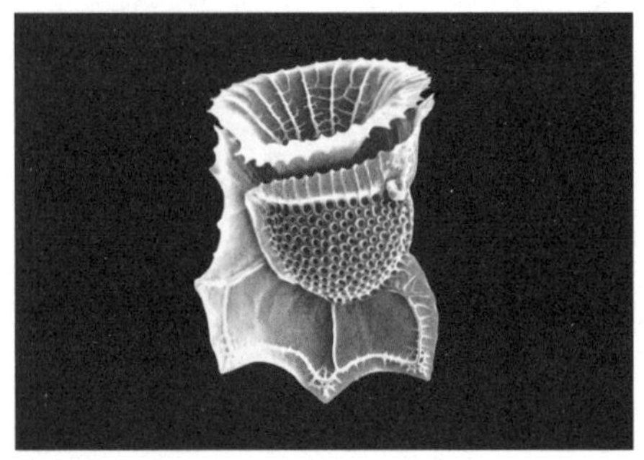

106　涡鞭毛虫　　化石

Dinophyta
太平洋
0.2 毫米左右

从词源上讲，涡鞭毛虫由希腊语“旋转的”（dinos）和拉丁语“鞭毛”（flagellum）两部分构成。

涡鞭毛虫，也有人称之为甲藻，生活在海水或淡水中，也可生活在雪中，生活方式非常多样化：有的是自养的，被视为植物（浮游植物）；有的是异养的；有的甚至是寄生的。

这些原生动物会长出由几丁质和二氧化硅构成的外壳。它们的形态、生活方式、与其他生物的联系以及繁殖方式都十分多样。

该类群以两大现象而闻名：一是会发光，这让它们在海滩上非常引人注目；二是具有毒性。有时，这类生物的“繁盛”（生命的爆发式生长）会让水体变红，产生“赤潮”，也被称为“水华”。人类很早就观察到了这种现象，《圣经》中称之为血海，这也是红海名字的由来之一。

由于许多涡鞭毛虫含有不同类型的毒素，当这类生物大量出现时，它们的天敌（贝类和甲壳类）摄入涡鞭毛虫后就会同样变得有毒。因此，可食用的贝类被置于海水监测机构的管控之下，尤其是牡蛎。

107　硅藻　　活体标本

Bacillariophyceae
河流、河口、海洋
不同时期

自 3.5 亿年前诞生以来，硅藻已经占领了大多数水生生态系统，无论是淡水还是海洋。这些棕色微藻呈细长形或圆形，在室温下是制作玻璃的高超工匠。现在，我们可以实时观察这些玻璃外壳在活的硅藻细胞上形成的过程。

在海洋中，特别是在极地地区，硅藻大量存在，对碳循环做出了贡献——它们产生的氧气约占海洋所产氧气的 50%，陆地所产氧气的 25%——并有助于吸收自然和人为产生的二氧化碳。形成的有机碳一部分进入食物链，另一部分则沉降到海底。因此，硅藻与碳硅耦合循环密切相关。

在沉积物中发现的硅藻遗骸是工业中常用的天然元素，可用于制作软磨料、杀虫剂、脱脂剂、除臭剂，甚至填充剂和过滤剂，也可以添加进水泥、油漆、清漆和牙膏的成分中。它们的装饰价值也启发了玻璃化学家和化妆品制造商。

其实，许多其他海洋和陆地生物也拥有这种运输硅元素和制造玻璃的能力。人体也会输送硅元素，将其用于骨骼形成等过程中。

108　微生物群落　　活体标本

Bacillariophyceae
法国　巴黎
于 2016 年采集

城市微生物群包括存在于水坑、径流、雨水、排水沟、下水道、运河和河流中的所有微生物，这些水体可谓是城市的血管。对城市微生物群的研究让我们得以从整体的角度重新思考水的连续性。

简单地观察一下排水沟，结果会让你感到惊讶。我们当然会联想到烟头、垃圾、罐头、塑料等，更不用说各种动物的排泄物了。但仔细观察，你会看到颜色的渐变，从白色到黑色，中间是深浅不一的绿色和棕色。对街道排水沟的研究揭示了原核和真核微生物显著的生物多样性。

在原生生物（单细胞生物）类群中，我们能够观察到大量微藻，比如硅藻，通过扫描电子显微镜可以看到它的玻璃结构。

这些藻类的作用，以及更宽泛的城市共生功能体的作用还没有被很好地理解，但可以肯定的是，这些微生物多种多样，最重要的是，它们与城市环境的所有物理和生物成分不断地互动和彼此交换。

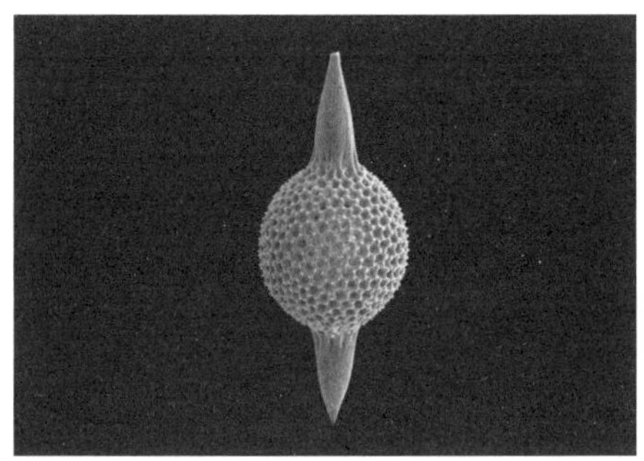

109　泡沫放射虫　　化石

海绵纺锤虫 *Spongatractus* sp.
罗马尼亚
距今 4500 万年（始新世）
0.4 毫米

维克多·雨果对于浮游生物“雪”的重要性有过精彩的描述，这些“雪”以白色泥浆的形式积聚在海底，人们在其中发现了无数种形状的结构，组合了球形、星形、三角形、鼓形和丝状。“可以说，汪洋之浩瀚始于无穷小”。谈到海洋中堆积的遗骸，他写道：“这个生物在做什么？它在水下建造了陆地。”诗人好像已经猜到了这些沉积物有一天会在高山之上被发现。他甚至走得更远：“天空中的星星比海里的纤毛虫还多。在天空中，多孔虫被称为太阳。”

这个海洋浮游生物微型动物园中的大多数物种都有硅质的内骨骼。它在营养丰富的地区大量繁殖，比如寒流上升的海域。

这些微生物不仅激发了诗人的灵感，还激发了建筑师的创作，尤其是新艺术主义的建筑师。例如勒内·比内为 1900 年世界博览会设计的入口大门，那是对一种放射虫的复制。安东尼·高迪在建造圣家堂时也受到了它们的启发。

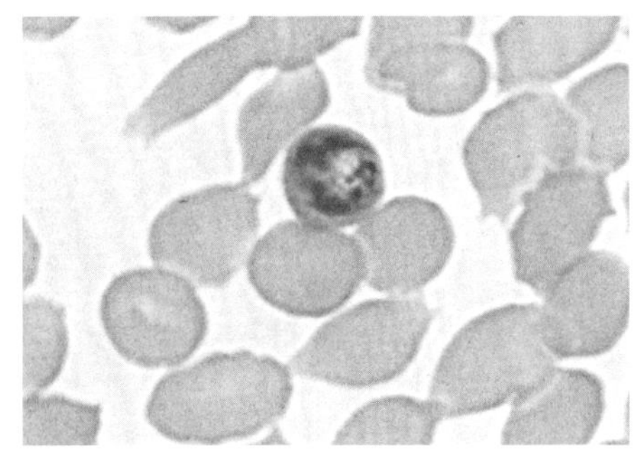

110　恶性疟原虫　　活体标本

Plasmodium falciparum
实验室内培养的恶性疟原虫 FcB1 株红细胞内期
哥伦比亚
2016 年
红细胞直径约 7 微米，寄生虫直径约 6 微米
MNHN-CEU-2016-0192

恶性疟原虫在世界范围内臭名昭著，因为这种原生动物寄生虫是最可怕的人类病原体之一，导致了最严重的疟疾类型。恶性疟原虫与其近亲间日疟原虫 *P. vivax* 及其他三个毒性较弱的物种三日疟原虫 *P. malariae*、卵形疟原虫 *P. ovale* 和诺氏疟原虫 *P. knowlesi* 共同栖身于整个热带地区的雌性按蚊体内，用疟疾威胁着世界上近一半人口。

你可以在图中那个直径仅 7 微米的红细胞内看到它，如此微小的生物如何能造成如此巨大的破坏？一方面，它们会周期性地（每 48 小时）、指数式地（每个周期产生 16 ~ 20 个受染细胞）大规模破坏人体内的红细胞；另一方面，它们还会迫使被寄生的红细胞产生黏附分子，黏附在各种人体组织上，堵塞血管，造成严重的功能障碍，从而致人死亡。

疟原虫难以防治，尽管体积很小，但它具有强大的适应能力，这使它能够逃脱迄今为止开发的所有抗寄生虫药物。经过 50 年的不懈努力，疫苗研发成功在望，但在这场与疟疾的战斗中，人类尚未取得最终的胜利。

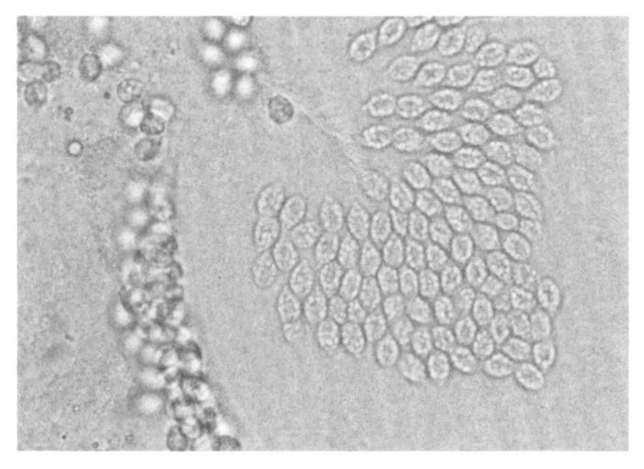

111　蒂泽衣孢虫　　活体标本

Lecudina tuzetae
从其宿主多色海蠕虫 *Hediste diversicolor* 的粪便中分离出来的蒂泽衣孢虫卵囊，在载玻片和盖玻片之间保持 2 ~ 3 天，在海水中观察其开裂情况
法国　罗斯科夫海洋生物站
2014 年
卵囊直径 117 微米，孢子长约 7 微米

蒂泽衣孢虫是一种生活在海洋中的簇虫，是恶性疟原虫的远亲，后者是引发人类疟疾的主要病原体。这两个物种都是顶复亚门 Apicomplexa 成员，顶复亚门是单细胞真核生物，寄生在几乎所有后生动物身上。它们共同的祖先在 8 亿年前，也就是著名的寒武纪大爆发之前，就与它们的姐妹群涡鞭毛虫分离开来。

虽然恶性疟原虫是最可怕的人类传染病病原体之一，可致其宿主死亡，但蒂泽衣孢虫似乎对它的宿主——多色海蠕虫没什么危害。蒂泽衣孢虫在宿主肠道中繁殖。像所有的单细胞寄生虫一样，蒂泽衣孢虫在其生命周期中会发生显著的形态变化。这里我们看到的是它最小的形式之一——孢子（7 微米），科学术语为囊合子。一个卵囊中包含数千个孢子——在这张图片中，你可以看到卵囊破裂的边缘——每个孢子又包含 8 个子孢子，子孢子被宿主摄入后能够导致新的感染。蒂泽衣孢虫的孢子能够在其繁衍生息的海洋沉积物中存活很长时间，从而确保它能够进入新的宿主，完成生物性传播。但其严格的宿主特异性意味着它们只会寄生在多色海蠕虫身上，因此对其他物种是无害的。

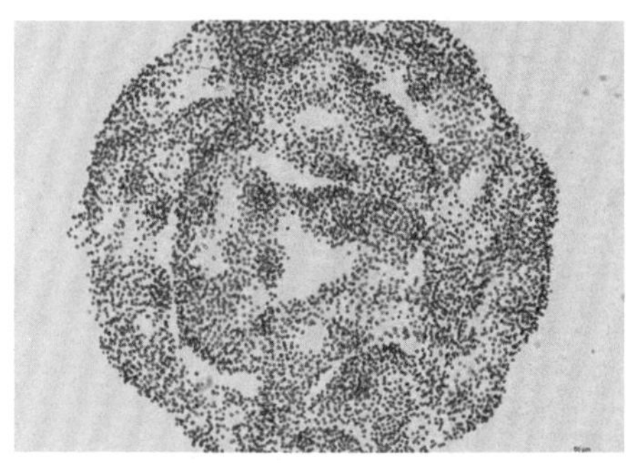

112　微囊藻　活体标本

Microcystis
法国　法兰西岛大区　马恩河畔香榭　萨布利埃湖
2012 年采集并分离
细胞 1 ~ 3 微米；菌落可达 200 多微米
MNHN-PMC-2012-821

蓝细菌是进行光合作用并释放氧气的特殊细菌。

15 亿年前，一部分蓝细菌与一个含有线粒体的祖先细胞建立了共生关系，从而产生了包括藻类和绿色植物在内的绿色生物（Chlorobionta）。这些蓝细菌变成了叶绿体，即光合作用发生的场所。此外，蓝细菌与各种不同细胞结合的其他内共生事件，则产生了其他光合生物类群，如红藻、褐藻、甲藻等。

微囊藻细胞呈球形，可以聚集成数千个细胞的群落。由于细胞内具有充满气体的囊泡，它们会漂浮在水面上，形成肉眼可见的藻华。

在某些条件下，蓝细菌可能对环境和人类健康有害。微囊藻正是如此，它的大量繁殖能够深刻改变水生生态系统的功能。此外，它还能产生毒素，大量摄入会导致中毒（呕吐、肠道问题）。休闲场所的水体有时会受到这些藻华的污染，因此当蓝细菌或毒素浓度超过规定值时，会限制这些水体的利用。

113　节旋藻　活体标本

Arthrospira
坦桑尼亚　纳特龙湖
2018 年采集并分离
细胞 3 ~ 7 微米 × 9 ~ 12 微米；丝状体 170 微米到 2 毫米以上
MNHN-PMC-2018-1041

节旋藻属物种生活在不同的盐度条件下，大多可见于含盐、碱性、富含矿物质的湖泊和水库中。

节旋藻属于蓝细菌，由细胞构成，这些细胞连成长串，形成螺旋或盘绕的丝状，因此其学名中包含“spira”一词，意为“螺旋”，也被称为螺旋藻。

蓝细菌能够产生各种各样的分子，用于药理学、医学或食品。例如，节旋藻含有大量抗氧化蛋白质，并含有丰富的维生素和脂肪酸。许多国家大量养殖节旋藻，并将其制成各种形式（粉末、胶囊、片状）的膳食补充剂销售。

人们很早就已经认识到节旋藻的这些特性，生活在中非乍得湖周边的一些人会采集湖中的节旋藻，在沙地上晒干，做成薄饼食用。今天，在联合国粮食及农业组织（FAO）和欧盟的协助下，许多国家启动了螺旋藻项目，在池塘中养殖的这些蓝细菌成为当地对抗营养不良并推动经济发展的新物产。

114　极北海带　鲜切片

Laminaria hyperborea
法国　芒什省　巴讷维尔 - 卡特雷
1997 年采集
直径 1.6 厘米
人工着色为俾斯麦棕色
历史图书馆（Deroin 127A3）

这种褐藻有一个看起来像微型树干的柄，且像树木一样有年轮。

在英吉利海峡和大西洋沿岸，极北海带组成了水下森林。这些多年生的大型藻类通过爪状固着器附着在岩石上。它们的柄很硬，呈圆柱状，支撑着宽大灵活的叶片朝着光线摇曳。在显微镜下，我们可以在其横切面上区分出吸收光能的外层、由运输物质的细丝组成的核心，以及支撑器官的中间区域。

它的柄与树干相似，但结构迥异，没有输送水分的导管。褐藻与植物相去甚远，但演化能够造就某些相似之处，这种相似性并不能说明它们之间有亲缘关系。

海带兼具强度与韧性，这是由于它们的细胞壁中含有植物凝胶。这种化合物的衍生物——海藻酸，对于某些工业应用必不可少，而且不能被人工合成品替代。因此，为了避免过度开发，以及监测气候变化的影响，有必要保护海带种群。

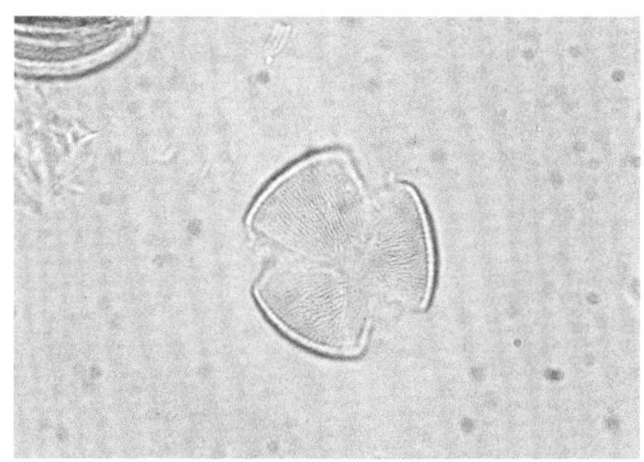

115　槭树花粉粒　活体标本

Acer sp.
直径 20 微米

孢粉学是研究古今植物发出的孢子、花粉的学科。每种植物产生的花粉都具有该物种特有的形态特征（大小、形状、纹饰、孔径、膜的内部结构等）。这种花粉与植物的关系也可以应用于古生物学，因为花粉膜可以在土壤中保存数十万年。对沉积物标本中的花粉含量进行系统计数，可以提供关于植被组成变化和演变历史的宝贵信息。

使用透射光学显微镜拍摄这种花粉粒，可以观察到我们肉眼看不见的形态特征，从而有可能确定发出花粉的植物。图中这种花粉粒表面具有条纹和三道宽而深的沟槽，因此被鉴定为枫树产生的花粉。

它与来自橡树、椴树、白蜡木等植物的花粉粒一起，构成了一个花粉谱，其组成让人想起以大型落叶乔木为主的植被。这种树木繁茂的景观类似于今天温带地区的森林，这意味着这些花粉是在温暖潮湿的间冰期形成的，这是最适合这些树木生长的气候条件。因此，这个花粉组合反映了当时的植被景观，加上科学推断，甚至可以大致复原当时的气候条件。

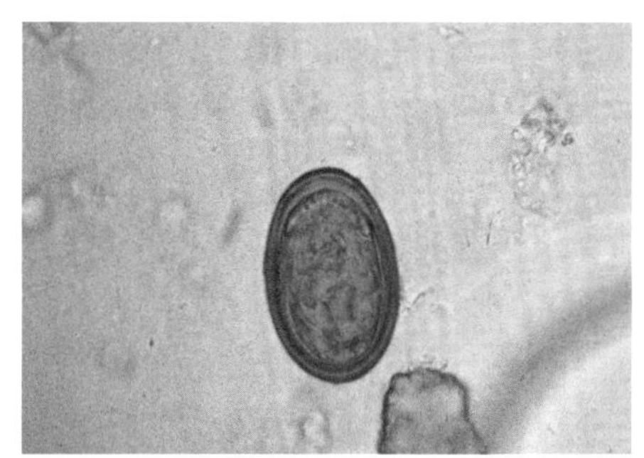

116　双腔吸虫的卵　活体标本

Dicrocoeliidae
采集自刚果民主共和国博洛博地区收集的倭黑猩猩粪便
保存在 10% 的福尔马林溶液中
43 微米 × 25 微米

对大量个体进行肠道寄生虫长期研究可以让我们更好地了解宿主动物面临的健康风险，从而促进对该物种的保护。

这张分析野外倭黑猩猩 *Pan paniscus* 粪便的照片展示了一种肠道寄生虫的卵，这是属于双腔吸虫科的一种吸虫，仅从照片无法确定属和种。不过，该科的所有寄生虫都以昆虫为中间宿主，尤其是蚂蚁，倭黑猩猩可能是有意或无意间吃掉了带寄生虫的蚂蚁而受到感染。

这类寄生虫中最著名的当属枝双腔吸虫 *Dicrocoelium dendriticum*，在法国，它会出现在绵羊体内。枝双腔吸虫需要依赖三个不同的宿主来完成整个生命周期：随粪便排出的卵在软体动物体内传播并发育，发育至中间阶段（称为尾蚴）后排出并被蚂蚁吞食；尾蚴在蚂蚁体内发育成囊蚴，停留在神经节附近，导致蚂蚁上颚痉挛，被困于草叶上，这增加了蚂蚁及其体内寄生的囊蚴被羊吃掉的机会，有助于寄生虫进入终末宿主体内，从而完成生命循环。

117　黄花马拉芹种子　干标本

Malabaila aurea
希腊　伊泰阿　变形修道院
2000 年
1 厘米 × 0.9 厘米
MNHN-JB-579555

1822 年，在当时的农业和园林栽培主任安德烈·图安的倡议下，博物馆建立了种子库，其中包含两大类收藏。

一类是种子及果实收藏库，汇集了数代博物学家在各大洲旅行时带回的具有自然遗产和科学价值的种子和干果，旨在供研究人员进行专业分析。

另一类则是种子银行，汇聚了全国范围内种类最丰富的活种子库存。这些种子是科学家在执行科研任务期间采集的，旨在不断用新物种丰富库存并确保野生植被的原真性。它们被保存在冷库中，以保证其在几十年后仍能发芽。这些种子的名录会提供给世界各地的 1250 位通讯员，以便机构之间进行种子交流。

为了补充库存并培育幼苗，从而维护植物园的植物遗产，工作人员也从种子库种植的植株上采集新的种子来充实种子银行。

黄花马拉芹 *Malabaila aurea* 是一种伞形科 Apiaceae 的草本植物，它的名称是为了致敬埃马纽埃尔·马拉拜拉·冯·卡纳尔伯爵。

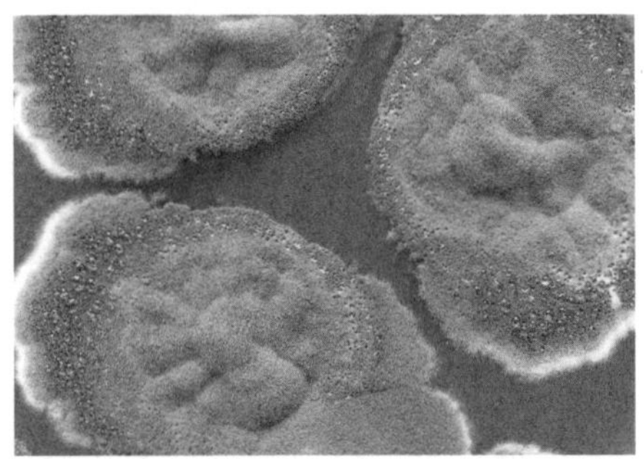

118　产紫篮状菌　活体标本

Talaromyces purpurogenus
蜂蜜
中国
在查氏酵母膏琼脂培养基上培养 6 天
比例尺：1 厘米 =0.4 厘米
MNHN-RF-04196

在大众的想象中，“蘑菇”一词与一些会在秋天撑起华丽伞盖的森林物种联系在一起。产紫篮状菌也是一种蘑菇，同样美丽，但是更低调，也更娇小。

这种极为精致的蘑菇是一座名副其实的化学工厂：它能够产出鲜艳夺目的红色颜料和其他许多难以察觉的化学物质。

这些微小的生物体通常被称为霉菌，它们在食物或其他的潮湿环境中生长，能够分解食物、破坏环境，令人生畏。无论大小，真菌都具有一个共同点，那就是由细丝构成的菌丝体，它们通过菌丝体来摄入营养物质。

还有一类单细胞真菌，即酵母，其中最著名的是酿酒酵母 *Saccharomyces cerevisiae*，可以用来做面包或酿酒。一些寄生真菌能够在单细胞态和菌丝态之间交替，单细胞态更易于在液体中扩散，菌丝态则可在固体基质中固定。

真菌既不是植物，也不是动物，但更接近动物。

119　灰葡萄孢　活体标本

Botrytis cinerea
覆盆子
法国
长 8 ~ 12 微米（椭圆形孢子）
MNHN-RF-05635

灰葡萄孢是一种寄生真菌，感染植物后可能导致疾病，也可能产生一种受欢迎的腐烂现象。

这种真菌会导致“灰腐病”，当湿度非常高时，会损害多种可食用的作物，例如葡萄、草莓或西红柿。但在一种特殊的情况下，即生产含糖量较高的甜葡萄酒时，它可以将葡萄酒的品质提升到“贵腐”级别。它会刺破葡萄皮，使果实中的水分蒸发出来，提高糖分的浓度，并通过浸渍作用使葡萄酒产生香气。

腐烂是有机物分解的结果，这是这种真菌的主要功用，它通过分解有机物来养活自己。由于与有机物的硬度、外观或味道的改变相关联，“腐烂”这个词听起来很负面，掩盖了真菌在生态系统运作中的重要作用。唯有真菌与细菌能够分解被暴风雨摧毁的树木和秋天掉落的树叶中的复杂分子。

120　霉菌培养　活体标本

曲霉 *Aspergillus*、青霉菌 *Penicillium* 和拟青霉 *Paecilomyces*
培养皿中的食物环境
法国
在 DG18（氯硝胺甘油）琼脂上培养 10 天
直径 9 厘米

这幅活的马赛克画是几种霉菌共同的作品，其构图是它们为生存而竞争的结果。

在我们的想象中，“霉菌”一词代表的是导致食物变质的微小真菌。霉菌没有眼睛或耳朵，但能够感知周围的环境、其他生物、有营养或有毒的分子、气体、光线，甚至物体表面是否光滑平整。

因此，在图中拍摄的培养皿中，生长着用含糖食品培养出来的霉菌，每种霉菌都在保卫自己的领地，不管彼此有没有接触：有些彼此相安无事，有些则侵占了邻近的菌落，比如黑色霉菌侵入了蓝色菌落，最后，有些菌落之间留出了空隙，阻止其他菌落的扩张。这种分布取决于培养皿中的菌种、它们的生长速度，以及它们在竞争空间和食物方面的复杂交流。为了保护和捍卫自己，霉菌能够产生毒素、酶和其他化学物质，或者筑起一道不可逾越的物理屏障，甚至寄生在同类身上，这就是所谓的重寄生现象。

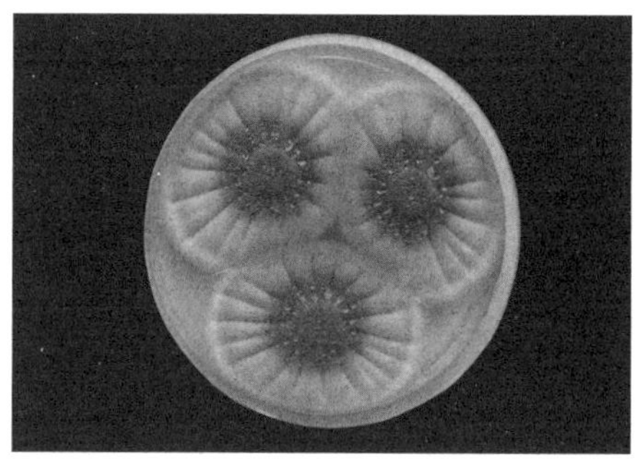

121　娄地青霉　　活体标本

Penicillium roqueforti
培养皿中的奶酪
法国
在查氏酵母膏琼脂培养基上培养 6 天
直径 9 厘米
MNHN-RF-06094

你可能已经遇到并品尝过这种霉菌：它被用于生产某些奶酪，如罗克福干酪或戈贡佐拉奶酪。

娄地青霉被用于生产蓝纹奶酪，是人类驯化微生物的一个例子。驯化是一个适应过程，是人类为了选择想要的性状而有意或无意间与野生物种相互影响的结果，典型的例子包括将墨西哥类蜀黍驯化成玉米，以及将狼驯化成狗。

鉴于真菌倾向于素食，乳制品并非真菌的天然基质，娄地青霉的驯化显然是对以奶酪成分为食的适应。驯化结果是娄地青霉获得了与牛奶中的蛋白质（酪蛋白）和脂肪转化相关的基因组区域，而在苹果或柑橘等非乳制品基质上生长的其他青霉菌基因组中则完全没有这些基因。到目前为止，尚不清楚这些基因到底是从什么物种中转移而来。

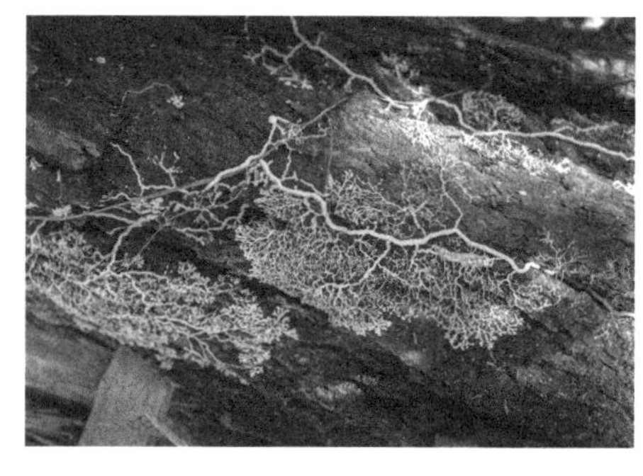

122　多头绒泡菌　　活体标本

Physarum polycephalum
美国　威斯康星州 / 英国　莱斯特
1 ~ 30 000 平方毫米

多头绒泡菌不是动物，不是植物，也不是真菌，它是一种被归入黏菌纲 Myxomycetes 的能变形的生物。这种生物由具有多个细胞核的单细胞组成，可以用肉眼看到，因为它面积较大，有时可达几平方米。而这还不是它最与众不同的特点。

最神奇的是，尽管没有神经中枢，多头绒泡菌也能解决研究人员交给它的问题——例如，找出迷宫中最短的路径，从过去的经验中学习，判断一种物质是否对它有害，甚至与“同伴”分享它学到的东西。它没有四肢，但能缓慢移动；没有嘴和胃，但可以摄取食物；没有性器官，但却表现出不少于 720 种性类型。

如果条件变得不利，它就会以菌核的形式休眠，可以存活数年之久，等待情况好转时再“苏醒”。

多头绒泡菌在世界范围内（南极洲除外）已经存在了数亿年，挑战了人类对于智慧和个性的定义，质疑了适应地球环境所需要的必要生命条件，为应用科学和基础科学提供了无限的视角。

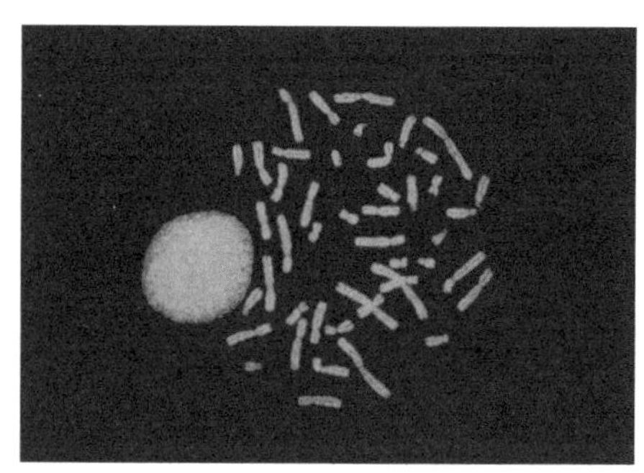

123　人类染色体

Homo sapiens
75.65 微米 × 75.65 微米

人类这个物种是单调的：基于 DNA 测序的遗传学研究表明，与其他近缘物种相比，我们这个物种缺乏遗传多样性。

基因组是遗传物质的集合。在我们的细胞中，它位于细胞核中（图片左侧的圆形）。基因组在显微镜下显示为两种形式：弥散的染色质和凝聚的染色体。染色体是由 DNA 和蛋白质组成的棒状物，人类有 46 条、共 23 对染色体。当细胞分裂时，弥散的基因组首先复制，然后缩聚成染色体（图片右侧）。之后每条染色单体分别进入两个细胞。我们人类以及所有拥有细胞核的生物体都具有这样的共同特征。

DNA 由四种脱氧核苷酸（A、C、T、G）组成的巨型长链构成，这些脱氧核苷酸是 DNA 的基本单位。智人的基因组由 30 亿个核苷酸组成。这些脱氧核苷酸的排列顺序尤为重要，就像文本中的字母一样。这种序列在不同的两个人身上几乎是相同的，他们的 DNA 序列中只有千分之一的脱氧核苷酸位点是不同的。因此，每个人都是独一无二的，但人与人之间的差异却很小。

机遇、选择、地理、文化都会影响人类的演化。

124　奎宁

晶体

Quinine
长 600 ~ 800 微米，宽 100 微米
MNHN-CH-SC-2020-2574

金鸡纳树皮被南美洲（秘鲁）的印第安人用作补药和退烧药，且已经证实对治疗疟疾有效。

疟疾是由寄生性原生动物疟原虫引起的流行性传染病，16 世纪随着西班牙征服者和大西洋三角贸易传入新大陆。随后，这种能够对抗疟疾的药物以“耶稣会士粉”的名义被带回欧洲。两位法国药剂师兼化学家约瑟夫·佩尔蒂埃和约瑟夫·卡文图对金鸡纳树皮进行了分析，并于 1820 年分离出活性成分——奎宁。奎宁可以遏制疟原虫的繁殖。

今天，奎宁仍被用于治疗重症疟疾患者，但不再用于预防。自 20 世纪中叶起，人们就开始制备更便宜的合成类似物来替代奎宁，如间苯二酚，1946 年更名为氯喹。尽管具有一定的毒性，氯喹仍是世界上应用最广泛的抗疟药物，直到疟原虫对它产生抗药性。但关于奎宁的故事并未完结：2020 年，一些医生建议将其用于治疗新型冠状病毒感染，引发了新的医学争论。

奎宁还以极低的剂量（低于 100 毫克 / 升）被用于印度汤力水等饮料中，因为它具有苦味，能够提神醒脑，而在某些夜总会的紫外灯照射下还能发出诱人的荧光！

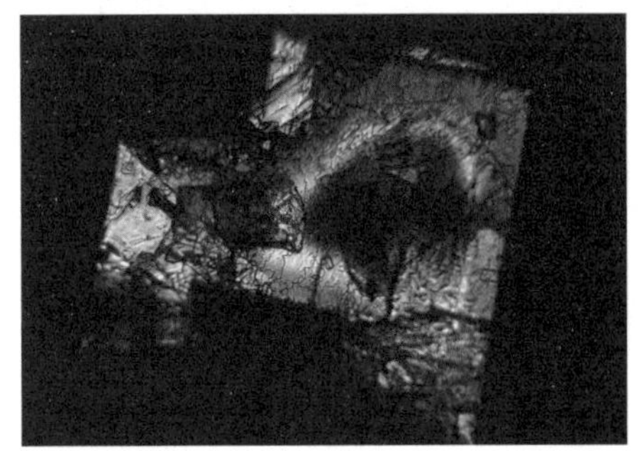

125　胆固醇

晶体

Cholestérine
长约 1 毫米
MNHN-CH-SC-2020-2563

1814 年，米歇尔·欧仁·谢弗勒尔从胆结石中分离出一种纯净的结晶物质，将其命名为“胆甾体”（cholestérine，源自希腊语，意为“胆汁的固体部分”）。他测定了这一物质的成分比例（碳、氧和氢的百分比）和物理化学性质。由于该物质具有醇的官能团，后来被更名为胆固醇（cholestérol）。

胆固醇的化学式（$C_{27}H_{46}O$）直到 1888 年才确定。许多化学家致力于弄清楚它的化学结构，1954 年，约翰·沃卡普·康福斯和罗伯特·伯恩斯·伍德沃德完成了这一壮举。对胆固醇的化学、生物学和药理学研究已经催生了十七个诺贝尔奖！

关于胆固醇是“好”还是“坏”这个问题，并没有明确的答案，但毋庸置疑的是，它是一种对我们的身体至关重要的分子，参与了细胞膜的构成、维生素 D 的合成、激素和胆汁酸的合成。人体三分之二的胆固醇由肝脏产生，其余的来自我们的饮食，由两种蛋白质在体内运输：低密度脂蛋白（LDL）和高密度脂蛋白（HDL），前者将胆固醇分送到各器官，后者将剩余的胆固醇带到肝脏排出。过多的低密度脂蛋白往往被误称为“坏胆固醇”，它们会增加形成斑块的风险，这些斑块会堆积并堵塞动脉，酿成疾病。

图 52

VI

史前遗存

MONDE PRÉHISTORIQUE

人作为一个物种出现在距今 30 万年前，史前史关注的是自人类出现以来，到中东地区出现文字的这段时期，也就是公元前 3300 年以前的人类史。此后，人类开始记录那些创造历史的文明。

除此之外，我们的史前考古对象也包括了可与我们的祖先繁衍生育后代的其他古人类，如尼安德特人或丹尼索瓦人，这将史前史回溯至 60 万年前。还有些说法认为，史前史应从 280 万年前人属物种出现算起；另一些说法则认为应从 330 万年前第一件切割石器出现算起。

过去，人们更多地谈论“人类古生物学”。尽管史前史的年代界限存在争议，但“史前史学家”一直都致力于研究史前人类遗骸、相关的动植物遗骸遗迹、史前人工制品，以及在史前人类居址发现的文化遗存及符号学证据。

图 53

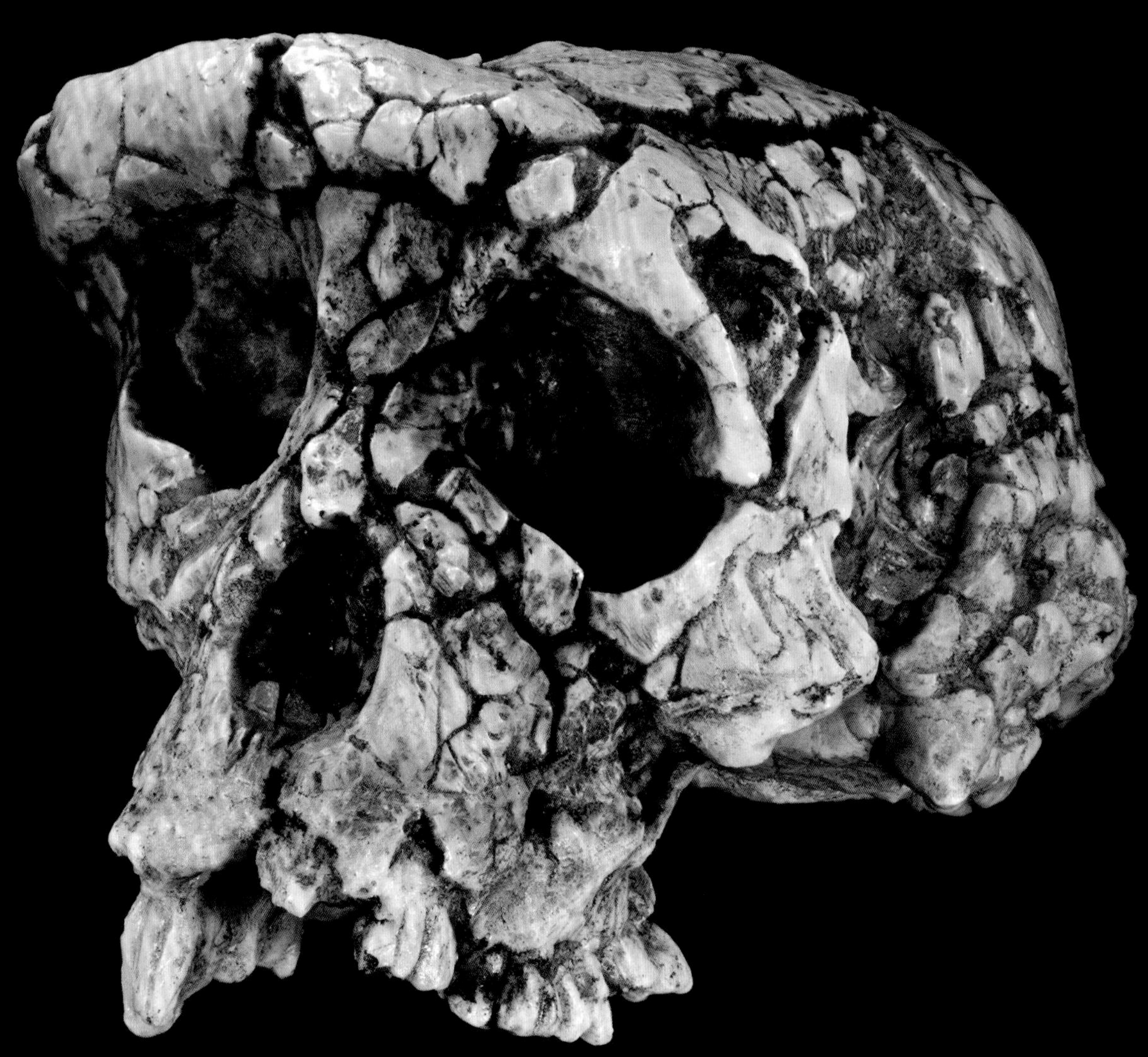

图 54

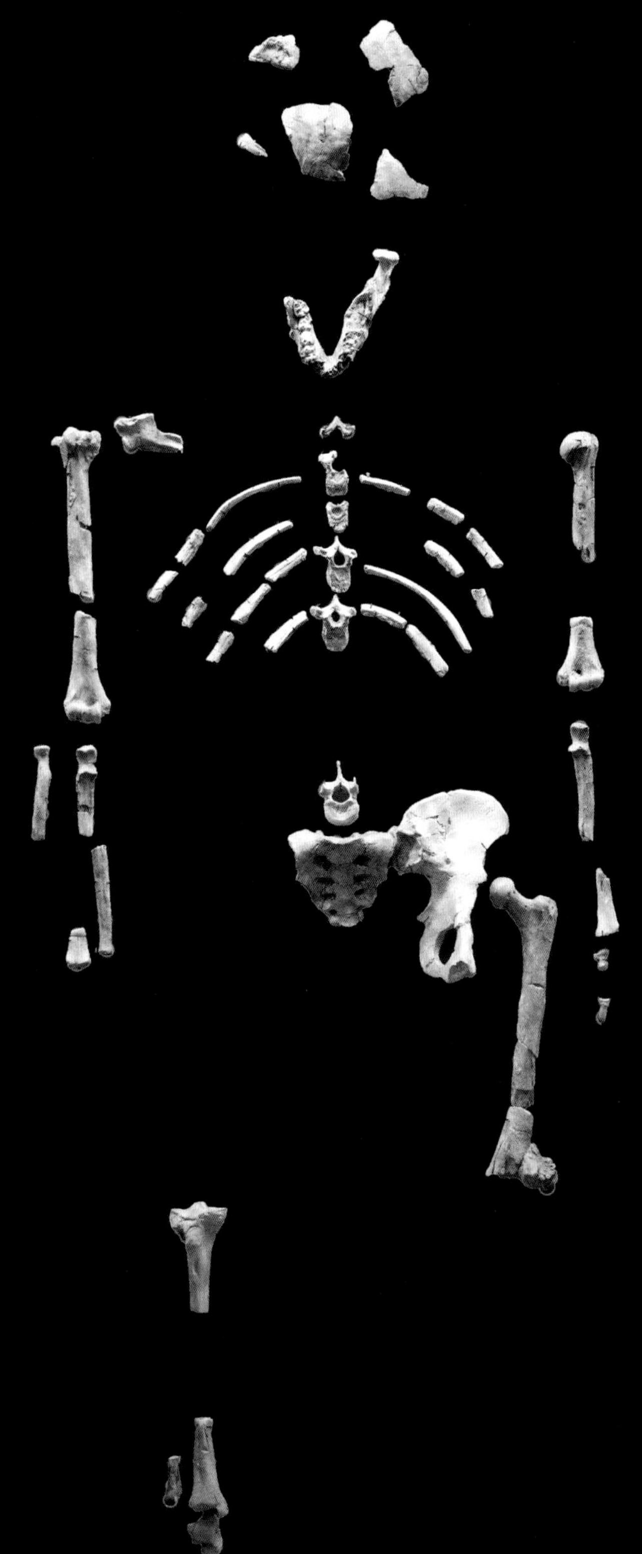

图 55

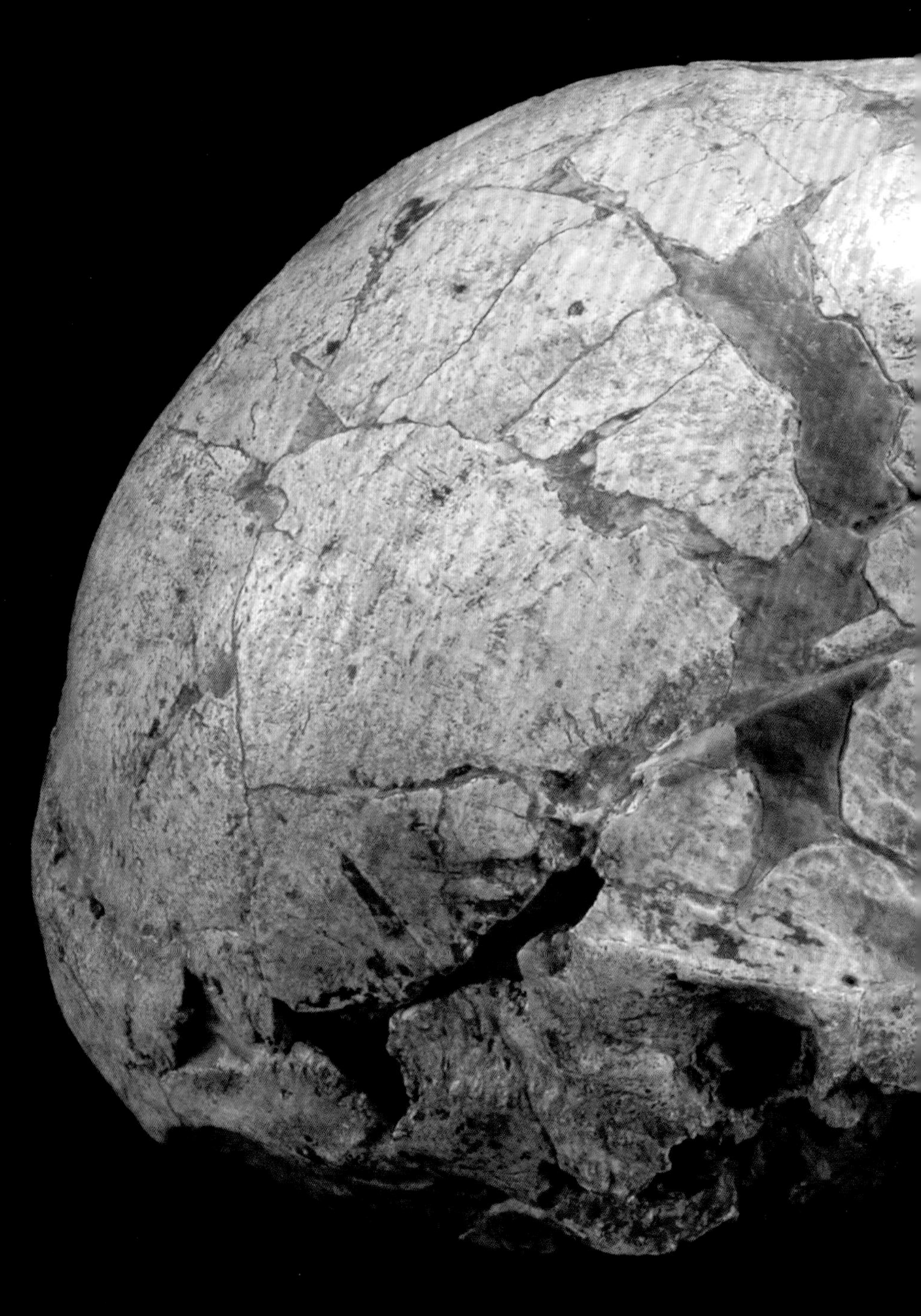

图 56

图 57

图 58

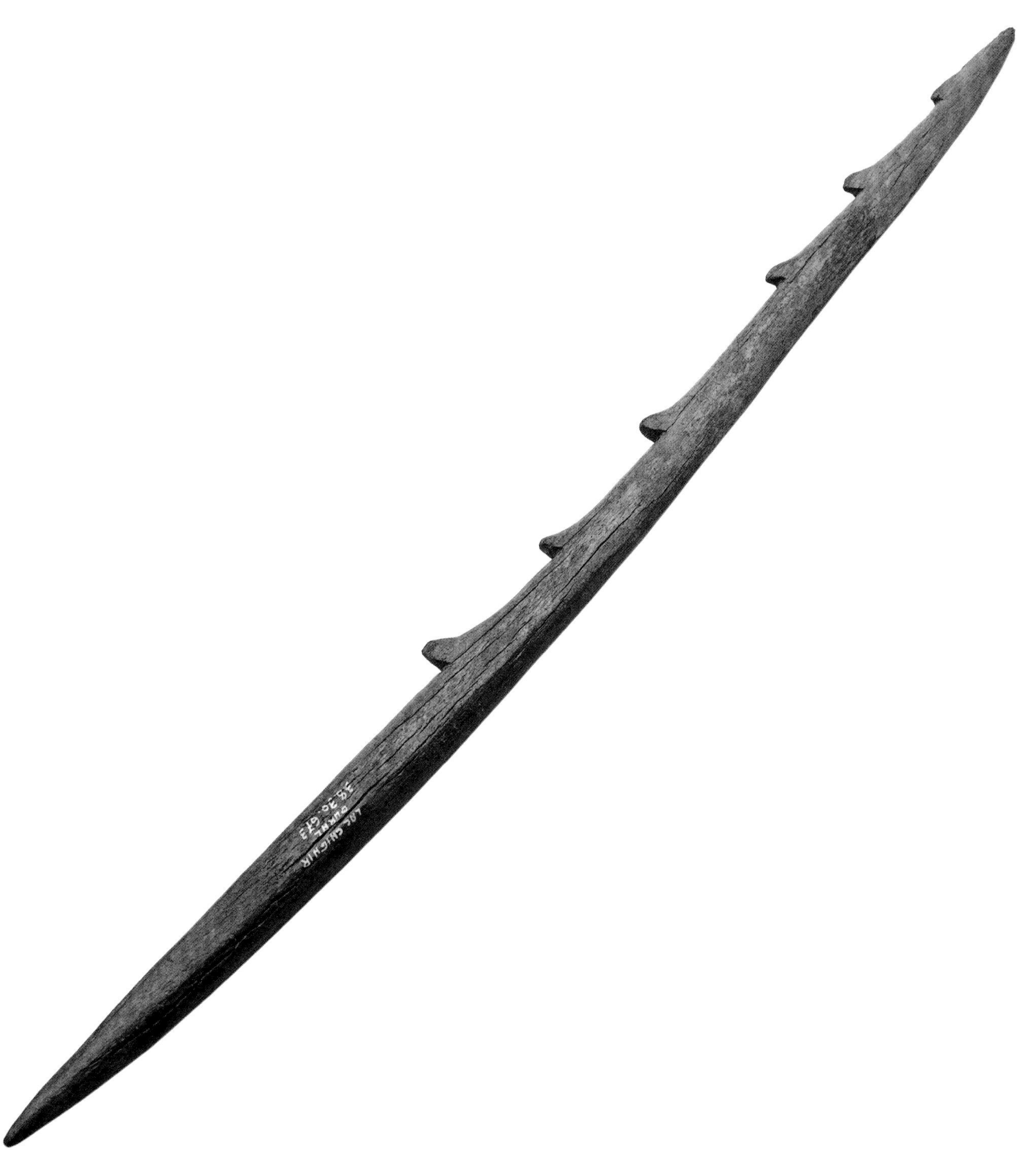

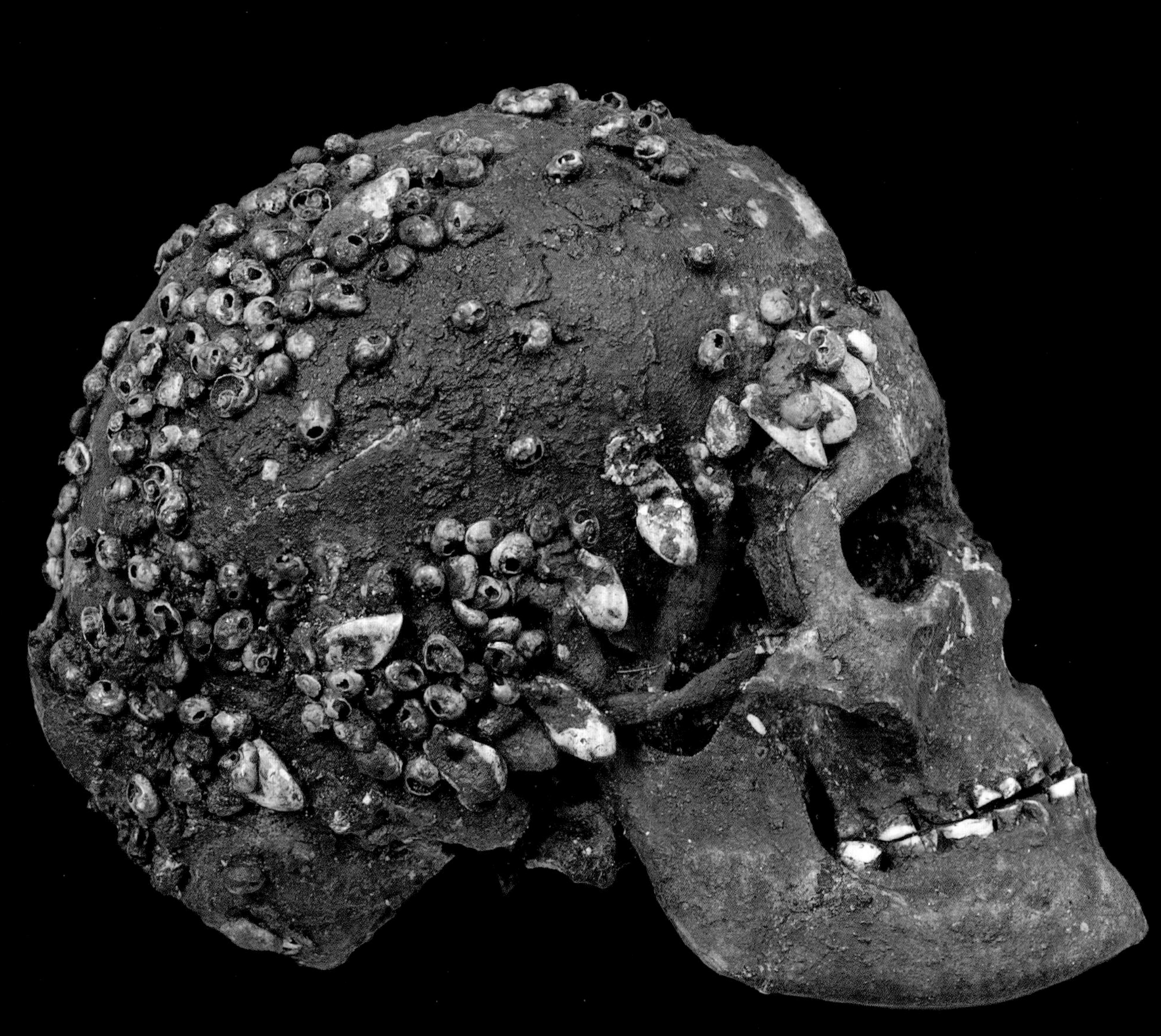

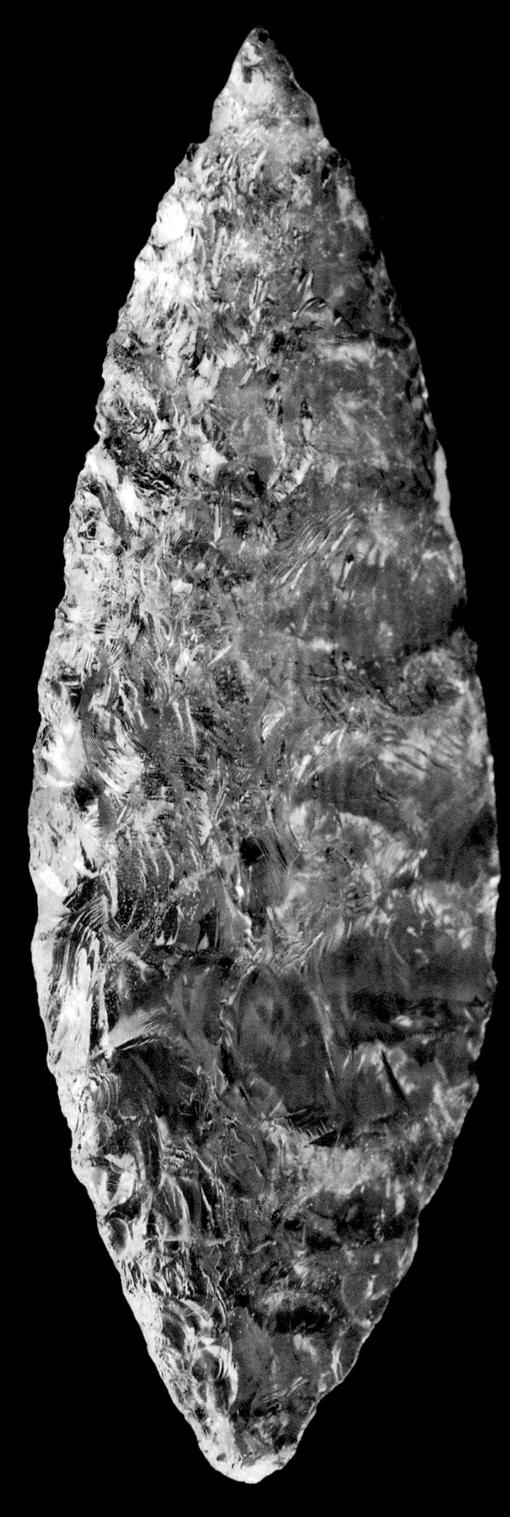

图 59

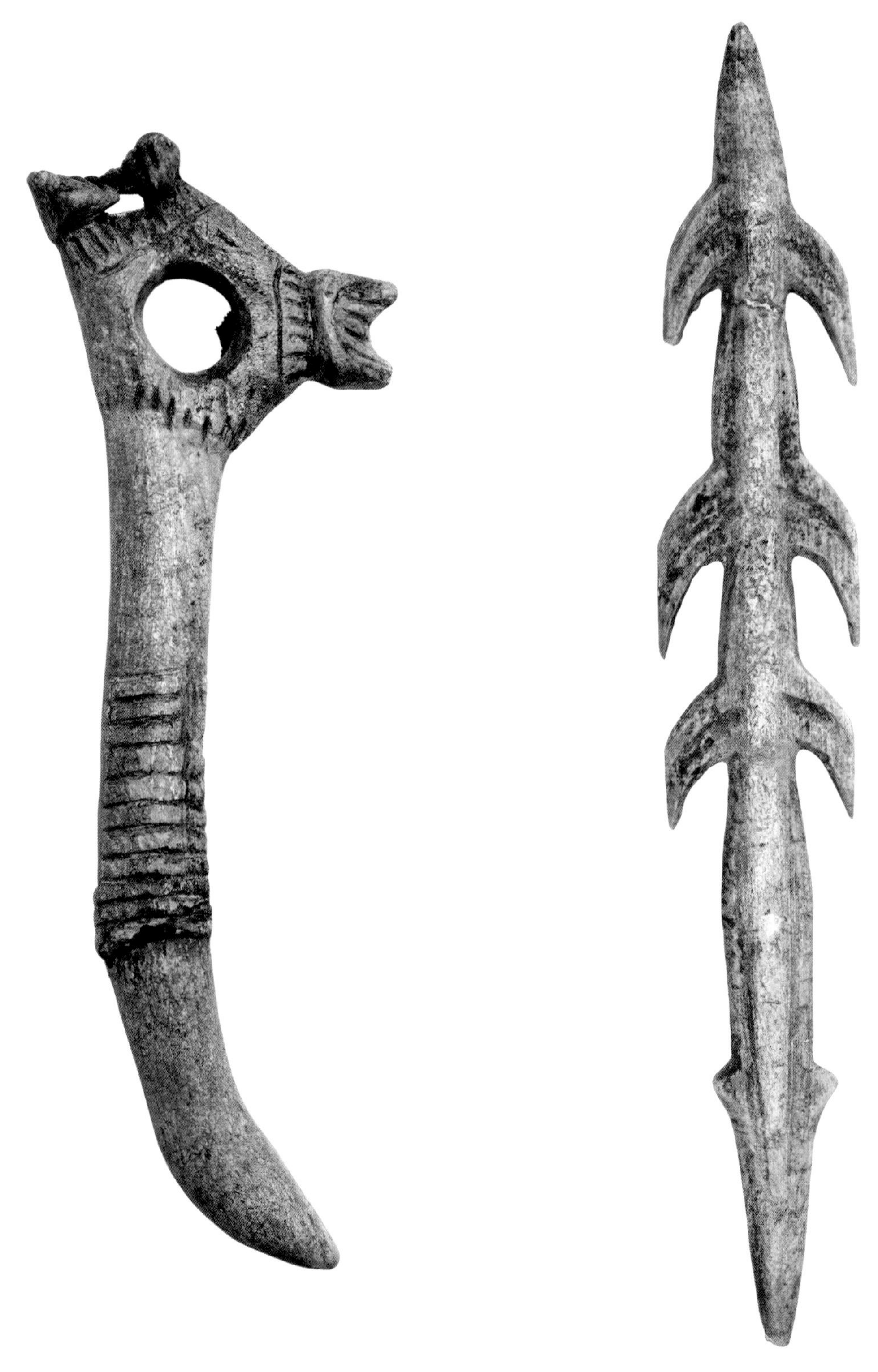

138—139

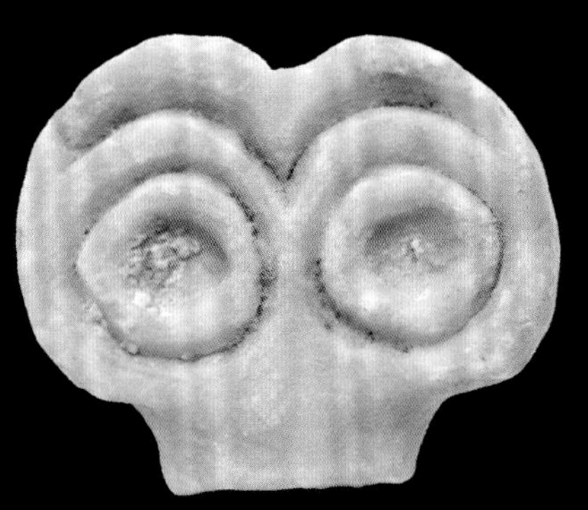

图 60

146—147

图 61

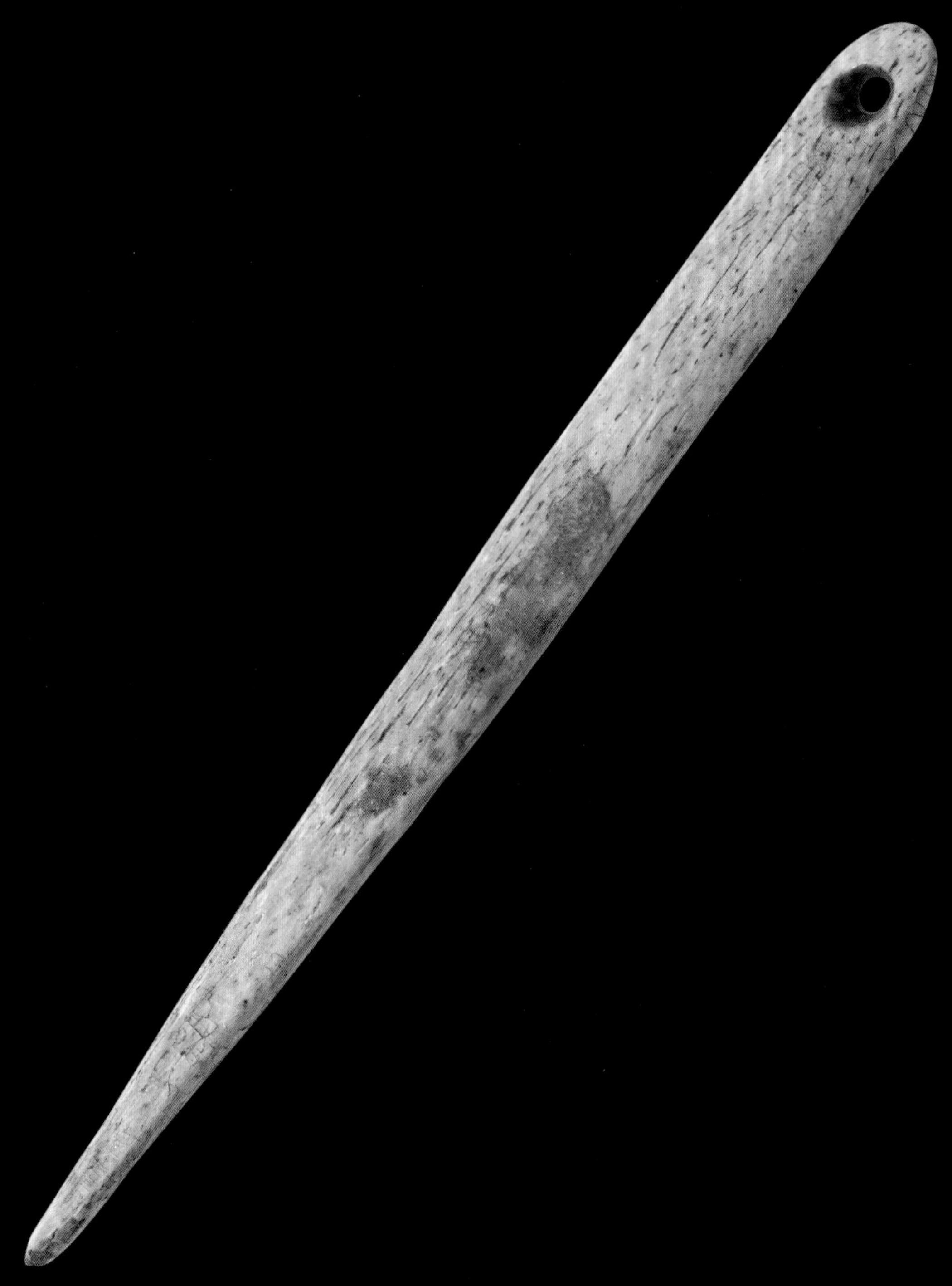

图 62

史前遗存

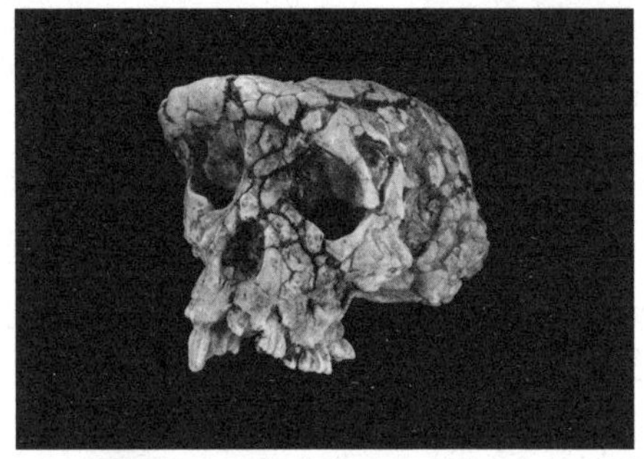

126　图迈（乍得沙赫勒人）　　头骨模型

Sahelanthropus tchadensis
乍得　朱拉卜沙漠　托罗斯 - 梅纳拉地区
距今 700 万年（中新世）
10 厘米 × 18 厘米 × 10.2 厘米

“图迈”在乍得戈兰语中意指“生命的希望”。图迈的头骨是米歇尔 · 布吕内的团队在 2001 年的一次地表踏勘中发现的，同时找到的还有几颗牙齿和一块股骨碎片。发现头骨的地方位于东非大裂谷以西 2500 千米处，离以往的化石发现地很远。这些化石的年代可以追溯到 700 万年前，它们的主人图迈堪称“最古老的人类”。头骨被发现时已经碎了，但所有碎片都保存完好，因此能够修复。结果表明，乍得沙赫勒人的脑容量并不比黑猩猩更大。

枕骨大孔与脊柱相接的位置是揭示个体行走模式的一个重要特征。如果这个位置位于颅底后方，则脊柱的位置靠后，个体应该主要以四肢着地的方式移动；如果这个位置靠前，则脊柱在头骨下方，个体更可能双足直立行走。根据修复的图迈头骨，可以得知其枕骨大孔的位置靠前，这表明图迈是直立行走的。目前，对其股骨的研究正在进行，预计将确认这种行走模式[1]。

图迈曾生活在水源附近，周围是森林和草原。他吃成熟的水果和柔软的叶片，也吃较为坚硬的坚果和根茎。

127　阿法南方古猿“露西”　　骨骼模型

Australopithecus afarensis
埃塞俄比亚　阿法尔地区　哈达尔
距今 320 万年（上新世）
1.30 厘米 × 0.50 厘米（碎片拼装）

得益于媒体对在埃塞俄比亚发现的两具骨骼化石的广泛报道，阿法南方古猿成为最知名的化石人种之一。“露西”出土于 1974 年，这个名字取自披头士乐队的歌曲《露西在缀满钻石的天空》。她生活在距今 320 万年前，死时仅 20 岁左右，全身骨骼的 40% 得以保留。

2000 年，人们又在埃塞俄比亚的迪基卡发现了另一具骨骼化石，经测定有 330 万年的历史，这是一个淹死在阿瓦什河中的 3 岁女童，被命名为塞拉姆（Selam，意为“和平”）。

在坦桑尼亚莱托利的一处火山灰地层中，人们还发现了同样属于该化石人种的三个个体的脚印，同时发现的还有其他动物的脚印。这些痕迹得以保存要归功于一连串小概率事件的发生：先是火山喷发，然后下雨，在雨中人类和动物（长颈鹿、珍珠鸡等）留下了脚印，雨后强烈的阳光把脚印烘干并使其硬化，接着火山灰覆盖了脚印，将其保存下来，让今天的我们得以观察到这些三百万年前的痕迹。

这些痕迹表明，这些南方古猿以摇摆的步态直立行走，胳膊和腿部的关节显示他们可以爬树。从雨林到大草原，他们生活在多样的环境中，以禾本科植物、多汁植物、昆虫和其他小动物为食。

译者注

1. 2022 年 8 月 24 日，英国《自然》（*Nature*）杂志在线发表的沙赫勒人股骨及尺骨最新研究表明，沙赫勒人确实为双足直立行走，但上肢也表现出适合爬树的特征。
2. 傍人是人科人族傍人属 *Paranthropus* 的双足行走人种，在约 270 万年前出现。
3. 目前尚未在非洲以外的地区发现能人化石，能人曾经走出非洲的假说并不为大多数古人类学家所接受。争论的焦点在于如何解释像亚洲弗洛里斯人这样身材矮小的化石人种的来源，他们具有许多比直立人更加原始的特征，因此猜测其可能是比直立人更加原始的能人后代。
4. 原文的 Salamandre 和 triton 是法国对蝾螈科 Salamandridae 下两大非正式类群的统称，前者指的那些尾部呈棒状、皮肤光滑、倾向于陆栖的蝾螈，包括真螈属 *Salamandra*、伸舌螈属 *Chioglossa*、小默螈属 *Mertensiella* 和吕西亚螈属 *Lyciasalamandra*，后者指尾部扁平、皮肤粗糙、善于游泳的蝾螈，包括蝾螈科下其余各属，为方便理解分别译为真蝾螈和水螈以作区分。

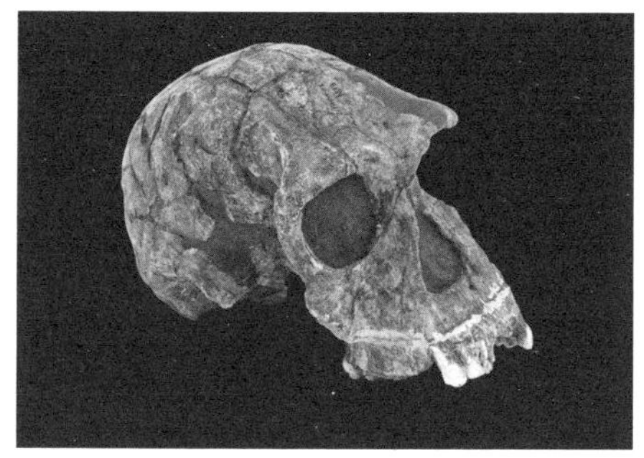

128　能人　　头骨模型

Homo habilis
KNM ER 1813
肯尼亚
距今 280 万至 144 万年（上新世—更新世）
11.6 厘米 × 11.8 厘米 × 17.1 厘米
MNHN-HA-29046

1959 年，路易斯 · 利基的团队在坦桑尼亚的奥杜瓦伊峡谷发现了第一批能人骨骼化石。与这些遗骸一起被发现的还有一些工具，他们因此得名“能人”，意为“手巧的人”。

大约 280 万年前，在气候变化的背景下，人属的第一个代表人种出现了。能人出现在东非和南非，与包括傍人[2]在内的其他化石人种共存，证实了人类的谱系也曾枝繁叶茂。

能人是两足直立人种，可以长距离行走。他们的身高在 1.30 ~ 1.50 米之间，体重接近 32 千克，头骨更圆，大脑明显比南方古猿更大。

能人似乎还没有掌握语言，但这并不妨碍他们通过交流来传递知识。他们通过直接敲击的方式来改变卵石或石块的形状，用以制作工具。我们已经知道最古老的工具可以追溯到 330 万年前，但制作这些工具的究竟是谁尚不清楚。能人是杂食性的，能适应各种环境，他们应该会捡食腐烂的动物尸体或残骸，因为没有发现明显的狩猎痕迹。能人可能是第一个走出非洲的人属成员，因此被认为是地球上几乎所有现代人类的祖先[3]。

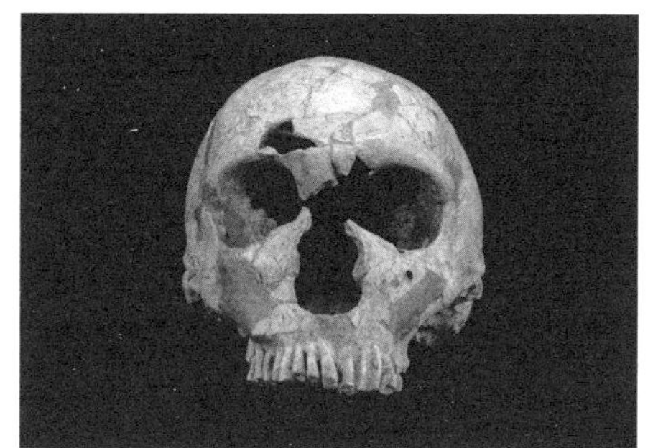

129　尼安德特人费拉西 1 号　　头骨化石

Homo neanderthalensis
法国　多尔多涅省　萨维尼亚克 - 德米尔蒙　费拉西岩厦
晚更新世（旧石器时代中期 / 莫斯特文化）
14.5 厘米 × 16 厘米 × 24 厘米
德尼 · 佩罗尼和路易 · 卡皮唐于 1909 年发掘
1953 年入藏本馆
MNHN-HA-23645-2

1909 年，德尼 · 佩罗尼和路易 · 卡皮唐在多尔多涅省的费拉西岩厦进行挖掘时发现了费拉西 1 号的头骨。这是已知最完整的成年尼安德特人化石之一，其生活年代近期被确定为距今 4.7 万 ~ 4.2 万年之间。

该头骨保存完好，属于一位成年男性，身高约 1.60 米，体重 72 千克。他的脑容量应该达到了 1650 立方厘米左右，而智人的脑容量约为 1450 立方厘米。该头骨扁长，额头低矮，从后面看呈圆形，面部前突，大而圆的眼眶上方是高高隆起的眉骨，这些都是尼安德特人的特征。下颌骨上没有颏隆凸，而第三磨牙后面留有一定的空隙。这些特征最早出现在东比利牛斯省托塔维尔村的阿拉戈遗址中距今 45 万年的古人类遗骸身上。

1910 年至 1921 年间，人们又在该遗址发现了另外六具尼安德特人的骸骨：一名成人和五名儿童，其中包括一名约 7 个月大的胎儿和一名新生儿。最近，又挖掘出第八个人的遗骸和一些牙齿。这些墓葬表明，尼安德特人会埋葬逝者。这八具骸骨身边还伴随着许多动物骨骼和莫斯特期的石制工具，可视为祭品。

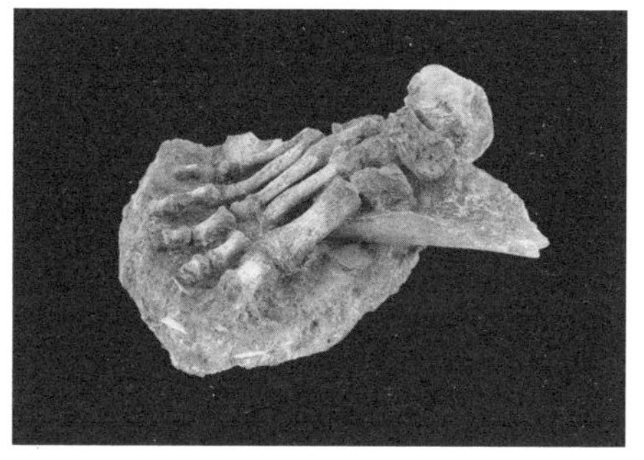

130　尼安德特人费拉西 2 号　　足部化石

Homo neandarthalensis
法国　多尔多涅省　萨维尼亚克 - 德米尔蒙　费拉西岩厦
晚更新世（旧石器时代中期 / 莫斯特文化）
13.5 厘米 × 24 厘米 × 8.5 厘米
德尼 · 佩罗尼和路易 · 卡皮唐于 1910 年发掘
1953 年入藏本馆
MNHN-HA-23646-14

继费拉西 1 号之后，1910 年，德尼 · 佩罗尼和路易 · 卡皮唐在费拉西岩厦进行发掘时又发现了费拉西 2 号的骨骼。

其右脚骨骼化石保存在高度硬化的脉石沉积物中，完好无损。26 块骨骼中留下了 22 块，只有远端趾骨缺失。这种良好的保存状态反映出费拉西 2 号死后很快就被掩埋入土，证实该个体经历过仪式化的葬礼，是被主动埋葬，而非曝尸荒野后被自然之力所掩埋。

为了保护化石并了解骨骼的内外结构，研究团队对整只脚进行了扫描，这样一来，22 块骨骼中的每一块都能被数码分离出来，以供单独研究。结果表明，其强健的拇趾（大脚趾）与其他脚趾平行生长。这些足部骨骼还显示出与现代人类的明显差异：费拉西 2 号的脚比较宽，足底纵弓没那么弯曲。这些特征也印证了对尼安德特人其他骨骼的观察结果。

这些身体结构上的差异会对他们的行动产生影响吗？比如，会影响他们跑步时的耐力吗？考古学数据给出的答案是否定的：尼安德特人猎杀的各种大型哺乳动物证明，这种身体结构的生存表现非常好！

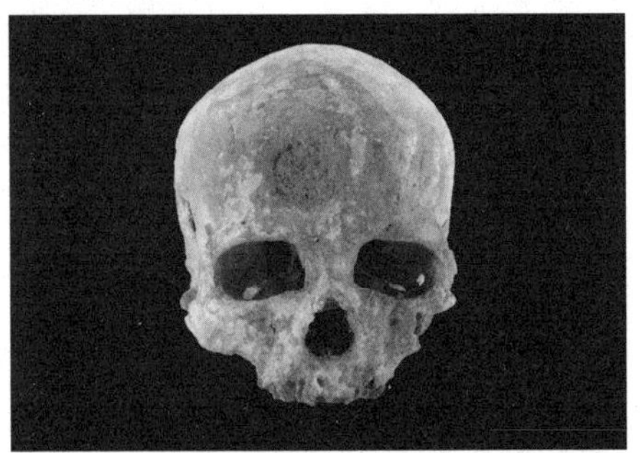

131　克罗马农人 1 号　头骨化石

法国　多尔多涅省　莱塞济 - 德泰亚克　克罗马农岩厦
晚更新世（旧石器时代晚期 / 格拉维特文化）
16 厘米 × 7.5 厘米 × 25 厘米
路易 · 拉尔泰于 1868 年发掘
MNHN-HA-4253-1

1868 年，在莱塞济 - 德泰亚克的道路施工过程中，克罗马农人的化石得以重见天日。这可是一件大事：人类历史之漫长第一次得到证实！克罗马农人 1 号成年头骨很快就被确立为现代智人的化石代表。最近的年代测定表明，克罗马农人 1 号生活在距今约 2.75 万年前。

这里一共出土了五具人类骸骨，其中三具是完整的，属于 50 岁及以上的成年人（两男一女），最后一具属于新生儿。一些成年人的骨骼呈现出与衰老有关的病理损伤，他们的死亡原因尚不明确。

克罗马农人 1 号前额上的病变是因何所致仍存在争议。牙齿脱落应该是脓肿和牙囊肿导致的，左侧的病变尤为严重，这迫使他使用右侧牙齿咀嚼。他身材高大，善于运动，脊髓压迫导致轻微的行动不便，但他一定经常长时间奔跑和狩猎。

目前尚不清楚这些人是同时下葬还是在一段时期内陆续下葬，但他们被认为是旧石器时代晚期最古老的埋葬对象。他们身上覆盖着赭石，陪葬品包括穿孔的贝壳（滨螺 *Littorina littorea*）和象牙吊坠，这些应该是他们衣服上的饰品。

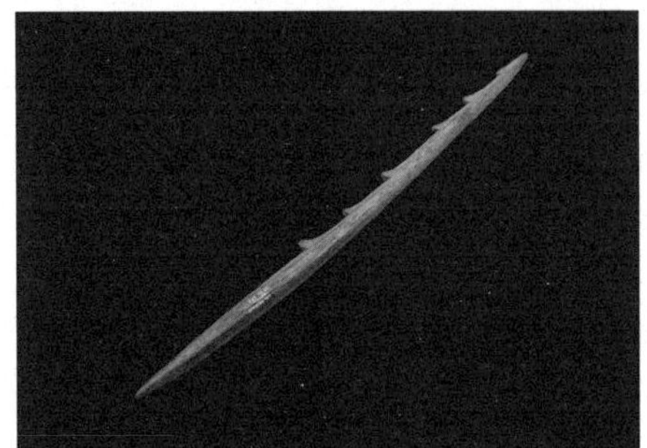

132　木制鱼叉　工具

俄罗斯　乌拉尔　奇吉尔湖边的泥炭沼泽
中石器时代和森林新石器时代［奇吉尔（Chigir）文化］
前 7000—前 6000 年
21 厘米 × 2 厘米 × 0.8 厘米
约瑟夫 · 德贝男爵于 1896 年捐赠
MNHN-HP-38.30.673

当人们为了开采金沙而将西伯利亚的奇吉尔湖局部排干时，在覆盖湖底的泥炭沼泽中发现了大量动物骨骼，以及用有机材料（木头、骨头、鹿角）制作的武器和工具，其中就包含 19 世纪末发现的这把木制鱼叉。

狩猎和捕鱼构成了奇吉尔湖沿岸居民的主要经济来源。鱼叉大概是用来捕猎河狸的，但也不能排除用来捕猎水獭和鱼类的可能性。

与长矛和标枪不同，鱼叉的特点在于其灵活的连接方式：通过绳索连接木杆。绳索的一端系在鱼叉上，另一端系在木杆上。鱼叉的底部被插入木杆一端的凹槽中，也可以通过小型预制部件与木杆相连。当鱼叉插中目标时，鱼叉的尖头会与木杆分离，捕猎者可以借助绳索把猎物从水中拉出来。

133　克罗马农项链　饰品

法国　多尔多涅省　莱塞济 - 德泰亚克
晚更新世（旧石器时代晚期 / 格拉维特文化）
短滨螺、纺锤螺及其他贝壳
约 20 厘米 × 20 厘米
路易 · 拉尔泰旧藏
MNHN-HP-48.18.550 至 584

饰品属于史前人类象征性行为最古老的遗迹，这条重组的贝壳项链是其中最具代表性的一件，因为它是在克罗马农人的墓葬中发现的。

克罗马农岩厦位于多尔多涅省的莱塞济 - 德泰亚克，那里的墓葬中出土了大约 300 多枚贝壳。法国国家自然博物馆将其中的 30 个海螺和其他贝壳重新进行了组合。墓地并不是唯一出土饰品的场所，但墓穴尤其适合这些物品，而且其中的物品保存格外完好。像这条项链这样的饰品反映出旧石器时代人们对社群中逝者的关注，也反映了当时人们的精神世界。今天的我们已无法知晓其具体内容。

这条项链将不同的贝壳组合在一起，包括短滨螺和纺锤螺壳，所有贝壳都经过精心钻孔。这样的组合无疑是出于审美和其独特的象征意义。

除贝壳外，其他材料也可能被用于装饰，如动物的牙齿（食肉动物的犬齿、驯鹿的门齿、鹿的犬齿）或是经过雕刻和修饰的骨骼，以及象牙的碎片。

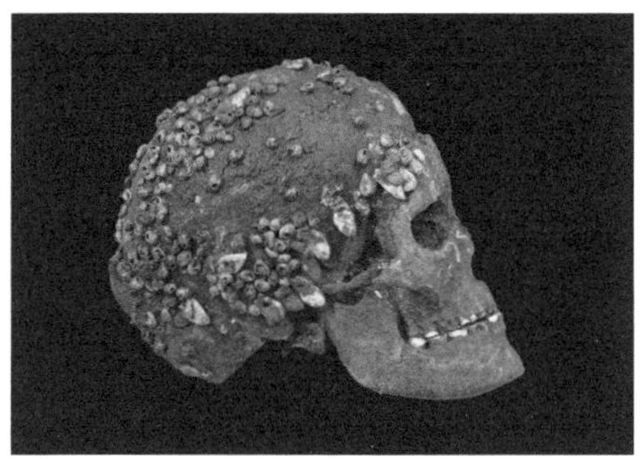

134 卡维永女士

头骨化石

意大利　格里马尔迪　卡维永洞穴
晚更新世（旧石器时代晚期 / 格拉维特文化）
头骨化石、赭石、贝壳
33 厘米 × 11 厘米 × 20 厘米
埃米尔 · 里维埃于 1872 年发掘
MNHN-HA-3809

在意大利的利古里亚大区，有一处悬崖名为鲍斯鲁斯。1872 年，在这处悬崖下的洞穴中，医生埃米尔 · 里维埃发掘了卡维永女士的墓葬。

这位女士身边有许多随葬祭品：燧石石片、赤铁矿、贝壳、鹿的犬齿等。她的头骨上覆盖着 300 多个钻好孔的贝壳和鹿牙，应该是缀在网帽上的装饰物。这具骸骨的所有骨骼都连在一起，被赭石覆盖，埋在墓穴靠左的位置，背后的墓室岩壁上刻着一匹马。测年数据显示，该化石已有 2.4 万年的历史。

卡维永女士 37 岁上下，身高约 1.72 米，体重 67.5 千克，身材相当高大，在很长一段时间内都被误认为是男性。她左臂的桡骨有一处已愈合的骨折。

卡维永女士住在海岸附近，那里气候凉爽干燥，马儿和原牛在草原上奔跑，鹿群在森林里栖居。她所属的部落以打猎、捕鱼和采集为生。饮食方面，从牙齿的磨损可以看出，她大量食用鱼类和其他肉类。

毋庸置疑，与同时期其他人类骸骨一样，这位女士的来世生活备受其亲属的关怀。

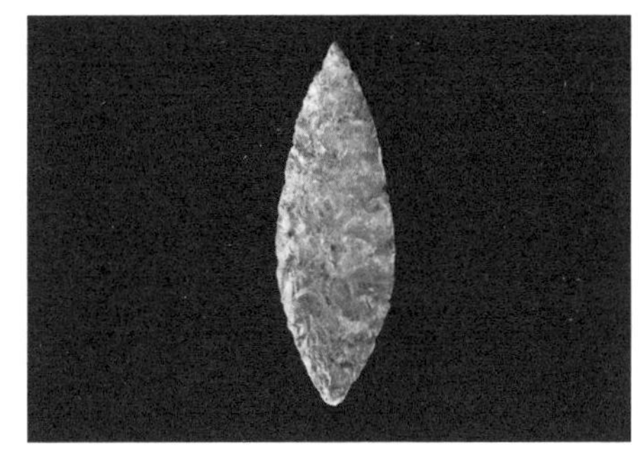

135 月桂叶形器

两面器

法国　多尔多涅省　蒂尔萨克　莱维雷洞穴
晚更新世（旧石器时代晚期 / 梭鲁特文化）
水晶（透明石英）
7.3 厘米 × 2.6 厘米 × 0.5 厘米
埃米尔 · 里维埃于 1904 年发掘
哈珀 · 凯利旧藏
MNHN-HP-38.23.1

埃米尔 · 里维埃是法国史前学会创始人之一。1904 年，他在多尔多涅省的莱维雷洞穴中发现了这片“月桂叶”，又称“叶片形两面尖状器”，是梭鲁特文化（旧石器时代晚期）特有的器物。

由于石材稀有、对称完美、工艺精湛，这片“月桂叶”在一众旧石器时代文物中十分出众。制作它需要采用复杂的打制工艺：从一整块原材料中，用坚硬的石锤、木棒或动物的骨角牙器预制石核，然后对它进行精加工，最后还可能会用上压制技术——这一系列操作都显示出梭鲁特石器匠人的高超技艺。

一些“月桂叶”的用途已得到确认：小的用作矛头，大的用作石刀。然而，那些特别大的，如伏尔古（索恩 - 卢瓦尔省）或佩赫 - 德 - 拉 - 布瓦西埃（多尔多涅省）类型的，或者是用稀有材料（如水晶）制作的“月桂叶”，其用途仍然成谜。

136 玉石两面器

两面器

法国　维埃纳省　韦勒什　丰特莫尔
晚更新世（旧石器时代中期 / 莫斯特文化）
玉石
7.5 厘米 × 6.1 厘米 × 2 厘米
哈珀 · 凯利旧藏
MNHN-HP-38.23.1966

这件丰特莫尔的玉石两面器是典型的阿舍利传统莫斯特风格（旧石器时代中期），展示了工具制造的步骤之一：修型。

史前工匠有点像雕塑家，他们会先找一个原始的载体——一大块材料（比如大块的砾石或石片），然后用坚硬的石锤敲击原材料，打出想要的大体形状，最后用不那么硬的木器或动物的骨角器加工器物锋利的边缘。

两面器的加工技术可追溯到 150 多万年前的非洲，通常与阿舍利传统（旧石器时代早期）联系在一起。这项技术在欧亚大陆的旧石器时代中期得以发展，成为某些技术传统的特征，如阿舍利传统的莫斯特文化，以及与之相近的米寇克文化技术。

莫斯特文化的两面器有多种形状：三角形、心形、杏仁形、披针形，可以作为多种工具。它是多功能的，可变换形状（反复修理），且相对灵活，可以装上手柄或直接拿在手里使用。

137 《磨制石器时期的渔民》 壁画

弗尔南 · 阿内 · 皮斯特　又称弗尔南 · 科尔蒙（1845—1924）
1897 年
木板油彩（画在壁板上的一组壁画，共 10 幅）
2.95 米 × 2.63 米
1893 年由国家委托创作
OA.715 - FNAC-PHF-8086
（法国国家造型艺术中心寄存）

1898 年落成的比较解剖学和古生物学展厅是本馆第一个展示物种进化历程的展厅，展厅内由费迪南 · 迪泰特设计的雕刻和绘画方案也反映了这一主题。

1893 年，为了装饰授课大厅，法国政府委托史前场景绘画专家弗尔南 · 科尔蒙创作了一系列油画，以表现人类和其他动物从史前到铁器时代的进化历程，描绘了人类从打制燧石、学习制陶、掌握冶铁冶铜技术到发展农业，逐步主导周边环境的全过程。他的画作包括南方猛犸象（见第 42 页，006）的复原图，其骨架是古生物学展厅的明星展品之一。这位艺术家从查尔斯 · 达尔文和阿尔贝 · 戈德里的著作中汲取养分，也从探险家的记述和对传统技术的观察中得到启发。

这些进化历程以教学的方式描绘在墙上，同样的人类演变构想也以寓言的形式呈现在天花板上。这些寓言画反映了 19 世纪末的种族观念：在迈向文明和进步的上升螺旋的顶端，具有雅利安人特征的现代人类使史前和原始种族黯然失色。

138 穿孔棒 工具

法国　多尔多涅省　莱塞济 - 德泰亚克　洛热里 - 巴瑟岩厦
晚更新世（旧石器时代晚期 / 马格德林文化中期或晚期）
驯鹿角
23.7 厘米 × 8.2 厘米 × 2 厘米
保罗 · 德维布雷旧藏，1896 年入藏本馆
MNHN-38.189.1264

这根穿孔的棒子是在洛热里 - 巴瑟岩厦发现的。这里是莱塞济 · 德泰亚克著名的旧石器时代遗址，出土了一批意义重大的日常用品和武器，被认为是马格德林文化的遗物。

这根穿孔棒保存完好，由驯鹿角加工而成，上面刻有许多同心圆，是史前手工制品的杰出范例。关于它的功能，有多种解释。

亨利 · 布勒伊和埃米尔 · 卡尔泰哈克认为它是“发令棒”，后来又有人认为它是摩擦生火的杆子、吊索的把手、标枪矫直器，甚至是悬挂物体的绳索卡扣。迄今为止，这些解释均未得到证实。

这根穿孔棒上不同性质的装饰让我们很难理解它的功能，而它的用途可能不止一种。向穿孔部位汇聚的一系列线条以及手柄上的圆形凹槽（绳索捆绑或缠绕的痕迹）值得注意。

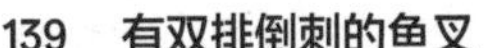

139 有双排倒刺的鱼叉 武器

法国　多尔多涅省　莱塞济 - 德泰亚克　洛热里 - 巴瑟岩厦
晚更新世（旧石器时代晚期 / 马格德林文化）
驯鹿角
13 厘米 × 2.1 厘米 × 0.7 厘米
保罗 · 德维布雷旧藏，1896 年入藏本馆
MNHN-38.189.1775

作为马格德林文化猎人和渔民常用的标志性武器，这个保存完好的带倒刺的鱼叉展现了 1.5 万年前鹿角工具和武器的多样性。

旧石器时代晚期接近尾声时，马格德林文氏用坚硬的动物骨角（主要是骨骼、象牙和鹿角）加工工具的技艺有了很大进步。这柄鱼叉用驯鹿角制成，有两排倒刺，这些倒刺边缘弯折，对防止猎物（如鱼、鸟类和小型哺乳动物）逃脱非常有效。

这柄鱼叉在多尔多涅省莱塞济 - 德泰亚克的洛热里 - 巴瑟遗址被发现，由保罗 · 德维布雷侯爵收藏，是他在 1863 年至 1867 年间最重要的藏品之一。旧石器时代晚期，特别是在马格德林文化的后半段，捕鱼和狩猎小动物这类人类行为常常被忽视，而这件鱼叉的发现强调了其重要性，这种重要性也反映在人类栖息地发现的大量鱼类、鸟类和中型哺乳动物的遗骸上。

140 陶俑 陶器

日本 北海道
全新世（新石器时代 / 绳文时代末期）
红陶
6 厘米 × 10 厘米 × 2.5 厘米
法国驻东京大使馆，1933 年
MNHN-HP-33.131.18

陶器的出现标志着绳文时代（公元前 10 000 年至公元前 400 年）的到来，“绳文”这个名字来自当时用绳索在陶器上压印而成的图案。

绳文时代的另一特点是大量生产焙烧黏土泥塑，考古学家将其命名为“土偶”，意为“泥土人偶”，这些土偶无疑具有与生育崇拜相关的仪式意义。

末次冰期在距今一万年前结束。绳文时代开始后，日本地区气候温和，有利于狩猎、捕鱼和采集活动。此时定居下来的人类以狩猎、采集和捕鱼为生，还没有开始种植农作物和蓄养牲畜。他们会编织篮子，以收集栗子、核桃、橡子等果实。

陶器的发明让人们能够烹饪食物，把食物变得更容易消化，并杀死食材中的细菌。这导致人类可食用的动植物品种增加，此时，人们可以烹饪、保存并储藏这些食材，可能进而推动了人类定居的历程。

141 眼睛神像 雕像

叙利亚 纳加尔 特尔布拉克
全新世（铜器时代晚期）
大理石
从 2 厘米 × 1.5 厘米 × 0.5 厘米到 6 厘米 × 3 厘米 × 0.5 厘米
亨利 · 布勒伊 1955 年的旧藏
MNHN-HP-55.126

眼睛神像表现的是双眼睁大、眉毛相连的女性形象。她们的手臂叠放在躯干上，身体呈短而宽的圆柱体，末端是大而圆的臀部。值得注意的是，这些雕像并没有表现出女性的生理构造。

雕像高约几厘米，由骨骼、石灰石、滑石或大理石雕刻而成，大小形状各异。

这些小雕像来自哈塞克地区的特尔布拉克遗址，该地区因被底格里斯河和幼发拉底河包围而被称为“两河之间的土地”。

它们可能具有某种宗教含义，因为有几件与动物形状的护身符和陶珠或水晶珠出现在一起，嵌在砂浆中或置于城市中心的寺庙内。

有人认为这些带孔洞的雕像是纺纱工用来捻线和接线的工具，将羊毛或亚麻纤维缠绕在一起之前会先穿过这些孔洞。圆柱形印章上的小雕像似乎也与纺纱有关。

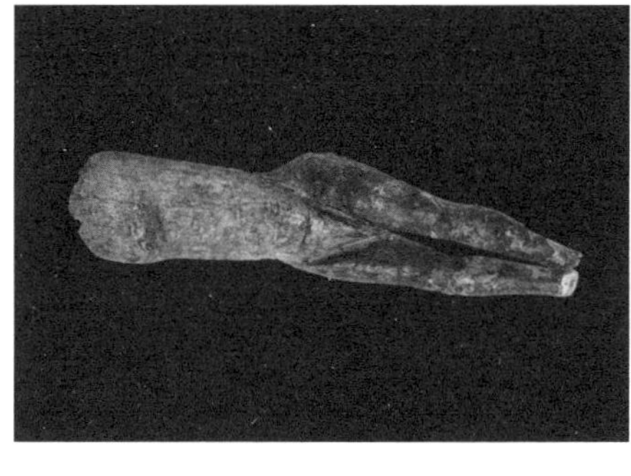

142 “不知羞耻的”维纳斯 雕像

法国 多尔多涅省 莱塞济 - 德泰亚克 洛热里 - 巴瑟岩厦
晚更新世（旧石器时代晚期 / 马格德林文化中期或晚期）
猛犸象牙
7.7 厘米 × 1.8 厘米 × 1.4 厘米
保罗 · 德维布雷旧藏，1896 年入藏本馆
MNHN-HP-38.189.1372

这个小雕像是保罗 · 德维布雷侯爵于 1863 年发现的，是在法国发现的第一个旧石器时代的人体雕像，颇具风格地展现了一具女性躯体。因为对外阴的刻画直白清晰，发现者形容其“不知羞耻”。

乍一看，这尊雕像的整体形态相当简单，但仔细观察，就会发现精细的身体细节，比如精心雕刻的腹股沟褶皱，线条紧致的臀部，以及修长、关节清晰、线条完美的大腿和小腿。

这个女性形象与格拉维特文化的一系列女性雕像（如《莱斯皮格的维纳斯》）的区别在于其自成风格的人体比例，特别是没有着意表现胸部和髋部的形状，只有略微凸起的臀部显示出女性的第二性征。因此，这个小雕像更接近于简化的女性形态，这在西欧马格德林文化末期（末次冰期最后阶段）比较常见，有些是立体雕塑，也有的是物件或雕刻在墙壁表面的浮雕。

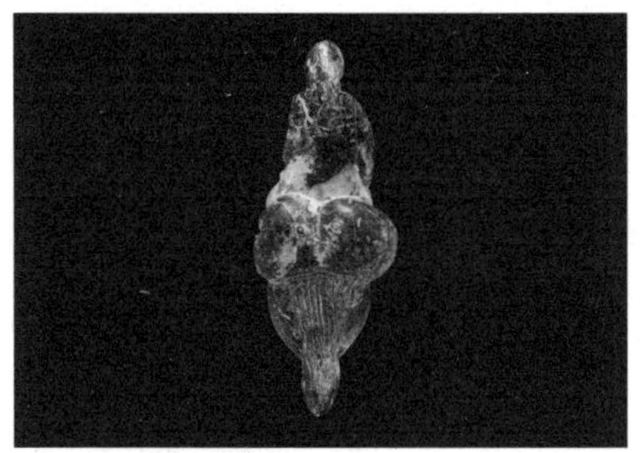

143 莱斯皮格的维纳斯

雕像

法国 上加龙省 莱斯皮格 里多洞穴
晚更新世（旧石器时代晚期 / 格拉维特文化）
猛犸象牙
14.6 厘米 × 5.7 厘米 × 3.5 厘米
勒内 · 德 · 圣佩里耶于 1922 年发掘并捐赠
MNHN-HA-19030

作为人类馆的标志性展品，这件圆雕雕像是史前艺术中最著名的女性形象之一，也是 2.5 万年前至 3 万年前欧洲流行的雕像艺术的精美典范。

1922 年 8 月，勒内 · 德 · 圣佩里耶领导的发掘队在莱斯皮格的里多洞穴中发现了它。出土位置在洞穴深处，史前居址后方，因其精雕成女性形象而得名“维纳斯”。

其菱形构造引人瞩目，遵循了格拉维特文化的一种常见范式，从法国西南部到俄罗斯的乌拉尔平原均有发现，证实了技术概念和复杂的符号学思想的传播。

这件维纳斯由猛犸象牙雕刻而成，在发掘工具的敲击下，出土时已部分损坏，但其头部和足部的精美雕刻的痕迹仍可辨认，整体线条则比较为简洁。

这种类型的雕像在欧洲还发现了很多，有用象牙雕刻的，也有用石头雕刻的。例如帕托的维纳斯，也是本馆的收藏；还有近期在索姆省亚眠发现的雷南库尔的维纳斯，是用非常柔软的白垩质石灰岩雕刻而成的。

144 蝾螈

雕像

法国 多尔多涅省 莱塞济 - 德泰亚克 洛热里 - 巴瑟岩厦
晚更新世（旧石器时代晚期 / 马格德林文化）
驯鹿角
长 10.6 厘米
约瑟夫 · 阿希尔 · 勒贝尔和让 · 莫里发掘
法国史前学会于 1954 年寄存
MNHN-HP-D.54.10.4

这件精美的圆雕展现了一种两栖动物，在旧石器时代晚期艺术中独树一帜，体现了艺术家高超娴熟的雕刻技术和创作题材的多样性。

这件雕像长 10.6 厘米，先以圆雕的工艺对一根驯鹿角进行粗加工，再精雕以提供可识别的细节。

在很长一段时间里，这件雕像塑造的动物都被认为是真蝾螈，相关文献也是这样记录的，但根据其扇形尾巴来判断，它更有可能是水螈[4]。

这件雕像是让 · 莫里代表化学家约瑟夫 · 阿希勒 · 勒贝尔主持的重大发掘成果，展示了旧石器时代晚期特有的动物主题。一般来说，在雕塑这门艺术形式中，表现昆虫和小动物的形象十分罕见，它主要取材于大型哺乳动物，包括狮子等食肉动物。

这件保存完好的雕像证明了马格德林文化时期的艺术家们对解剖学细节的关注，从菱形头部那两只精雕细刻的凹陷眼睛上就可以明显地看出这一点。

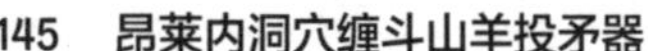

145 昂莱内洞穴缠斗山羊投矛器

武器

法国 阿列日省 孟德斯鸠 - 阿旺泰斯 昂莱内洞穴
晚更新世（旧石器时代晚期 / 马格德林文化）
驯鹿角
高 9.4 厘米
路易 · 贝古恩于 1931 年发掘
1955 年入藏法国国家自然博物馆
MNHN-HP-55.33.1

这块由驯鹿角的顶端分叉雕刻而成的投矛器的残片是欧洲旧石器时代晚期最有名的文物之一。

它于 1929 年在阿列日省的昂莱内洞穴被发现。这个洞穴是史前人类频繁光顾的地方，与经过艺术装饰的三兄弟洞穴和蒂克 · 德奥杜贝尔洞穴属于同一网络体系。这些洞穴在 20 世纪初被发现，此后一直由亨利 · 贝古恩伯爵的家族及其后裔管理维护。

这个残片是一件投掷武器的末端，其手柄已经遗失，残片上面雕刻的两只缠斗山羊让它颇负盛名。它最初是件武器，其表面已知的最古老的加工痕迹可以追溯到约 2 万年前。

投矛器用于狩猎，可以使矛的威力和投掷距离成倍增加。矛的一端安插在钩子上，图中这件投矛器的钩子仍保存完好。投矛器的使用让狩猎更安全，也提高了捕猎的成功率。

虽然是残件，但这件文物很特别，上面雕刻了两只缠斗的羱羊（头部缺失），手艺精湛，尤其是通过一系列细致刻画的平行线条逼真呈现的皮毛更是让人称奇。它们的臀部和后腿仍然牢牢地固定在杆上。

146　马头形雕件　装饰物

法国　多尔多涅省　莱塞济 - 德泰亚克　洛热里 - 巴瑟岩厦
晚更新世（马格德林文化中期）
骨骼
6.3 厘米 × 3.3 厘米 × 0.3 厘米
约瑟夫 · 阿希尔 · 勒贝尔和让 · 莫里发掘
法国史前协会于 1954 年寄存
MNHN-HP-D.54.10.7

这是在洛热里 - 巴瑟遗址发现的一件艺术摆件，将原材料与装饰性紧密地结合在一起，体现出马格德林文化中期的特征。它可能是一种装饰物，有时会成系列制作，在欧洲好几个地区都有发现，特别是在比利牛斯山区和坎塔布里亚山区。

这类雕件的原材料多种多样，这件作品是利用骨骼的局部形状精确加工而成的，用的是马或牛的茎突角和舌骨茎突的一部分。这块骨头位于舌头下方，其形状确实让人联想到马头的侧面。洛热里 - 巴瑟的这件雕像正是依循骨骼本身的轮廓加工出来，然后再修型，精细雕刻，以展现皮毛和眼部的细节。也有一些雕件表现的是臆羚、羱羊或野牛的头部。

多尔多涅省出土的这件文物不仅证明了马格德林文化时期物品的流通，也显示出当时象征符号的流传。这些雕件广泛分布于比利牛斯山脉的中心地带，尤其是拉巴斯蒂德洞穴和恩莱纳洞穴，就像其他材料、物品或装饰一样，见证了当时西欧各族群间密切的文化交流。

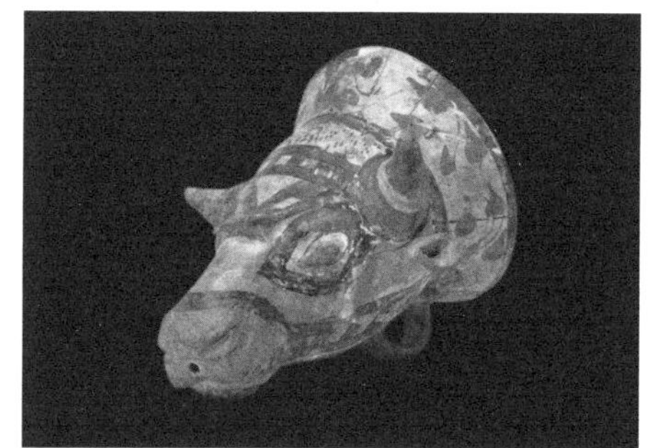

147　兽首来通杯　器皿

土耳其　弗里吉亚　戈尔迪翁
全新世（铁器时代）
陶器
25 厘米 × 16 厘米 × 15 厘米
安德烈 · 韦森 · 德普拉登 1939 年的旧藏
MNHN-HP-48.1

这种受伊朗风格影响的来通杯是典型的为波斯统治者所喜爱的奢华之物，一般摆在桌面上。

公元前 539 年，波斯人在不到 50 年的时间里建立了世界上第一个版图跨越亚洲、欧洲、非洲三大洲的帝国——波斯帝国，其领土从印度河谷一路延伸到埃及。戈尔迪翁城是那个时代真正的中心城市之一，其周边已经发现了大约一百座古墓。土丘隆起于墓葬之上，有时上面还会摆放纪念碑或战利品。这只来通杯大概是在 20 世纪初发掘其中一座古墓时发现的。

这只杯子的轮廓是个兽首，兽嘴处开了个小洞，洞的位置可以控制杯内液体流出的速度。杯身上绘有色彩鲜艳的图案，颈部装饰有长着红色叶片的常春藤花环。植物装饰让人联想到希腊工匠或是在西方作坊里受过培训的工匠的作品，但在公牛嘴部开小洞以便倒出液体则是伊朗的传统。

148　壁画（局部）　绘画

南非（可能出自）韦佩内尔　芬特舒克遗址
细粒石英砂岩
34 厘米 × 24 厘米 × 6.2 厘米
弗雷德里克 · 克里斯托尔旧藏，1896 年捐赠给特罗卡德罗民族志博物馆
MNHN-HP-96.70.2

这幅画是 19 世纪从莱索托附近的一面壁画墙上剥离下来的，描绘了一头黑白花色的牛的侧影和动态。

岩厦中的完整壁画描绘了两个族群之间的一场小规模冲突。右边的一组人涂成黑色，手持矛和华丽的盾牌，与另一组涂成红棕色、手持弓箭、体型较小的人对峙。画面更左侧是十五头牛，被三个红棕色小人赶向左边。普遍的看法是，这一场景描绘的是一段过渡期：在经历了漫长的狩猎采集传统之后，人类逐渐迈入农牧时代。

自新石器时代以来，牛被驯化为役畜，它们的奶、肉和皮也被人类利用。几个世纪以来，牛的形态发生了显著的变化。在这幅可能绘制于 18 或 19 世纪的壁画中，牛的毛色、角的大小与形状的多样性表明，牛的驯化是一段悠久的历程。

19 世纪末定居莱索托的法国新教传教士克里斯托牧师，完全没有考虑到文物的保护，直接用锤子和凿子从墙上将壁画凿下，以期将带着各种画面的碎块捐赠给各个博物馆。

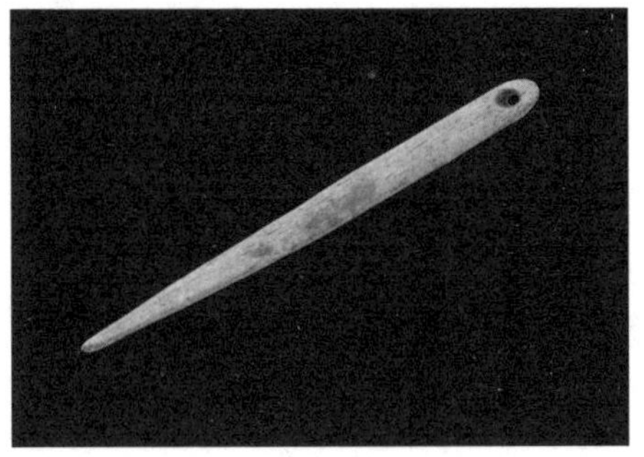

149 有眼针 工具

法国 夏朗德省 博埃姆河畔的穆捷 谢尔 - 阿卡尔文岩厦
晚更新世（旧石器时代晚期 / 马格德林文化）
骨骼
7.5 厘米 × 0.4 厘米 × 0.3 厘米
阿方斯 · 特雷莫 · 德罗什布吕内旧藏，1885 年至 1895 年间入藏本馆
MNHN-HP-38.189.3136/12555

这枚有眼针是旧石器时代最精致的骨制品之一，是史前人类从事缝纫活动的见证。

它的发现地是法国夏朗德省博埃姆河畔穆捷镇的谢尔 - 阿卡尔文岩厦——其内壁上雕刻了几种动物（野牛、羱羊和马）——显示了马格德林人的工艺水平。

最古老的针大约出现在 2 万年前。传统上，针是由长骨的骨干加工而成，采用双槽技术：通过在原材料中开出两道平行而规则的深槽来取出骨棒，再将骨棒一端磨尖，另一端钻出精准的针眼。

马格德林文化时期，谢尔 - 阿卡尔文岩厦有人居住，居住者装饰了洞穴内壁，并留下了这枚有眼针。有眼针的制作在这一时期比较常见，在同一时期还出现了许多使用来自动物的硬质有机材料（骨骼、鹿角、象牙等）制作的其他物品。

150 岩画：彩色牛群 复制品

阿尔及利亚 阿杰尔高原 贾巴伦
全新世（新石器时代）
康松纸上的水粉画（图片来源：蒙戈尔菲耶）
1.10 米 × 3.06 米
亨利 · 洛特于 1955 年受委托创作
1957 年入藏法国国家自然博物馆
MNHN-HP-57.154

阿杰尔高原是位于阿尔及利亚中部的高原山地。那里隐藏着数百处岩厦和岩壁，里面有几千件绘画和雕刻作品，使该遗址成为世界上最大的露天岩石艺术博物馆之一，被联合国教科文组织列为世界遗产。

岩画中描绘的日常生活的场景展示了一个有着绿色、丰饶的生态系统的撒哈拉，不同的人类族群在其中饲养牲畜、进行战斗……

亨利 · 洛特是人类博物馆的研究员。1955 年至 1970 年间，他先后执行了五次任务，致力于岩画复制。他的团队包括一名摄影师和几位巴黎国立高等美术学院的学生，前后共创作了约 1300 幅临摹作品。岩画会因环境改变而逐渐褪去，因此，这批复制品现在成了古代岩画的宝贵见证。

图中这幅画格外有价值，因为它再现了这个高原上独一无二的一幅彩色岩画。画面中，守卫们看管着一群牛，左上角一名守卫正在宰杀一头牛。家畜，特别是牛，是田园风格的画中常见的题材，这种风格在以前被称为牛画（Bovidien），一般认为出现在公元前 5000 年至公元前 2200 年之间。

图 63

VII

人类文化

MONDE
HUMAIN

法国国家自然博物馆的人类学藏品有生物学方面的，也有文化相关的，它们共同构成了一份独一无二的学术研究材料，就其多样性而言，也位居世界上最重要的收藏之列。其中有历史时期的人类遗骸，比如秘鲁木乃伊；也有人工制品，比如 20 世纪的卡亚波头饰；还有人体研究相关的人造物件，比如颅相学半身像、因纽特妇女的头部模型，或 18 世纪的蜡制解剖学人体模型。那些刻画人类形象的艺术作品同样也在本馆的收藏之列，比如那尊努比亚妇女的青铜半身像。这些藏品不仅为众多医学和群体遗传学的研究提供支持，还通过技术、展示方式、知识及专业技能，引导人们关注人类社会与环境之间的相互关系。

图 64

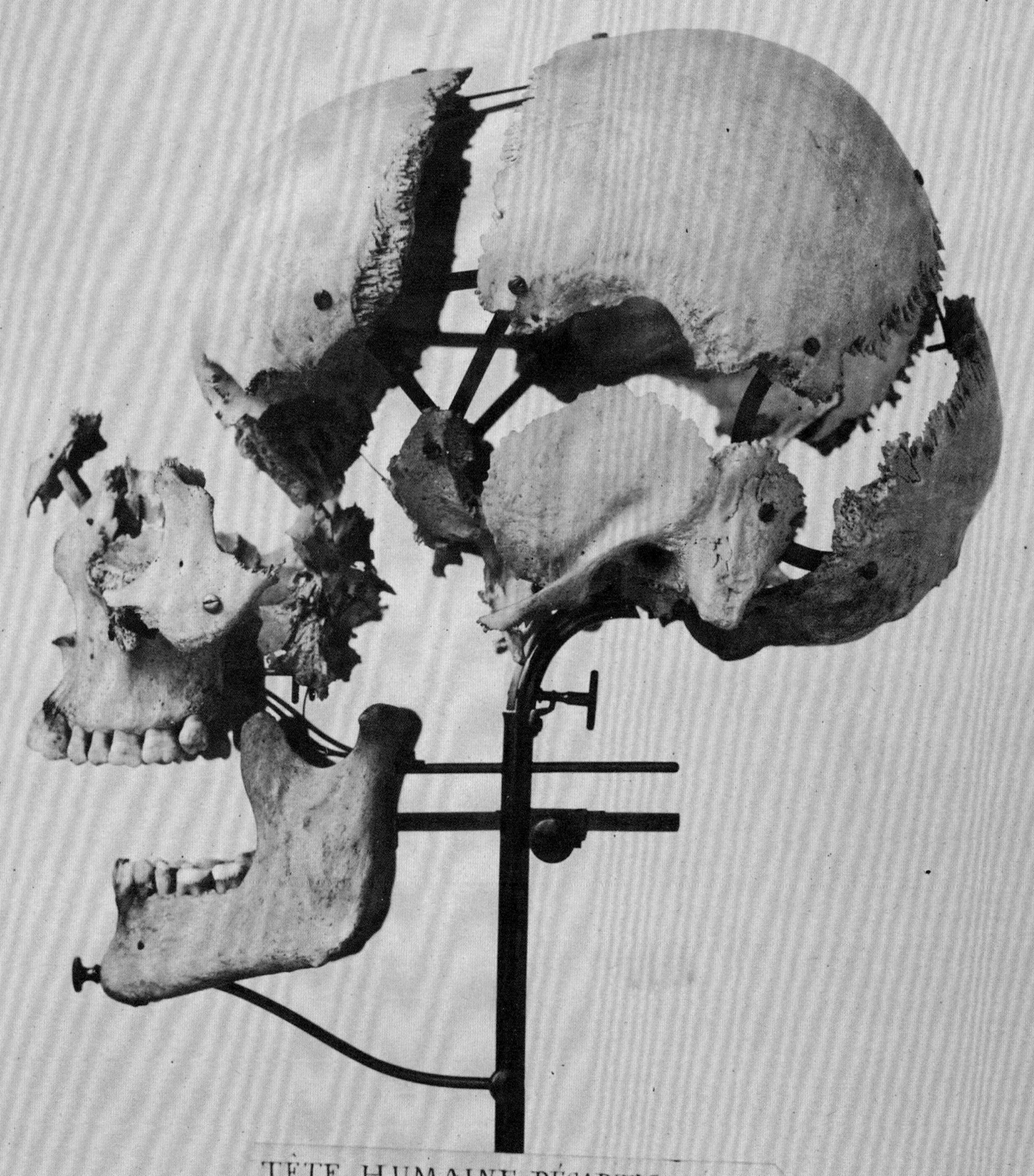
TÊTE HUMAINE DÉSARTICULÉE.
Préparée par PHILIPPE POTTAU, Prép.r du Muséum;
(du Cabinet de Mr. A. Devéria. mars 1853.)

图 65

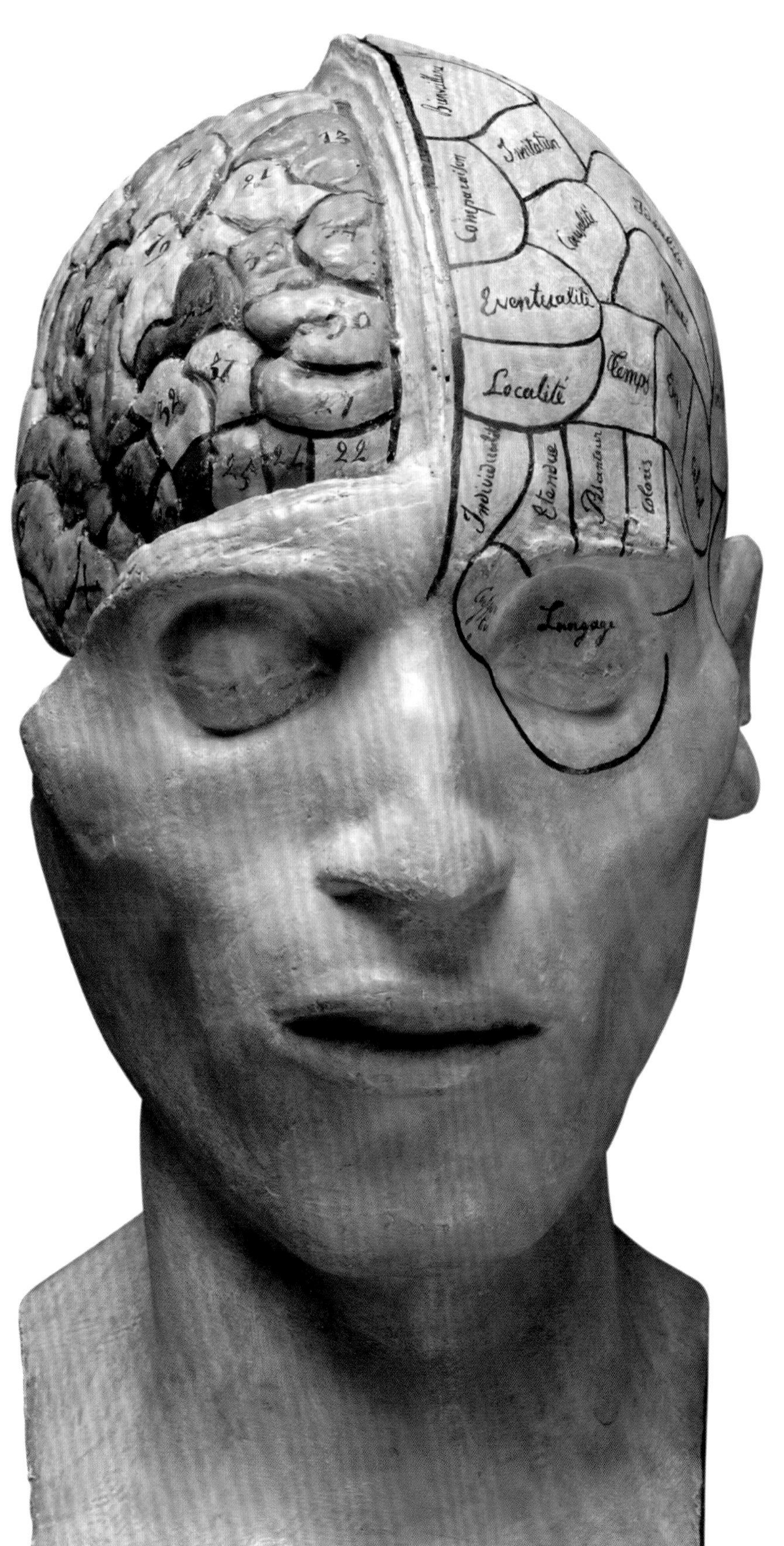
Imitation
Comparaison
Eventualité
Localité
Temps
Individualité
Etendue
Coloris
Langage
22

图 66

图 67

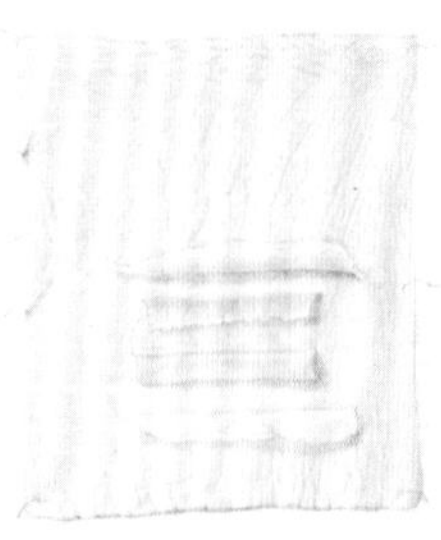

N° 1. Blanc.

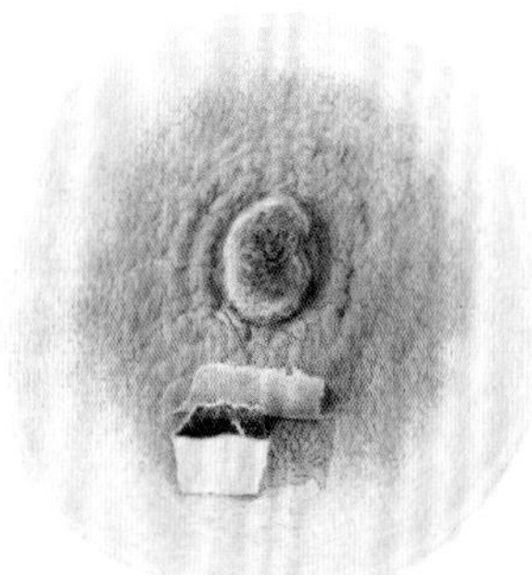

N° 2. Blanc.

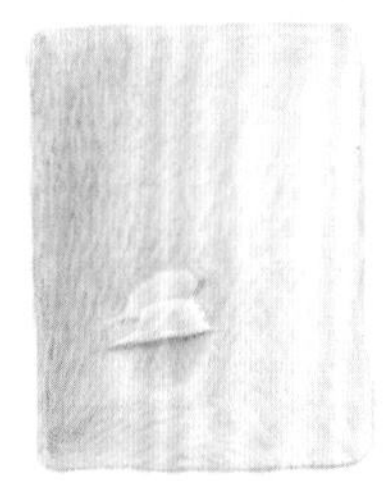

N° 3. Kabyle.

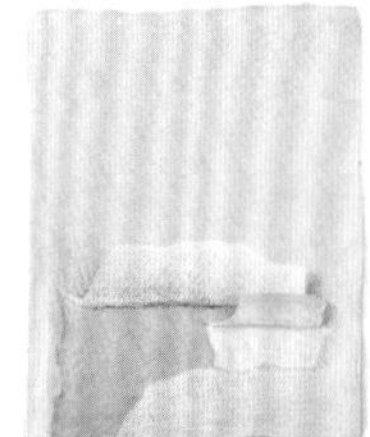

N° 4. Kabyle.

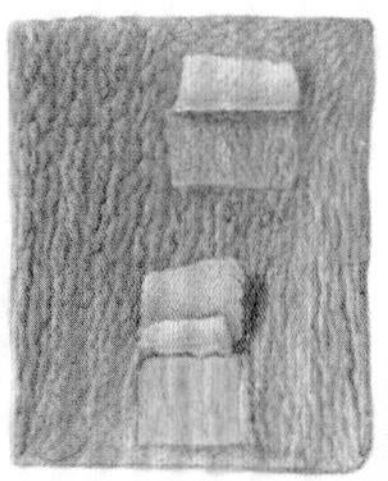

N° 5. Maure.

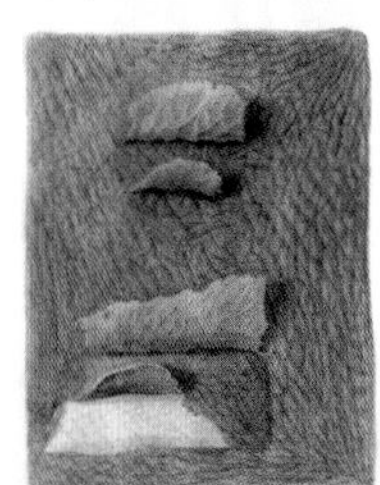

N° 6. Arabe.

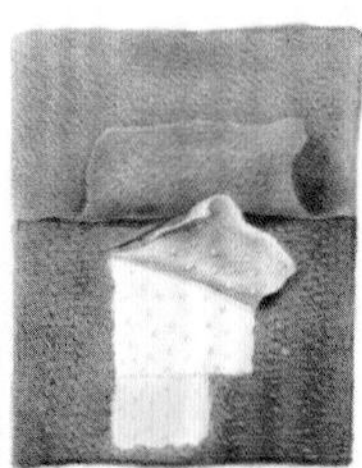

N° 7. Arabe.

N° 8. Mulâtre.

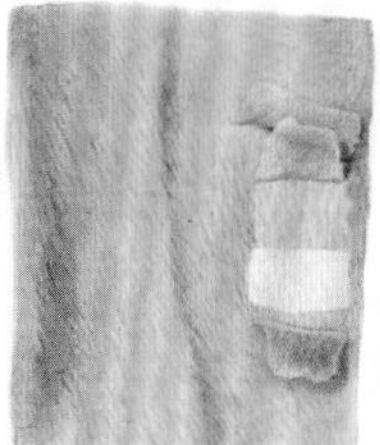

N° 9. Mulâtre.

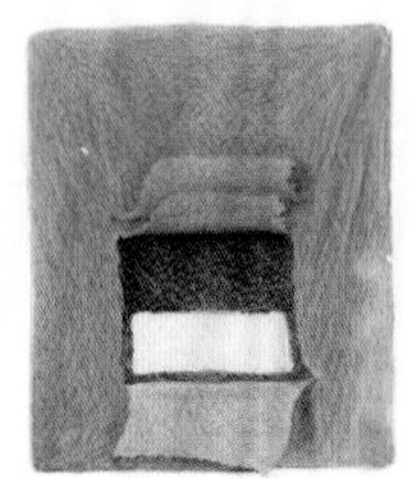

N° 10. Nègre.

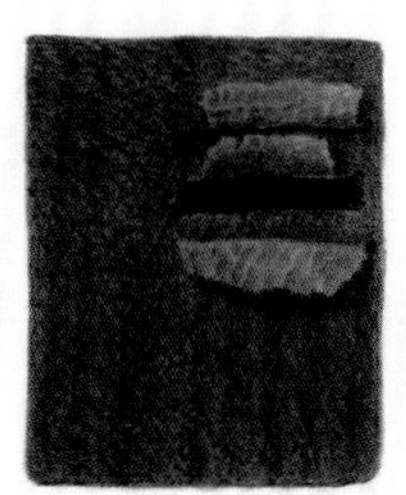

N° 11. Nègre du Sahara.

N° 12. Nègre du Sahara.

Anatomie comparée de la Peau dans les races humaines.

图 68

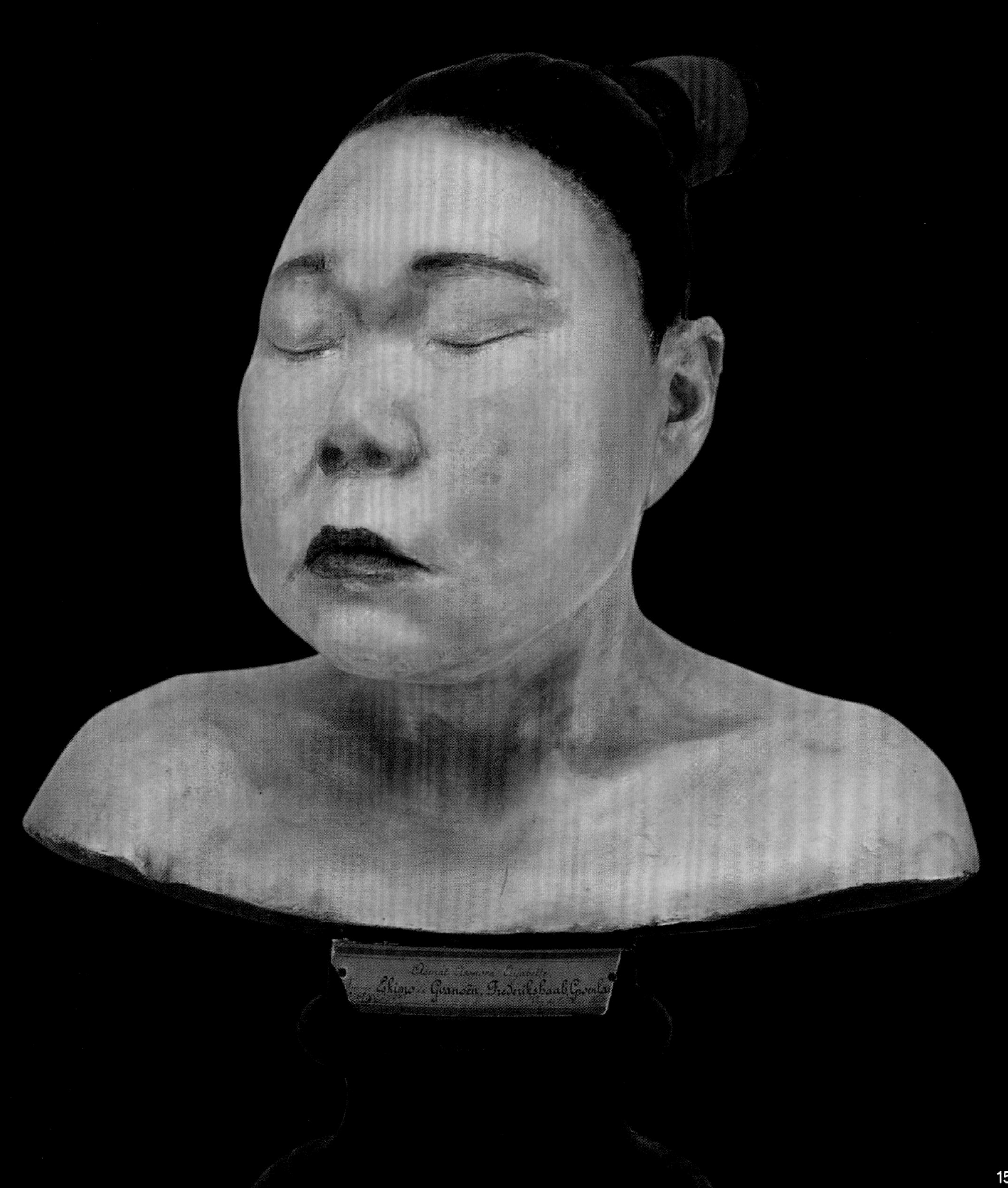

图 69

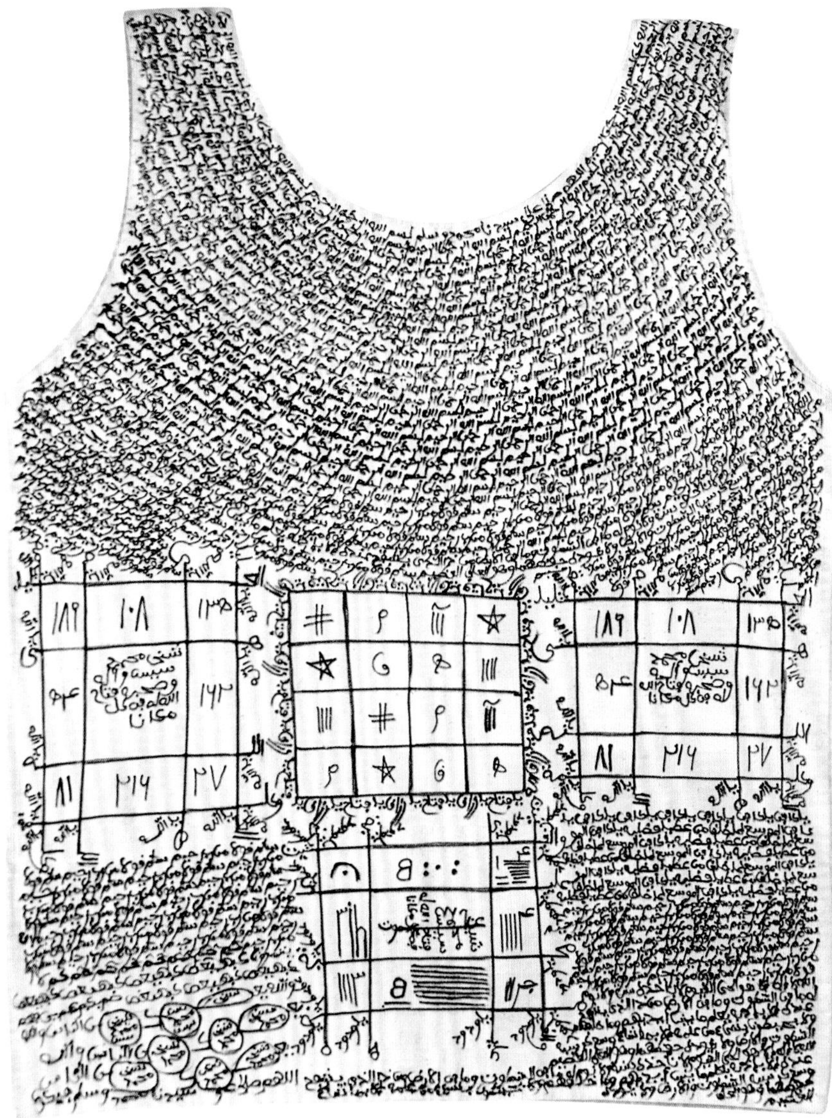

图 70

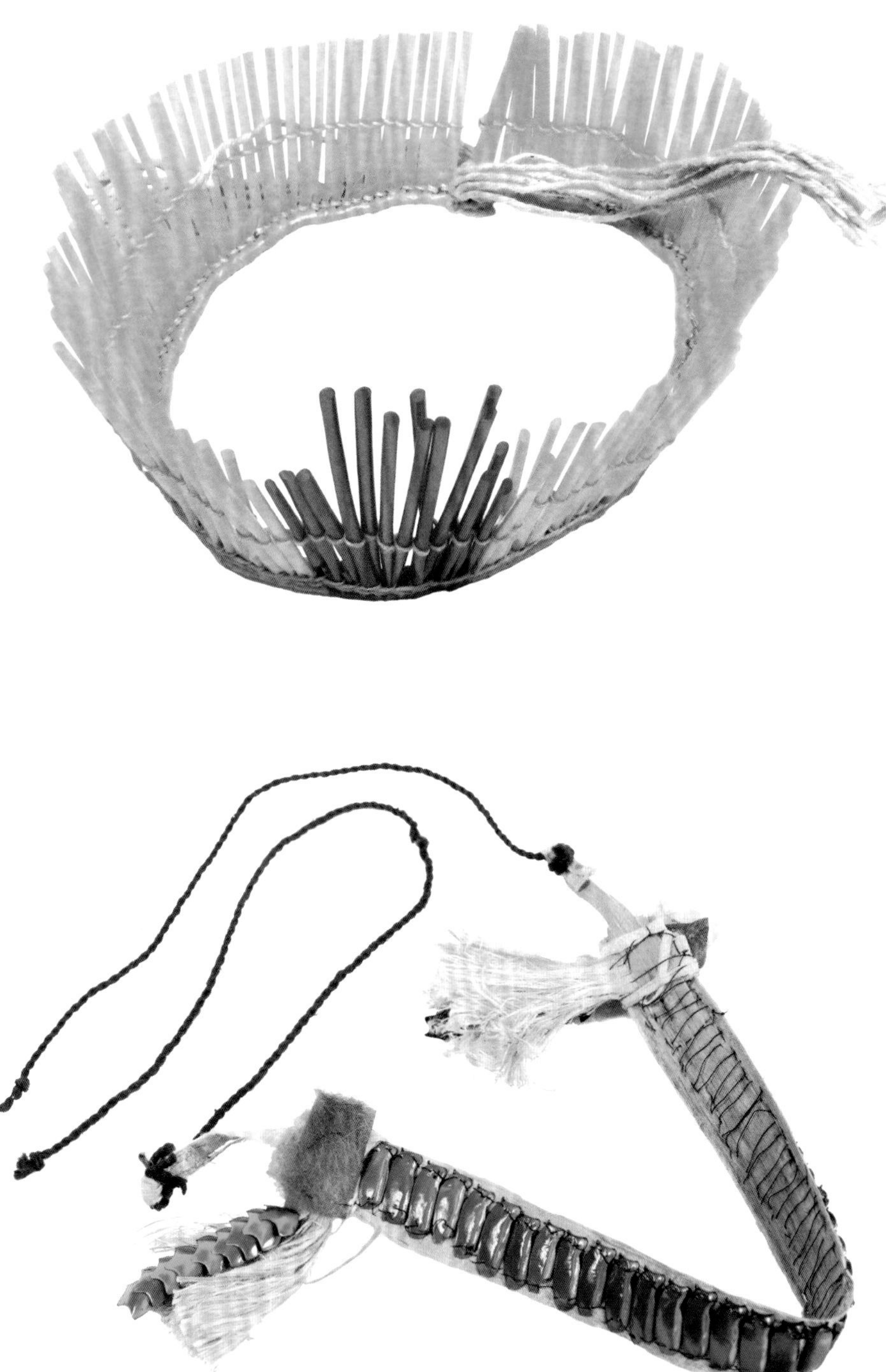

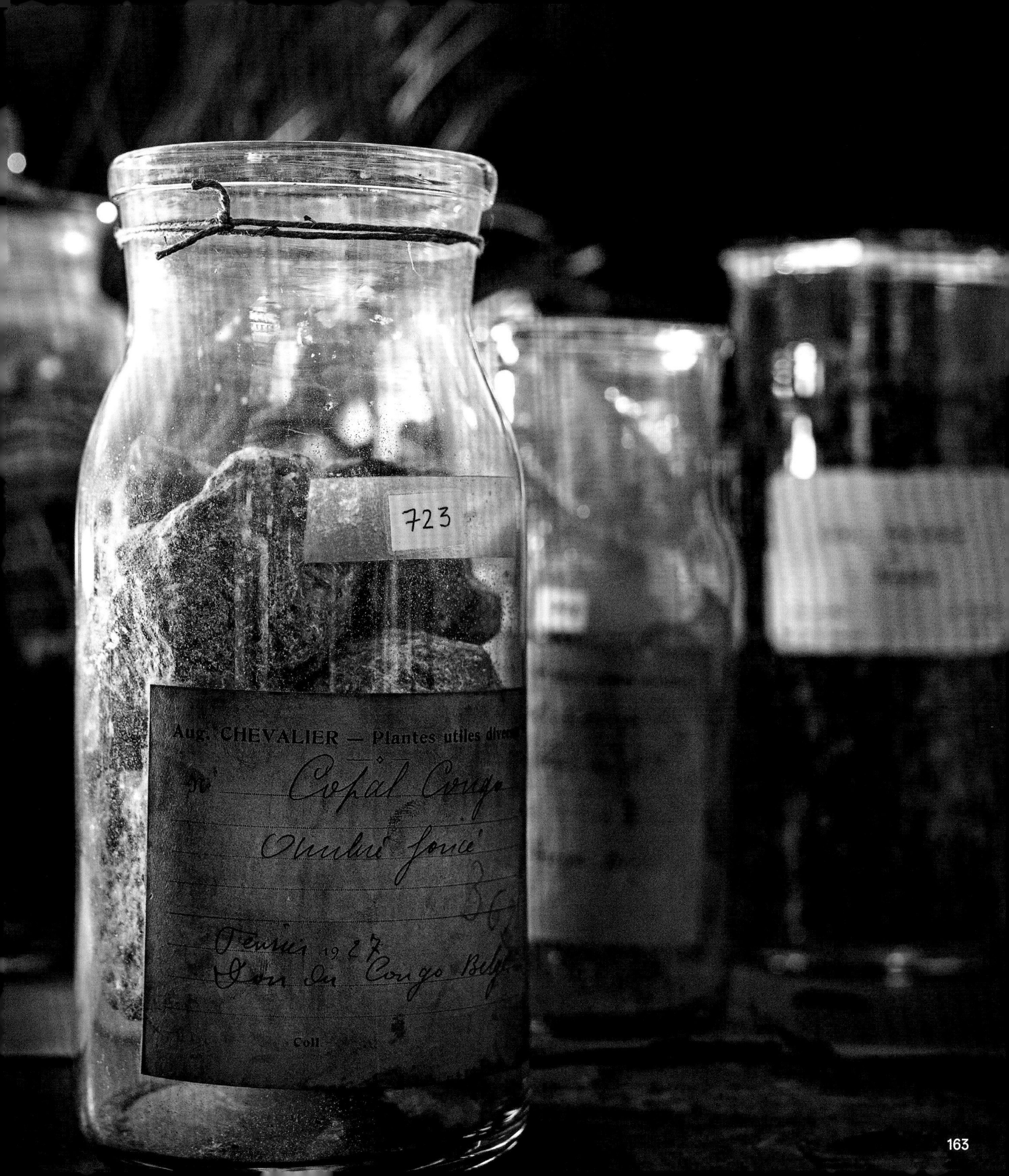
723
Aug. CHEVALIER — Plantes utiles
Coll

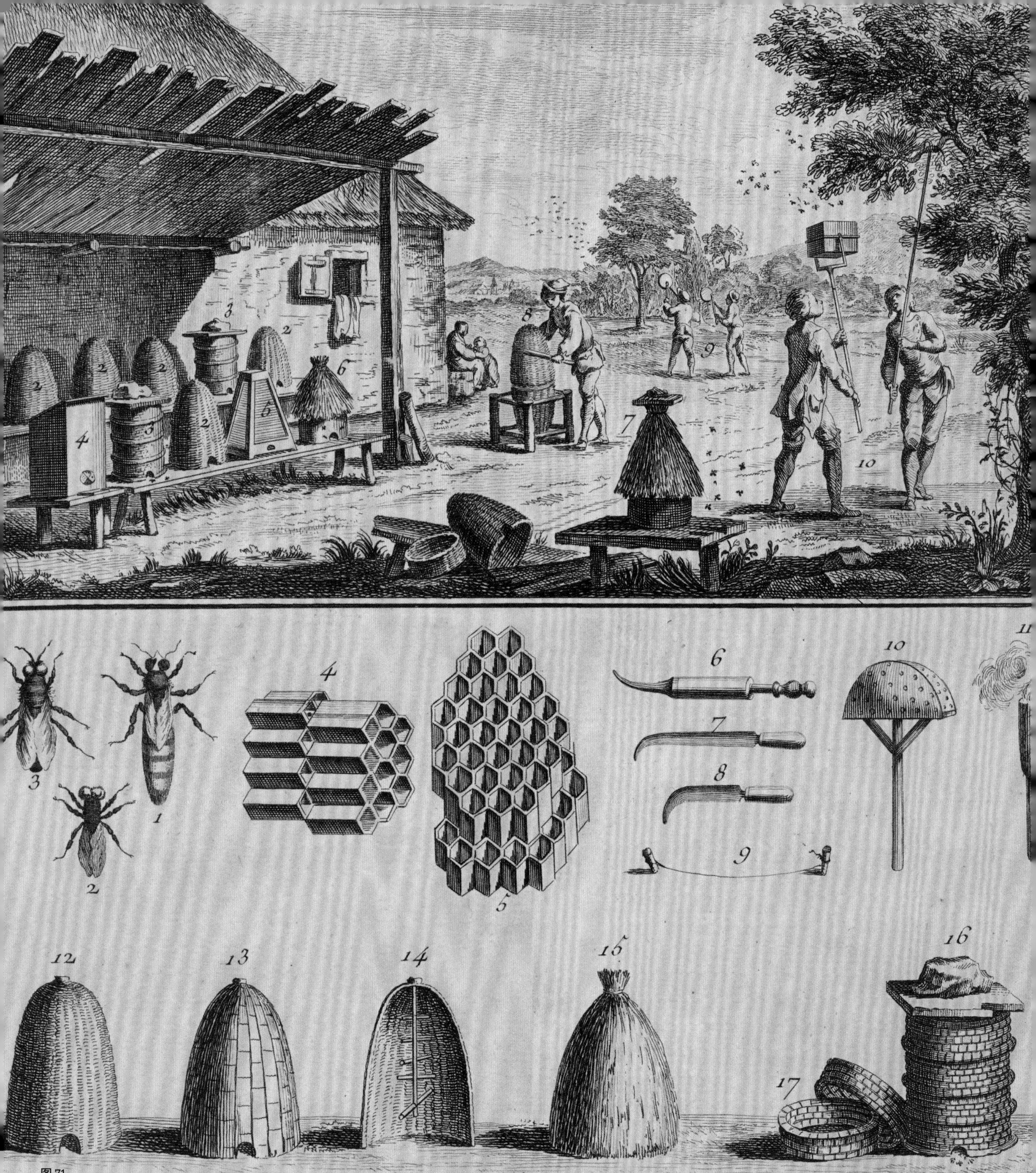

图 71

27

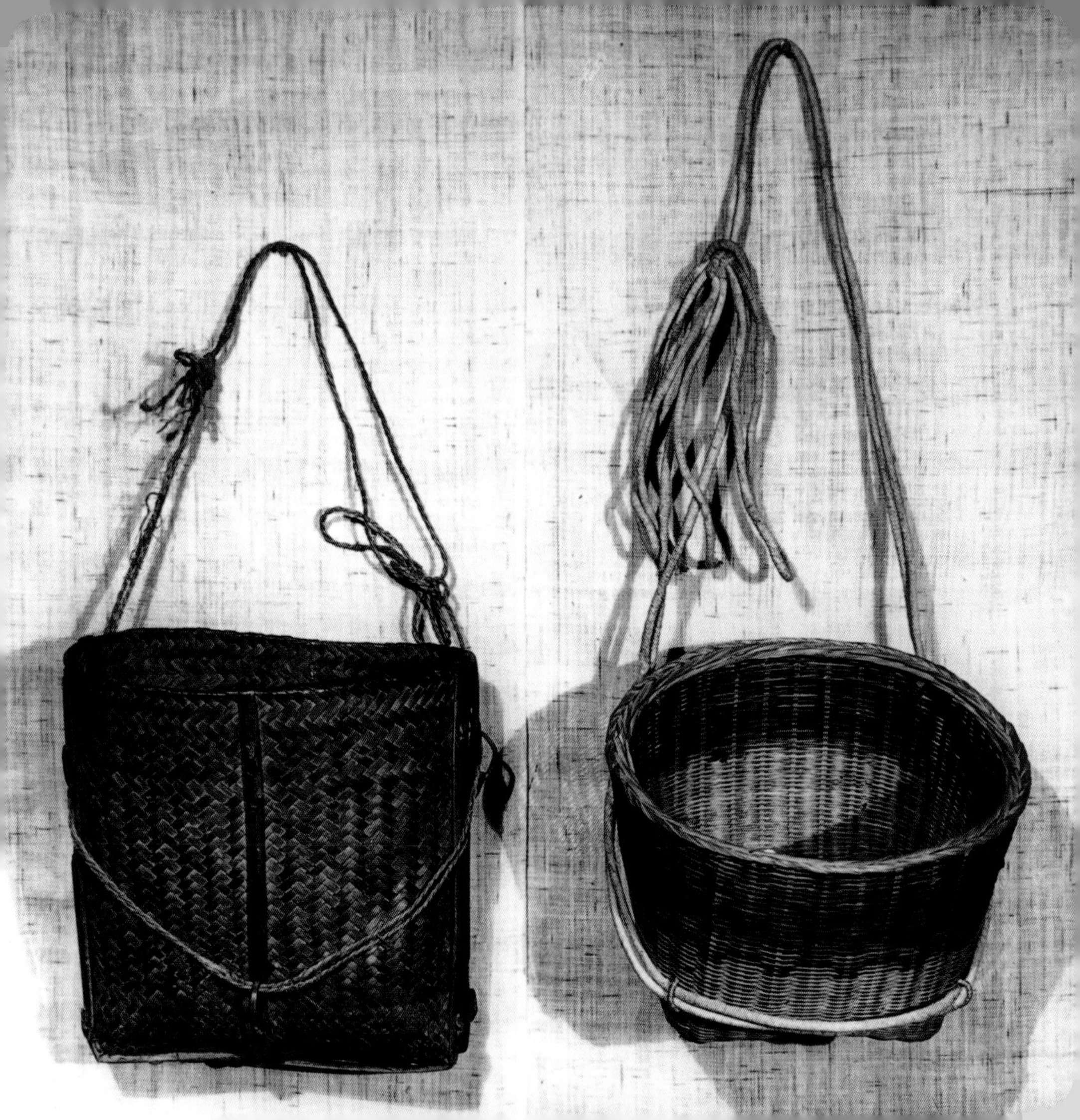

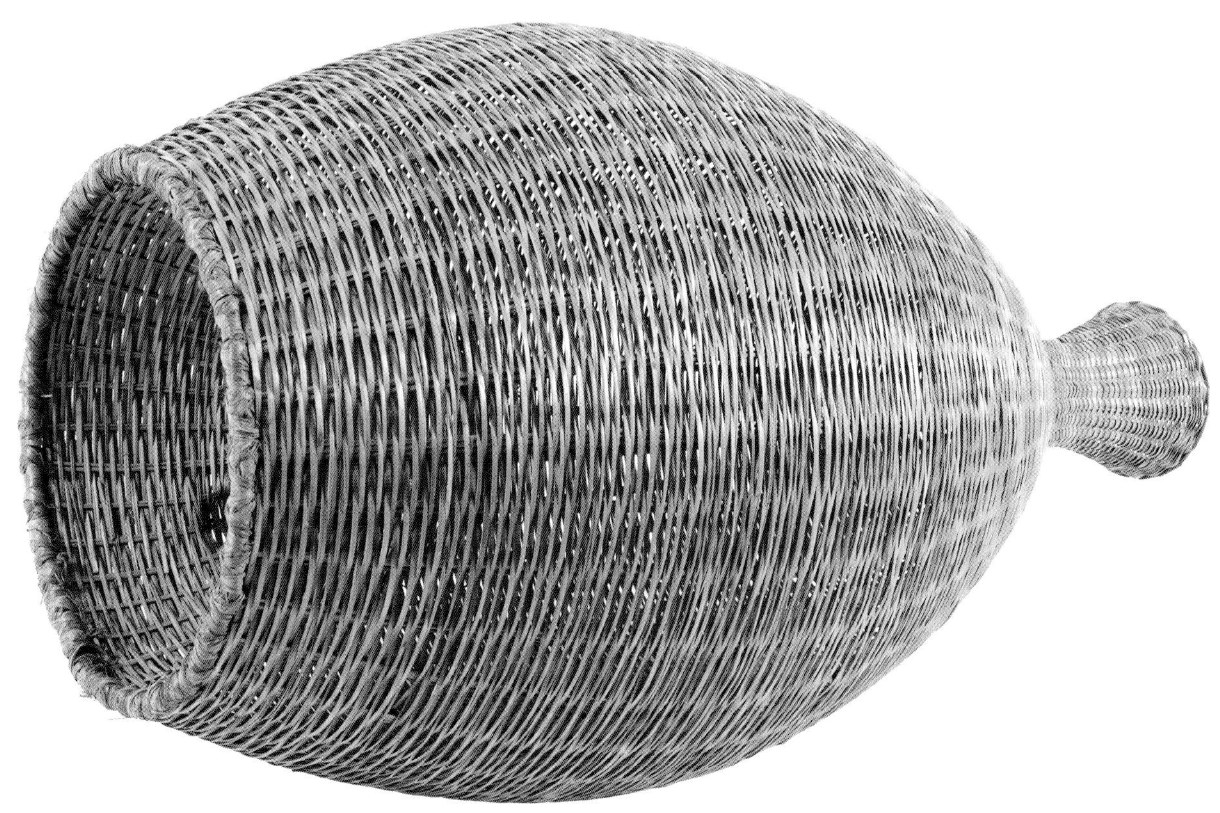

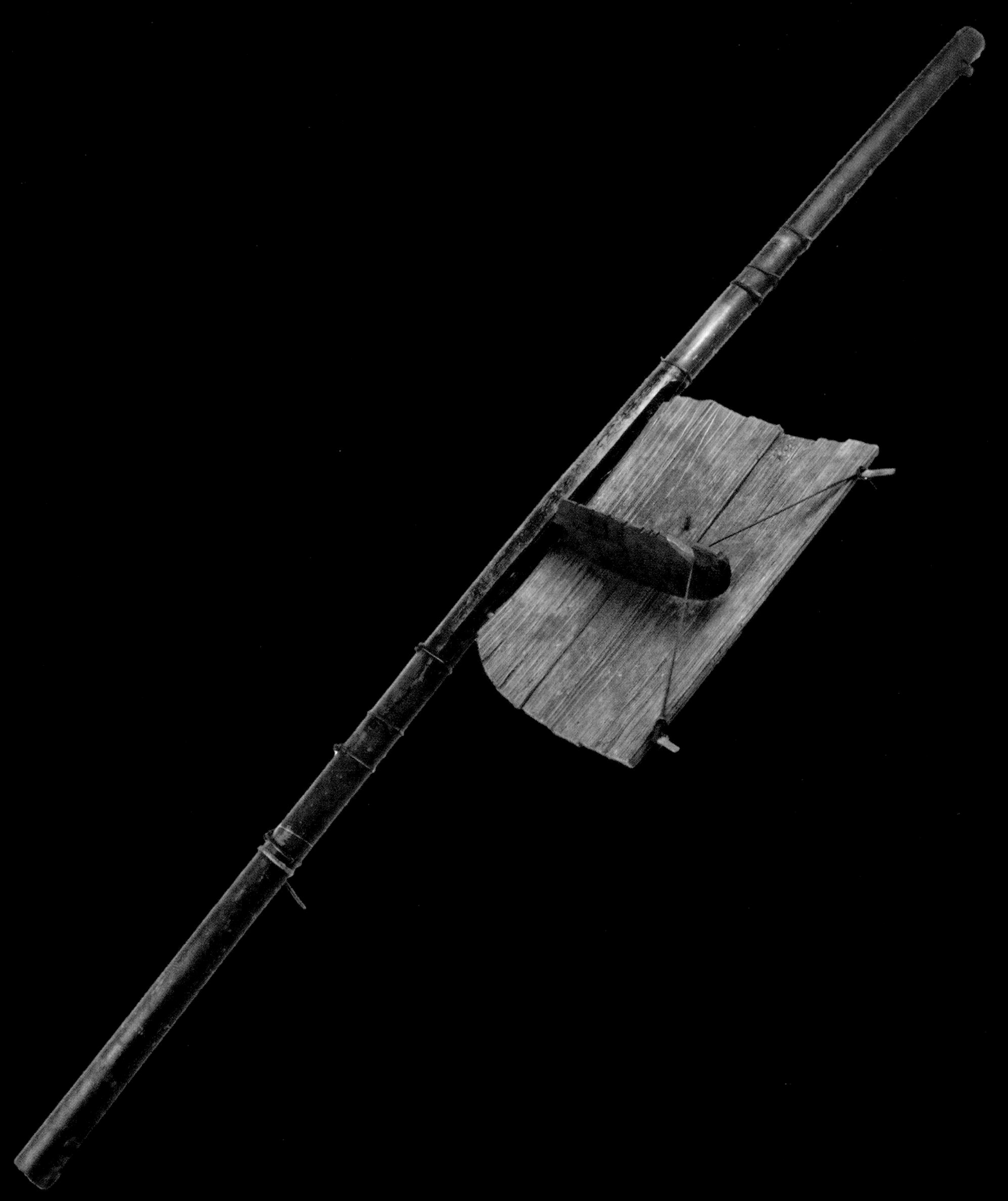

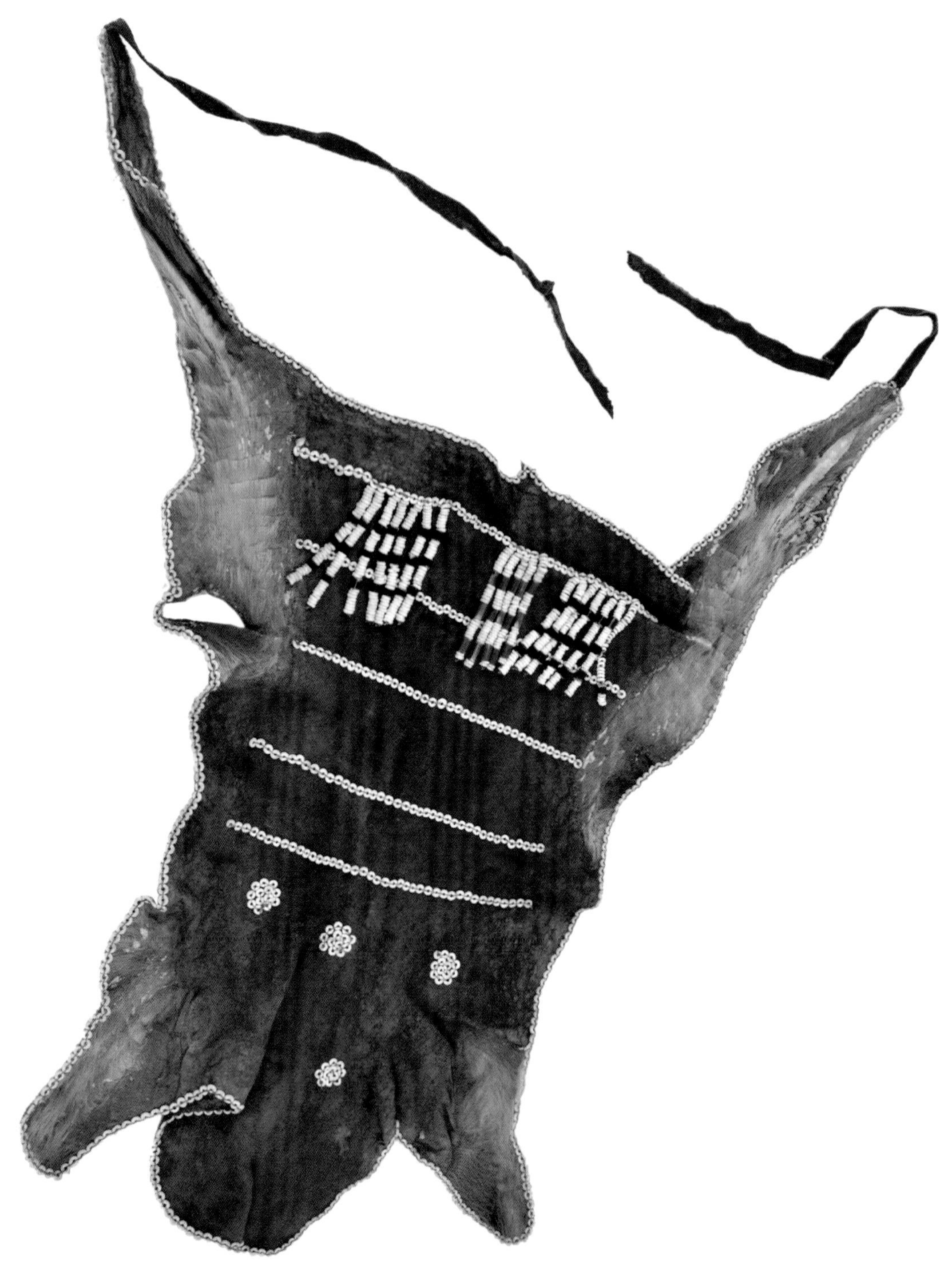

图 73

SOCIETE = MUSULMANE
SL - 1480 - B

TRANSPOT
COMMUN
SG2

人类文化

译者注

1. 原文说《非洲的维纳斯》是1848年沙龙展出的石膏模型，但从其他资料来看，1848年沙龙上展出的石膏模型只有《达尔富尔王国玛雅克部落的赛义德·阿卜杜拉》，是科尔迪耶以塞德·恩克斯为模特创作的，因为1848年是法国殖民地全面废除奴隶制的年份，这件作品象征着对奴隶制的反抗。而《非洲的维纳斯》是作为黑人男性铜像《达尔富尔王国玛雅克部落的赛义德·阿卜杜拉》的对照物，于1951年以黑人女性为模特创作的。
2. 印加文明是南美洲13—16世纪盛行的印第安人文明，与玛雅文明、阿兹特克文明并称为“印第安之大古老文明”，因印加人统一中安第斯山区建立印加帝国而得名。

151 《流泪的女人》 蜡制解剖学人体模型

安德烈·皮埃尔·潘松（1746—1828）
1784年
彩蜡、木头、睫毛、棉花
58厘米 × 19厘米 × 29厘米
奥尔良公爵的珍奇柜，1793年
MNHN-OA-1693

《流泪的女人》是博物馆蜡制解剖学人体模型收藏中的标志性作品，由解剖学家兼艺术家安德烈·皮埃尔·潘松为奥尔良公爵的珍奇柜创作，是启蒙时代蜡制人体模型的代表，巧妙地将艺术和科学结合在一起。

这件彩色蜡制人体模型展示了一个女人的头部和颈部的矢状面。左侧的纵剖面显示了大脑、鼻子、口腔、喉咙、食道、气管、脊髓的内部构造，以及这些器官的组织排列。右侧为一位年轻女性的迷人侧影，她的长发被梳成整齐的发髻。

如其名称所示，这幅作品的独特之处在于有一滴纯化松脂制成的眼泪顺着她的面庞落下。通过植入真正的睫毛，这位蜡塑艺术家复原了人类肌肤的细腻和模特的美丽。宁静安详的外表与残酷的内部结构形成鲜明对比。

潘松用一个三维模型提供了一场对教学和思考都有益的解剖学演示。

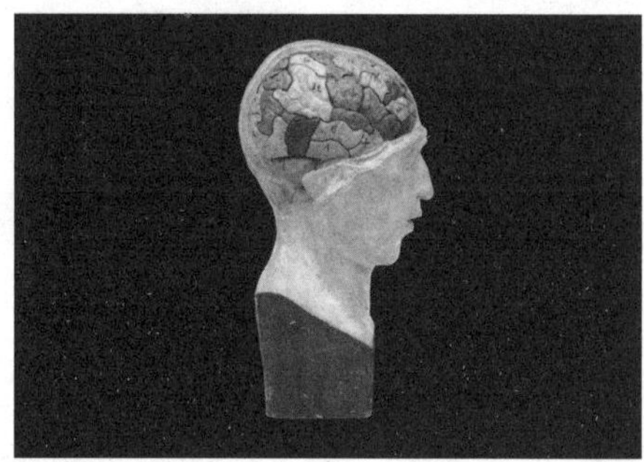

152 《颅相学半身像》 模型

加斯帕尔·施普尔茨海姆（1776—1832）
约1825年
彩色石膏
41厘米 × 15厘米 × 21厘米
MNHN-HA-28152

19世纪，弗朗茨·约瑟夫·加尔和他的追随者着手破译大脑的工作原理。这位奥地利医生假设头骨是大脑的印模，特别研究了大脑功能对应的区域。他的学生加斯帕尔·施普尔茨海姆创立了颅相学理论（“关于灵魂的论述”），以“构建关于人类肉体和道德之间关系的认知”。他对大脑的功能及其活动进行分类，将不同偏好和感觉细分为35种功能，并假设头骨上保留了大脑功能的印迹，将这些功能定位在大脑表面。

尽管这一理论启发了弗朗索瓦·布鲁赛和保罗·布罗卡等生理学家对大脑的研究，但它很快就被抛弃了。然而，颅相学受到了大众的普遍欢迎，特别是像奥诺雷·巴尔扎克这样知名的小说家，他在自己的作品里就借鉴了颅相学理论。

施普尔茨海姆的理论通过大量小册子传播开来，并被描绘在如图所示的这种半身像上。图中的半身像标示了“情感官能”（如对食物的渴望、对生命或孩子的爱）和“心智官能”（如计算、音乐、语言或比较）的位置。

博物馆保存了500多件当时制作的这类半身像，以记录这一理论。

153 《非洲的维纳斯》或《努比亚女人》

半身像

夏尔·亨利·约瑟夫·科尔迪耶（1827—1905）
1851年
铜
82.2厘米×33厘米×30厘米
内政部1851年委托创作
1852年入藏法国国家自然博物馆
FNAC-PFH-2632（国家造型艺术中心库房）

应博物馆馆长安德烈·康斯坦特·迪梅里的要求，内政部委托夏尔·科尔迪耶为1848年巴黎沙龙上展出的石膏模型《非洲的维纳斯》制作铜像，也为同时展出的对照作品《达尔富尔王国玛雅克部落的赛义德·阿卜杜拉》制作铜像[1]。后者成为人类博物馆永久收藏中的重要作品（见图67），该博物馆的民族志半身像收藏中还包括一些为当时活着的真实人物创作的雕像。

这位雕塑家遇到了一位被释放的奴隶——塞德·恩克斯，当时恩克斯已经进入科尔迪耶的导师弗朗索瓦·吕德的工作室担任专业模特。他为恩克斯及一名黑人女性各制作了一尊美丽绝伦的半身像，这座女性雕像名为《努比亚女人》，更广为人知的名字是《非洲的维纳斯》，她的头转向右侧，没有戴帽子或头巾，佩戴着珍珠项链和耳环，身上裹着打褶的织物。

在1852年的伦敦国际博览会上，这对铜像获得了巨大的成功，甚至吸引了维多利亚女王的注意，她为丈夫订购了一对复制品。这两尊圆雕半身像分别于1851年和1852年被博物馆收藏，并在植物园的人类学展厅展出。

多年来，在执行民族志任务的过程中，这位雕塑家为展示不同的人种做出了巨大的贡献，并为博物馆展厅提供了15尊半身像，其中包括4尊大理石雕像。

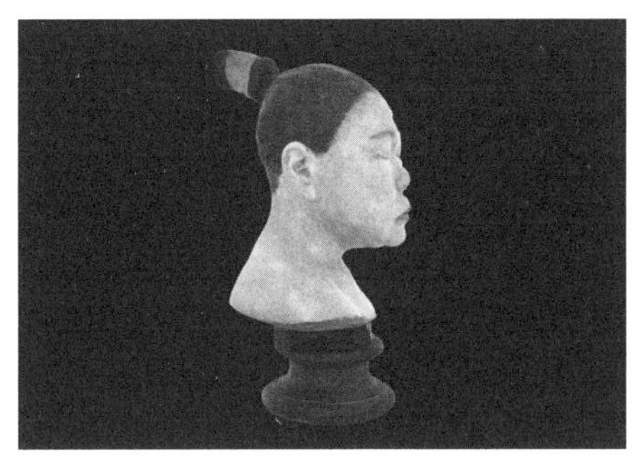

154 《阿塞纳特·埃莉奥诺拉·伊丽莎贝特》

模型

让·邦雅曼·斯塔尔（1817—1893）
1856年7月
彩色石膏
48厘米×38厘米×28厘米
MNHN-HA-1689

颅相学家皮埃尔·迪穆捷是儒勒·迪蒙·迪维尔探险队的解剖学助手，在他的推动下，模塑技术被大量应用于重大科学航行。

1856年，拿破仑三世的堂兄拿破仑亲王组织了一次北海探险。他派出了帝国的轻巡航舰“奥尔唐斯王后”号和护卫舰“科西图”号。除了在舰上配备管弦乐队，他还为这次航行召集了画家、记者、博物学家，以及摄影师路易·鲁索和造型师让·邦雅曼·斯塔尔，这两位当时都是本馆的工作人员。

这两艘船于1856年6月16日离开勒阿弗尔，先后抵达苏格兰、冰岛、格陵兰岛西海岸和丹麦，于10月6日返回。7月，船停泊在帕缪特，在丹麦语中此地名为“腓特烈斯霍布”。斯塔尔为18个真人铸造了模型，包括3个印度水手、6个冰岛人、1个挪威人、1个瑞典人、1个丹麦人和6个“爱斯基摩人”（3男3女）。其中，27岁的阿塞纳特·埃莉奥诺拉·伊丽莎贝特出生于格瓦诺恩，即如今的纳萨克。

铸模的目的是建立人类族群汇编，向公众展示他们前所未见的面孔。人类博物馆保存了600多件铸模，有些来自探险队，有些是为访问法国的外国人制作的，有些是与其他机构交换得来的。

155 查查波亚木乃伊

木乃伊

秘鲁 乌特库班巴山谷［查查波亚（chachapoya）文化］
9—15世纪
人体、植物制作的绳索
73厘米×36厘米×38厘米
保罗·维达尔－塞内兹发掘，1878年捐赠
MNHN-HA-30187

这具著名的木乃伊于1877年在秘鲁安第斯山脉的一座陵墓中被发现，它展示了比印加人更早的葬礼仪式，这些仪式延续到了印加文明[2]时期。

它是由探险家保罗·维达尔－塞内兹在乌特库班巴山谷中难以到达的彼德拉格兰德悬崖岩洞中发现的。维达尔－塞内兹共带回四具木乃伊，它们原本放在黏土烧制的锥形棺中，依然保留着人类的外貌。维达尔－塞内兹将木乃伊从锥形棺中取出，分别包裹在皮袋里。这些木乃伊于1878年被捐赠给博物馆，图中这具已经从皮袋中取出。

人类学研究表明，此人为男性，不到30岁，身高约1.70米，身体上没有明显的损伤或病变，可能患有肺结核。他死后，头骨左后部被钻了一个直径5厘米的大洞，大脑被取出，但没有进一步取出其他内脏器官。尸体被摆放成坐姿，双腿弯折至下巴下方，用绳子固定住。根据木乃伊上留下的昆虫活动痕迹推断，死亡发生在一年中最热的季节（8月至10月），死亡后不到6天尸体就被制成了木乃伊。

这具前印加文明时期的木乃伊自开馆以来就在特罗卡德罗民族志博物馆展出，启发了许多艺术家的创作，如保罗·高更的作品和爱德华·蒙克著名的《呐喊》。

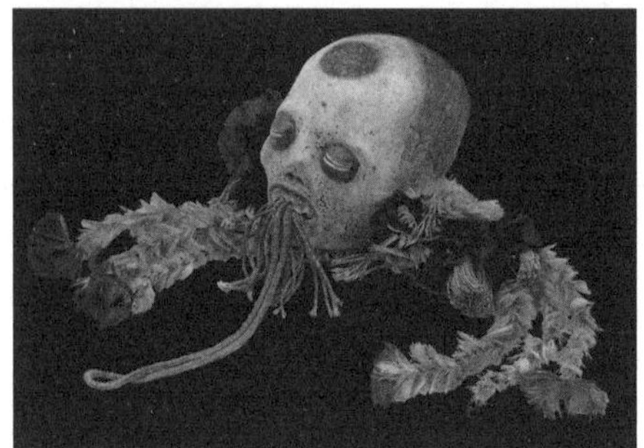

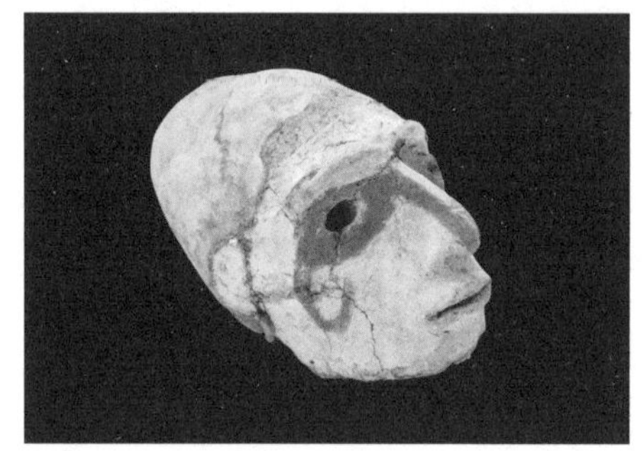

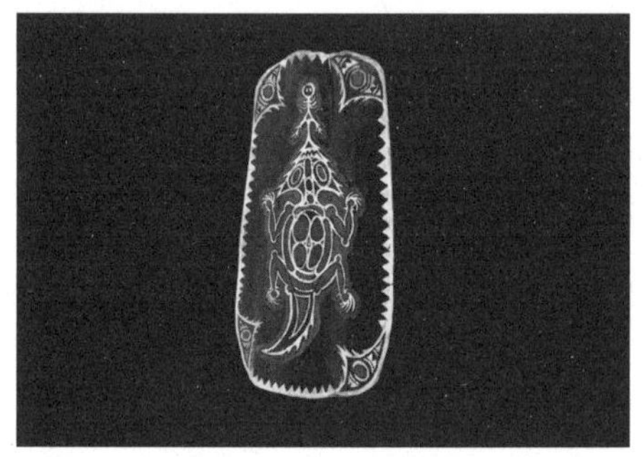

156　巴西印第安人　　木乃伊人头

巴西［蒙杜鲁库（Mundurucu）文化］
1868 年
人头、蜂蜡、刺豚鼠的牙齿、编织的棉线、巨嘴鸟的羽毛
15 厘米 × 14.5 厘米 × 17.5 厘米（头部）；33 厘米 × 9 厘米和 29 厘米 × 11.5 厘米（饰品）
1868 年弗朗茨·普吕纳-拜捐赠
MNHN-HA-3405

塔帕若斯河的蒙杜鲁库战士会将敌人斩首，并制作成战利品以证明自己的英勇。

蒙杜鲁库人，又称乌尤尤人（Wuyjuyu），是一个令人生畏的好战民族，经常袭击相邻的部落，主要是帕林廷廷（Parintintin），又称卡瓦希布（Cawahib）。他们绑架妇女和儿童，并将男人斩首，斩下的头颅成为战利品。

战士会亲自处理人头，没有人知道受害者是谁，也没什么能证明身份的线索。他首先给人头理了个蒙杜鲁库风格的发型。制作木乃伊要经过如下步骤：清洗、熏制、涂抹植物油和胭脂树红、去除牙齿和眼睛、通过枕骨大孔取出大脑。头骨的眼窝里填满了蜡，象征性地堵住了“心灵之窗”。战利品的制作以三年为例行周期，能够赋予持有者力量和威望，在整个周期内，战士会随身携带这件战利品。此后，旧的战利品会失去精神力量，被战士丢弃，于是新的周期又开始了。

这种木乃伊人头引起了相当多的关注，从 18 世纪起就出现在珍奇柜里，后来又出现在世界各地的许多博物馆里。本馆这件是由医生兼人类学家弗朗茨·普吕纳-拜于 1868 年 5 月捐赠的。

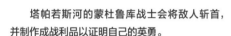

157　神圣头骨　　重塑的头骨

瓦努阿图　马勒库拉岛　梅利佩
19 世纪
人骨、稻草、磨碎的蕨类植物的髓浆、椰奶和面包果；氧化锰（蓝色），贝壳粉（白色）
17 厘米 × 17 厘米 × 25 厘米
1934 年埃德加·奥贝尔·德拉吕收集
EADR-394

在南太平洋的马勒库拉岛南部，重要人物死后，其头骨会被作为圣物保存起来。

这些高级头领去世后，其尸体会被放在平台上任其腐烂，直到头颅脱落。然后人们会将头骨清理干净，放在蚁穴中，对脸部进行造型，以重建其独特的面部特征，将死者的人格与他或她死后化作的神话人物的人格融合起来。然后，重塑的圣人头颅被固定在一个用蕨类茎干和木材制作的人体模型上。这个假人被称为“兰巴兰普”（rambaramp），会出席本人的葬礼。它被放置在死者的房子里，随着时间的推移腐烂分解。最后，只有头骨被留在屋顶。

地质学家兼地理学家埃德加·奥贝尔·德拉吕在 1934 年和 1935—1936 年对新赫布里底群岛进行了两次非常广泛的考察，为本馆带回大量博物学与人类学藏品，其中就包括来自今天的瓦努阿图的各个岛屿的 700 多件物品和几件重塑的人类头骨。1934 年这些头骨运抵本馆时，人类馆馆长保罗·里韦将其分配给人类学部，现在则被保存在布朗利码头博物馆。

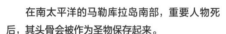

158　《阿辛》　　绘画

巴布亚新几内亚　基纳卡特姆［比瓦特（Biwat）文化］
20 世纪
西谷椰叶鞘（棕榈科 Arecaceae 的某种西谷椰 *Metroxylon* sp.），人造颜料（油）
71 厘米 × 39 厘米 × 8 厘米
2003 年克里斯蒂安·夸菲耶收藏
MNHN-E-2006.1.4

这片西谷椰叶鞘上描绘了神话中的鳄鱼“阿辛”，这是一个祖先神灵的兽化形象，人们会向其献上祭品。

根据其形状和所属族群，这种画在西谷椰叶鞘上的画可以镶嵌在竹框上，用来搭建礼堂的山墙。它们还可以覆盖在屋顶斜坡和隔板上，悬挂在房屋内外。其中一扇隔板将大厅与“灵屋”隔开，划定出一个独立的空间，使礼器免受世俗目光的亵渎。

20 世纪初，在巴布亚传播福音的传教士建造起教堂。从 20 世纪 60 年代起，他们将弥撒和经文从拉丁语翻译成当地语言，以促使原住民皈依。出于同样的目的，传教士也接受使用当地的象征和符号来装饰教堂。

这幅画使用了该地区的一种主要食用植物作为载体，并受到当地宗教装饰图案的启发。它见证了传统的技术和风格如何在变革后的社会和宗教体系中延续下来。这也是本馆选择文化人类学藏品时考虑的因素之一。

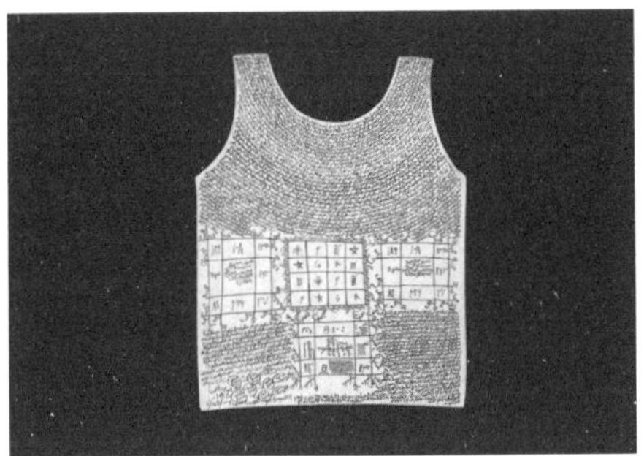

159 护身祭服

服装

塞内加尔 达喀尔 姆贝贝斯
21 世纪
棉、黑墨水
66 厘米 × 53 厘米
阿兰 · 埃佩尔布安收集
ALEP-78002

这种非常昂贵的护身祭服是由伊斯兰隐士指定制作的，旨在确保胜利或抵御邪恶的攻击。这件从姆贝贝斯垃圾场收集的祭服状况良好，说明它是因未能实现预期效果而被主人遗弃的。

祭服上整齐的文字清楚地展示了其祈愿目标和防护对象非常宽泛，而非针对性的具体事物：它们部分引用了《古兰经》的圣言，中间是三幅有魔力的画，周围排列着重复的通灵符号。正面和背面的图文是相同的，除了最后的箴言。里侧前后都写着“真主，穆罕默德”。顺着领口弧线排列的文字主要由重复的和平箴言和《古兰经》经文组成。下方是平直排列的四个方块和两个边角的文字：左下角是重复三次的古兰经求护词片段，带有圆形字母（sâd, mîm）的“气泡”效果，里面写着“我们的主穆罕默德”。

这件祭服曾在法国国家图书馆、阿拉伯世界研究所和巴黎大皇宫等多个场所展出。

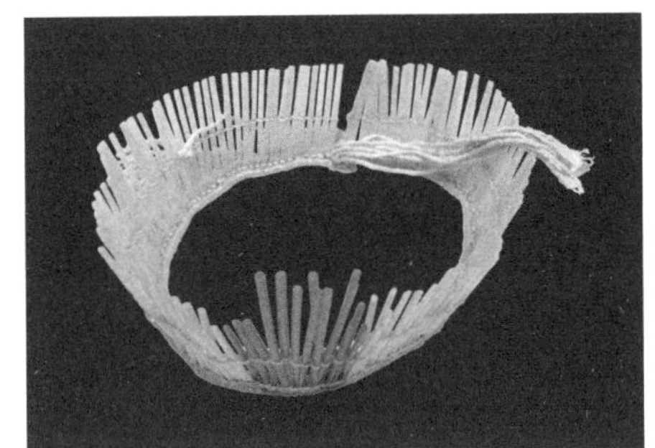

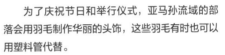

160 头冠

饰物

巴西 帕拉州 莫伊卡拉科［卡亚波（Kayapo）文化］
1999 年
塑料管、棉绳
11 厘米 × 20 厘米
2012 年帕斯卡莱 · 德罗伯特收集
MNHN-E-2012.4.1

为了庆祝节日和举行仪式，亚马孙流域的部落会用羽毛制作华丽的头饰，这些羽毛有时也可以用塑料管代替。

这个头饰是卡亚波部落一个名叫平奇的成员的作品。在一场火灾毁了通常用于制作仪饰的羽毛库存后，他用塑料吸管制作了这个头饰。

这个独特的头饰是为命名仪式制作的，但它的灵感直接来自当地男性日常佩戴的羽毛头饰。

吸管严格按照羽毛头饰的颜色编排顺序相互连接，被底部和中间的两层本色棉线固定在一起。在头饰底部，吸管的末端向内折叠约半厘米，而预留的线头可以将头饰固定在头后。

塑料吸管做的头饰现今已经变得比较常见了。这种材料进入一些亚马孙部落的传统器物制作领域，意味着那里的森林砍伐和生物多样性丧失进一步加剧。

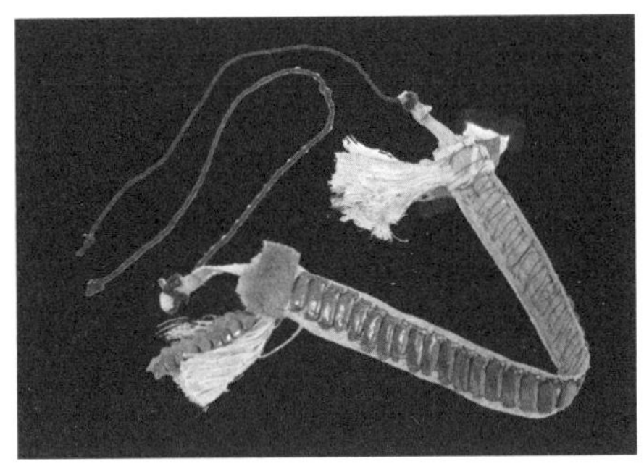

161 头带

饰物

巴布亚新几内亚
21 世纪初
金花金龟鞘翅、树皮、负鼠皮、棉绳和木槿纤维
88.5 厘米 × 2 厘米
2010 年克里斯蒂安 · 夸菲耶收集
MNHN-E-2010.8.46

制作饰品需要用到多种多样的生物材料，通常是种子和贝壳，有时是昆虫。

这条头带是当地为游客设计制作的，材料之多样出人意料，比如花金龟属 *Cetonia* 的一种甲虫——金花金龟 *Cetonia aurata* 的鞘翅。这些亮绿色的鞘翅被固定在一条米白色的树皮上，树皮两端各缝有一块正方形皮毛，以及由 18 个昆虫胸部组成的附属装饰，它们朝相同的方向鱼鳞状依次叠盖，靠将前足弯折到一束木槿纤维及同一材料的流苏上固定在头带末端。36 枚鞘翅，每枚长约 2 厘米，各扎了两个孔，用细而有弹性的金属线缝在树皮上；左右鞘翅对称地排布在头带中线的两边。头带两端各通过木槿纤维连有一根棉绳，用来将头带系在头上。

尽管是用于营利的商品，但这件饰物体现了当地工艺技巧的延续，充分利用了当地资源和外部世界的元素。

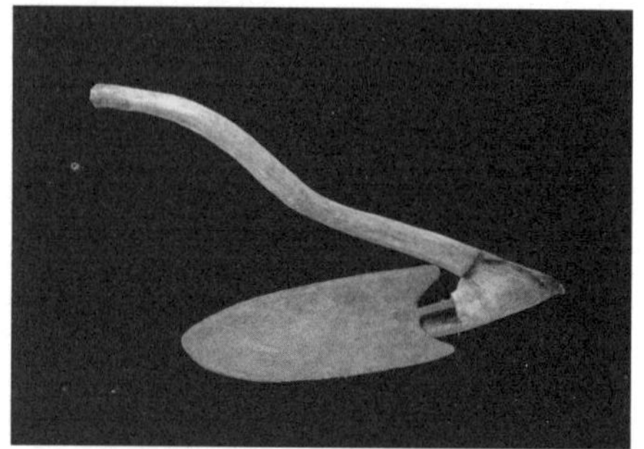

162　大起垄锄　工具

贝宁　阿塔科拉省　纳蒂廷古［巴里巴（Bariba）文化］
20 世纪 70 年代
锻铁，木材
58 厘米 × 23 厘米（锄板）；68 厘米 × 39 厘米（手柄）
雷蒙 · 皮若尔收集
ETB-BJ-RP-2020-001

这把大起垄锄是专门用来在贝宁种植该地区的主粮薯蓣（薯蓣科 Dioscoreaceae 薯蓣属 *Dioscorea* 圆薯蓣 *D. rotundata* 和白薯蓣 *D. cayennensis* 杂交种）的。起垄锄用于松土和筑起高大的田垄。

在贝宁北部和西部，薯蓣是主要作物，大约有 100 个品种，其中一些品种的块茎又长又大，需要一米多高的田垄。操作时农民需要身体前倾，将锄板拉向自己。

自本馆的民族植物学实验室成立以来，人们不仅关注栽培植物及其起源，关注传统农业（特别是热带地区的），还关注农业工具。事实上，农业工具是植物与人之间的重要媒介之一，是民族植物学研究的一个重要方面。

到目前为止，本馆在这一领域的收藏包括大约 100 种农业工具，涉及农作的所有阶段：清除灌木和杂草、整地、播种、收获、运输和扬谷。这些工具来自欧洲、非洲、拉丁美洲和亚洲的各处农田，旨在展示世界各地的种植者的策略和种植方法的多样性。

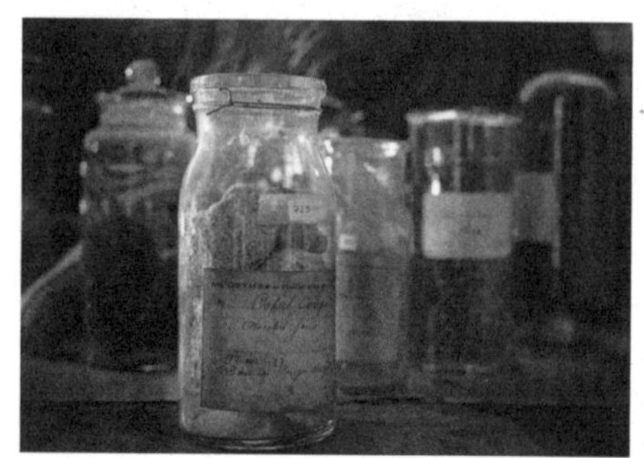

163　刚果柯巴脂　树脂

刚果民主共和国
1927 年 2 月
德米鼓琴木 *Guibourtia demeusei* 树脂球、玻璃罐、软木塞
24 厘米 × 10 厘米（罐子尺寸）
PAT007465

生产树脂和树胶的热带树木种类众多，向来因其工业用途受到关注。

奥古斯特 · 舍瓦利耶为其在 1902 年创建的殖民地植物资源生产实验室收集了大量有用植物材料，这份标本就来源于此。这些柯巴脂样品很可能来自豆科植物德米鼓琴木。所有产柯巴脂的树中，它是最常见的，在沼泽地区长得很茂盛，也是柯巴脂的主要来源。

非洲赤道区还有其他产柯巴脂的豆科植物，包括西非苏木属的奥氏西非苏木 *Daniellia oliveri* 和鹃花豆属的一些物种 *Tesmannia* spp.，这些树脂一直受到清漆行业的热烈欢迎。至少从 17 世纪开始，亚洲和美洲的许多热带树种就因此而闻名，而 19 世纪末对中非的殖民探索驱使人们前往一些当时人迹罕至的森林中寻找类似的珍贵树木资源。

本馆文化人类学藏品中的民族植物学部分，保存着人类社会使用和命名的野生和栽培植物的标本，保存形式包括草药、种子或材料，如纤维、粉末或树脂。

164　树干蜂箱　工具

法国　德龙省　迪瓦
20 世纪 70 年代
掏空的橡木树干，带木盖
81 厘米 × 44 厘米
丹尼斯 · 舍瓦利耶收集
ETB-EN-DC-2011-002

这种蜂箱的设计最接近蜜蜂在野外选择空心树安家的习性，见证了最古老的养蜂技术之一。这个一体式固定式蜂巢，由一整棵树的树干制成，其外部仍然包裹着树皮。但如果毫不节制地收集蜂蜜，还是会毁掉蜂群。这些树干蜂箱被安装在露天养蜂场。树干是在满月期间砍伐的，人们认为这有利于木材保持坚硬不腐，为蜜蜂提供长期的住所。

在法国，从萨瓦省到比利牛斯省这一大片地区，这种类型的蜂箱很常见。如今最著名的是塞文山脉和洛泽尔地区，那里用的树干是栗木，上面盖着大块的石板盖。本馆的藏品还包括另外两个树干蜂箱，一个是这种类型的，另一个是用诺曼底地区的苹果树树干制成的。

本馆保存了近 70 个来自法国各省和南欧的传统蜂箱，由可编织的植物茎秆、树干和树皮制成，其中一些在人类博物馆的人类展厅展出，同时展出的还有来自非洲、亚洲和美洲的收藏。这些蜂箱涉及蜜蜂属的几个种和亚种，还有的是为拉丁美洲的无刺蜂准备的。

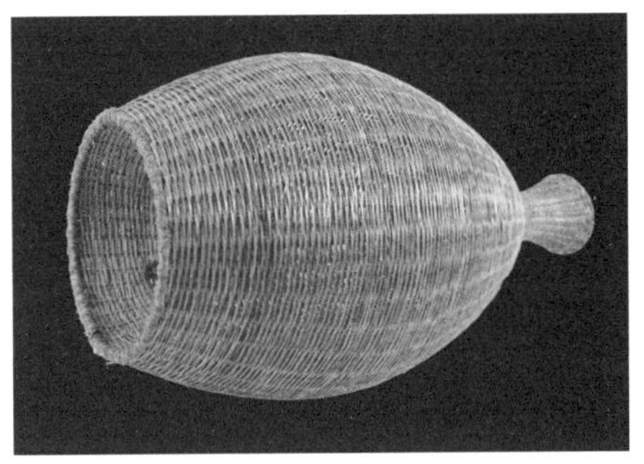

165 雕刻成骑士形状的奶酪 护身符

乌克兰 科索夫地区 科斯马奇［古苏尔（Gutsul）文化］
20 世纪 80 年代
盐渍羊奶酪
18 厘米 × 30 厘米 × 20 厘米
1995 年塔蒂亚娜·富加尔收集
MNHN-E-2010.7.1

在乌克兰的喀尔巴阡山脉，人们在夏季制作羊奶酪雕像，作为重要节日的吉祥物。

在喀尔巴阡山脉的高山牧场上，特别是在乌克兰的古苏尔地区，牧羊人用羊奶酪雕刻出各种各样的形象。在夏季结束时，他们腰间挂着小雕像回到村庄，将其作为礼物送给家人。从 19 世纪末开始，这项活计成为妇女的专长。

用于制作小雕像的奶酪是羊奶干酪。在整个塑形过程中，它被浸泡在热盐水中，以增加密度和硬度。吸收的盐分越多，小雕像的保存时间就越长，有的甚至可长达数十年不腐坏！

如今，这些小雕像仍然保留着它们作为护身符和吉祥物的意义。你可以在主保圣人的节日里在教堂门口购买，或者为重要的家庭活动订购，它们也出现在婚礼、生日、葬礼、周年纪念日或毕业典礼上。特别精致的小雕像会被作为传家宝保存在家族中。人类博物馆收藏的这件作品展示了一个运水的人，他的水罐挂在马背两侧。

166 “一捆麦穗” 食物

法国 卢瓦尔省 圣艾蒂安
20 世纪 70 年代
面包
48.5 厘米 × 24 厘米 × 6.5 厘米
贝尔纳·迪佩涅收集
MNHN-E-2009.4.2

在欧洲农村，面包的象征意义尤其在为庆祝丰收而烘烤的丰收面包中得以充分体现。

作为具有强烈社会和宗教价值的象征元素，小麦面包在欧洲、西亚和中亚社会是非常重要的主食。

除了食用，面包自古以来还被制作成特定形状，以满足装饰性或仪式性用途。在法国，收获季之前，村里的牧师会对田地进行祝福。在欧洲各地的乡村，每逢这样的关键时期，面包师都会制作面包，特意用麦穗装饰，放在教堂的祭坛上，以感恩丰收，例如图中这个面包的形状就是一捆麦穗。

如今，许多形状奇特的面包被用来装饰客人的餐桌。特殊面包的制作也与宗教节日（复活节或圣诞节）或社交活动（尤其是婚礼）有关。文化人类学藏品包括许多腌制食品、干面包，以及各种罐装或商业包装的食品，如面粉、种子或干辣椒等干燥果实。

167 捕鱼篓 工具

巴布亚新几内亚 莫罗贝省 莱城［莱（Lae）文化］
1972 年
用西谷椰 *Metroxylon* sp. 小叶的叶脉编织而成
80 厘米 × 40 厘米
克里斯蒂安·夸菲耶收集
MNHN-E-2012.1.8

渔具是人类与水生动物之间联系的基本见证。

这个捕鱼篓是用西谷椰小叶的叶脉编织而成的。底部呈喇叭状，鱼可以从这里进入，但鱼篓颈部收紧，可以防止渔获逃走。末端用作把手，既便于携带，也可以打开，把渔获倒出来。捕鱼装置有许多样式，但类似图中的这种在世界各大洲和几乎所有人类社会中都能看到。它们既适应水生动物（鱼类、甲壳类，甚至哺乳动物）的栖息地，也适应它们的行为习性。这些捕鱼篓被归类为“有固定壁的被动装置”，可以困住猎物。根据具体情况，它们可以单独放置，也可以在水坝中串联排列，大多数时候还会针对目标猎物选择相应的诱饵置于篓中。

本馆的几个实验室对捕鱼技术进行了研究，包括动物学家奥贝尔·格吕韦尔于 1920 年建立的海外渔业实验室，该实验室 1958 年由泰奥多尔·莫诺领导。莫诺提出了一种基于鱼类行为对渔具进行分类的方法。

168　雨鼓　乐器

缅甸
18 世纪
铜
44 厘米 × 56 厘米
2009 年克莱尔和阿梅代 · 马拉蒂埃捐赠
MNHN-E-2009.29.35

这种古老的铜制乐器为东南亚所特有，人们希望通过它来控制雨水。

盖盘边缘饰有四只高浮雕的青蛙，围着中央的一颗八角星，凿刻的浅浮雕图案以水生元素为主题，包括鱼、鸟、睡莲、花朵和其他植物元素。这些雨鼓是富裕家庭的贵重之物，人们用手或槌敲击，以调节季风与降水，祈祷水稻丰收。它们不会被放在地面上，而是用绳索悬挂在屋顶或树枝上。

在整个东南亚地区可以看到各种形式的铜鼓，本馆收藏的这只来自缅甸。人们在墓地中也发现了许多雨鼓，这表明它们也被用于葬仪。图中这只无疑就是这样，它的历史可以追溯到 18 世纪，捐赠者从巴黎波拿巴街的一个古董商那里购买了它。

作为一种乐器，它见证了农耕社会与自然因素之间的象征性关系，而自然因素制约着农耕技术的效率。

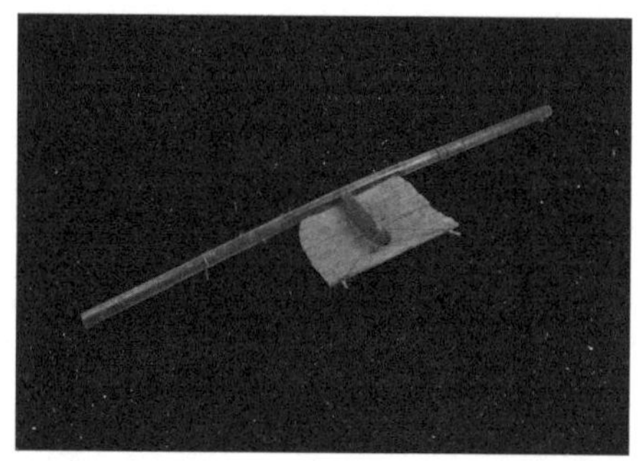

169　齐特琴　乐器

加蓬　比塔姆地区［巴卡（Baka）文化］
21 世纪初
酒椰树茎、酒椰树髓质板、木材、金属弦
106 厘米 × 24 厘米 × 7 厘米
西尔维 · 勒博曼收集
ETB-CM-SLB-2020-001

这种四弦乐器为刚果盆地西部的俾格米狩猎采集者所特有。

四根金属弦不对称地固定在酒椰树茎上，用木制琴马绷紧，可以产生八种不同的音符，通过滑动藤环进行调音。这种乐器的声音纤细，通过板式共鸣轻微放大，可为一小群人近距离歌唱伴奏。拨弦用的是双手食指的指尖。有的俾格米猎人部落会用藤本植物的茎来制作琴弦。

同一地区其他农业部落演奏的乐器形状相似，但具有不同的特点。除了块头大得多，通常能达到两米长，它们的琴弦被称为“自弦”，是指从制作琴身的酒椰树干的树皮中直接取出，简单提起当作琴弦即可。此外，他们会把葫芦固定在琴弦上来制作共鸣箱。在喀麦隆，这些大型乐器被称为“mvet”（有人将其译为匏弓），用于为史诗故事伴奏。

本馆的文化人类学藏品目前包括近 200 种不同类别的乐器，如气鸣乐器、体鸣乐器、膜鸣乐器和弦鸣乐器等。

170　昆虫面具

印度尼西亚　东爪哇省　吉朗加约
2019 年
漆树科的厚皮树 *Lannea coromandelica* 木材；用树液和压碎的叶子制成的植物颜料；用干菠萝叶纤维制成的头发
30 厘米 × 22 厘米 × 14 厘米
尼古拉 · 塞萨尔收集
MNHN-E-2019.2.5

这个爪哇降神面具代表螽斯或蝗虫，在舞蹈中人们向其投喂食物，意在使害虫远离水稻。

这个面具是由贝贝坎的当代雕塑家穆罕默德 · 贾姆哈里仿照雷奥格表演中舞者所佩戴的面具制作的，雷奥格是一种降神舞，表现了印尼史诗中英雄们的争斗冲突。在舞蹈过程中，爪哇巫师会召唤村子里的古老神灵附身，以便加强或重建部落、祖先与自然神灵之间的联系。佩戴昆虫面具舞蹈是为了抵御可能危害粮食作物（特别是水稻）的昆虫和疾病。

在舞蹈的含义中，昆虫会附身于那些戴着面具的人，部落成员向其投喂水果和蔬菜，昆虫吃饱之后，就不会再攻击农作物。图中的面具清晰地刻画了一种直翅目昆虫的头部，可能属于螽斯科。这组昆虫面具共六个，展现了直翅目、半翅目和鞘翅目昆虫的特征，图中所示是其中之一。

171 纳塔玛斯玛拉面具

瓦努阿图 马勒库拉岛［小南巴斯（nambas）文化］
2010 年左右
竹子和露兜树 *Pandanus* 框架上的植物泥、榕树纤维、蛛网毡、猪牙、公鸡羽毛
124 厘米 × 27 厘米 × 25 厘米
克里斯蒂安·夸菲耶于 2011 年收集，人类博物馆之友协会捐赠
MNHN-E-2013.3.57

这个纳塔玛斯玛拉（Natamasmara）面具呈圆锥形，涂了三种颜色——红色和白色赭石颜料，以及黑色植物染料。这是一种仪式用品，与年轻男性加入某个群体的仪式有关。制作它的人叫凯斯基·卡曼西高。

在这个由许多等级组成的社会体系中，从一个等级到另一个等级的过渡是在特殊的仪式中进行的，仪式结束后，新加入者的名字和等级会改变。每个等级都有专属面具，它代表强大的灵魂，未加入者是看不到的。在每次仪式之间，这些面具被保存在男人的屋子里，避免被女人和未加入者看到。

已加入群体的男性会小心翼翼地守护着这些面具的制造秘密和历史，但看到它们在博物馆里展出，这些人也会感到非常自豪。

在瓦努阿图群岛，文化中心参与了针对瓦努阿图人遗产的保护工作。他们支持和鼓励当地习俗的延续，并授权和管控“传统”和仪式用品向游客、收藏家和外国博物馆出口。这有助于瓦努阿图文化在当地和全球范围的传播。

这个面具与其他仪式物品一起，陈列在人类博物馆的人类展厅。

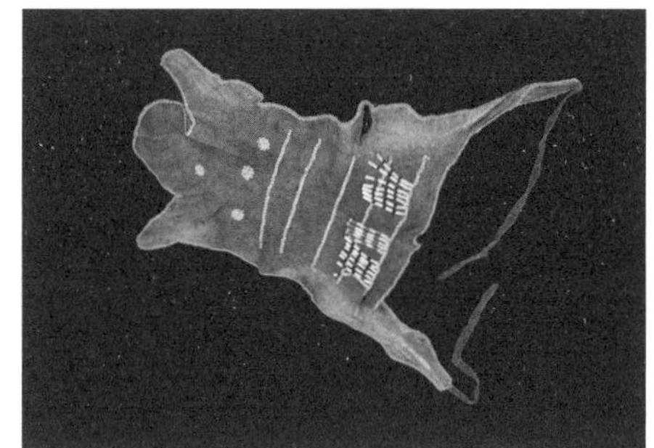

172 缠腰布 - 围裙

衣服

纳米比亚［桑族（san）文化］
20 世纪末
羚羊皮、鸵鸟蛋壳、豪猪刺、木头
69 厘米 × 37 厘米
埃马努埃莱·奥利维耶收集
MNHN-E-2017.10.4

这种来自纳米比亚的桑族缠腰布主要在节日期间穿着。

这件衣服几乎用了一整张小羚羊（产自南非的小岩羚 *Raphicerus campestris*，牛科）的皮，包括整个背部、部分腹部直到颈部，还有尾巴和去了蹄子的腿。羚羊皮上饰有鸵鸟蛋壳做的珠子、鹿角段和豪猪刺。后腿的两端各缝了一根皮带子，以便将缠腰布固定在腰后。这种围裙是给妇女穿的。

装饰品关乎个人偏好，布须曼人的服饰通常与每个人的个性和社会地位有关。事实上，刚成年的年轻人只有在通过成年仪式后才会收到新衣服。在某些情况下，尤其是在治疗性舞蹈中，治疗者可以借用妻子的衣服，但会穿在前面，遮住自己的缠腰布。

这种类型的衣服出现在许多岩画和雕刻中，证明它至少存在了几个世纪，且具有重要的社会功能和象征意义。

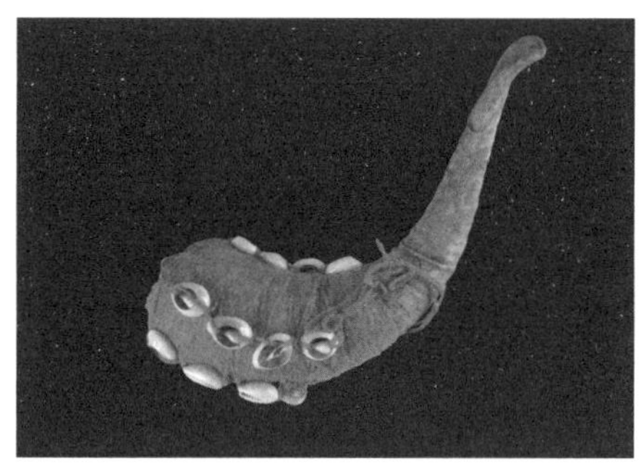

173 角护身符

利比里亚 蒙罗维亚
2013 年
山羊角、羊毛线、小贝壳
19 厘米 × 15.5 厘米 × 9 厘米
卡洛·德雷古瓦达蒂于 2014 年捐赠
MNHN-E-2013.1.44

在非洲，不论是野生还是家养的动物，它们的角都经常被用作护身符或药物容器。

图中这件物品是用山羊角做的，上面缠着红色的毛线，用于在住宅内提供精神祐护。小贝壳按设计好的位置和间距固定在角上，悬挂的提手也用同样的红色毛线制成。在西非，红色和白色——在这里是小贝壳——通常会给相应物品赋予象征意义，直接或间接地与精神或超自然维度关联。

这个护身符预先填充了各种“粉末”和具有活性的元素，在巫师或“专业从业者”举行完仪式后被激活，然后被挂在住宅内，或是埋在住宅的泥土地面下或入口处。

住宅主人用这样的物品来驱除疾病、亡灵和空气中的不良“气息”，这些气息可能会搅扰居住者的睡眠。这个护身符是卡洛·德雷古瓦达蒂在利比里亚的蒙罗维亚的一个市场上购买的。它是这位法国外交官在 2012 年至 2014 年之间捐赠的几件藏品之一。

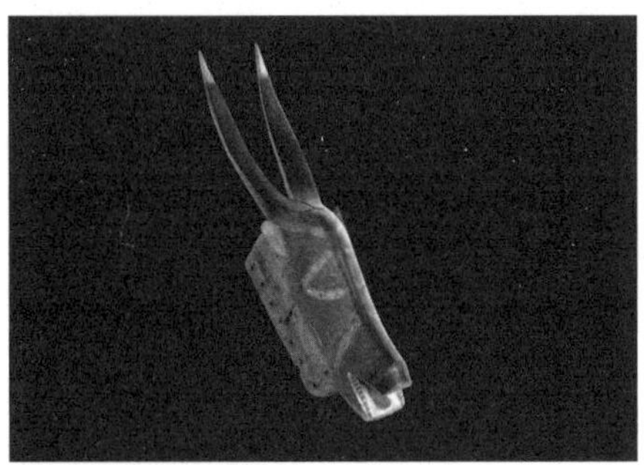

174　动物形象的面具

科特迪瓦［古罗（gouro）文化］
1930 年
多花止泻木 *Holarrhena floribunda* 木材（夹竹桃科 Apocynaceae）
59 厘米 × 17 厘米 × 13 厘米
奥古斯特·舍瓦利耶于 1930 年收集
MNHN-E-2018.6.12

非洲许多仪式舞蹈的面具是由真实动物的形象掺杂了或多或少的象征性成分融合而成的，往往还会将不同动物的形象组合在一起。

这个兽形面具是植物学家奥古斯特·舍瓦利耶于 1930 年 10 月在科特迪瓦进行研究期间获得的。它和另外 14 个面具属于同一系列，这些面具一直被保存在本馆（植物园）的民族植物学实验室，直到 2018 年。

舍瓦利耶研究的是热带地区的经济植物。这些面具中的大多数从未被使用过，收藏者的主要目的是分析和识别雕刻者使用的木材种类。这就是为什么这个面具几乎未被打磨过的内部有一个标签，说明它是用夹竹桃科的多花止泻木的木材制作的。因此，尽管这个面具有着不可否认的视觉品质——两个角为它增加了垂直感，以红、黑、白为主的配色带来多色感，收藏者的兴趣却只在相关的科学方法上。事实上，在 20 世纪 30 年代，关于面具的鉴定几乎无人研究，因此，奥古斯特·舍瓦利耶收集的这些面具现在被视为开创性的证据。

175　恩迪亚加·恩迪亚耶快车　　运载工具

塞内加尔　圣路易
20—21 世纪
退役的雷诺 SG2 Super-Goélette 面包车；由埃尔·哈吉·卡内和帕普·奥马尔·普伊（绰号萨利乌和奥马尔）绘制；装饰有多种图案、颜色、经文、护身符和魔法物品
2.5 米 × 4.5 米 × 2 米
达喀尔城市交通执行委员会 2015 年捐赠给人类博物馆

人类博物馆展厅展出了一辆塞内加尔的快速客运车，它由来自北方发达国家的工业品改造而成，是全球化背景下重塑身份的象征。

大量翻新的雷诺厢式汽车作为公共交通工具销往讲法语的国家。当地人用本土的工艺、机械和钣金技术改造了这些退役的工业品。这些地区数量庞大的厢式汽车持续运行至今，每辆车都行驶了数百万千米。在塞内加尔，它们每天服务于城内和城际公共交通，与国营公司的公共汽车、共享出租车甚至人力车竞争。按照规定，每辆面包车可以载客 25 名，这还不包括站着或者坐在车顶上的乘客。

这些客车承载着一种兼具装饰性和庇护性的原始民间艺术，这种艺术基于五彩缤纷的图案——植物、动物、人、历史事件，以及沃洛夫语、阿拉伯语和法语中的格言警句、道德箴言和护身咒语。它们包含护身符、物品、文字、隐士的名字和肖像，为车辆披上了抵御邪灵的“盔甲”。每辆车都是真正的民间艺术作品，旨在与世间万物对话。

VIII

艺术气象

MONDE
ARTISTIQUE

艺术可以用来呈现科学物品。科学成果的展示也可能启发出宏伟的艺术作品。有时，艺术家甚至会用作品向科学家致敬。作为科学史的见证，法国国家自然博物馆的艺术收藏不仅包括研究对象本身，也包括为辅助科学研究而设计创作的人工制品。素描、绘画或雕塑可以用来对自然进行严谨的记录，同时兼顾美感，这使它们跨越了科学与艺术之间的界限。但有时，艺术家也会想要借助严谨的描述展现其幻想中的场景。从最初的笔记和田野观察到最后的科学成果传播，本馆的图书馆对博物学家探索自然的每一个阶段都进行了存档。

Anemone variæ flore simplici.

Clathrus cancellatus

Cime du Chimborazo
Point du Chimborazo auquel MM. Bonpland, Montufar et Humboldt ont porté des Instrumens le 23 Juin 1802. Bar. 0m.3771
Therm. -1°.6
Haut.r du Popocatepetel
Point le plus haut (du Corazon) auquel MM. Bouguer et de la Condamine sont parvenus en 1738.
Haut.r du Pic de Teyde
Pichincha
Weissia
Région des Wintera et de l'Escallonia (Paramo)
Swertia quad
Limite supérieu
Styrax
Escallonia
Solanum
Columella
Castilleja integrifol.
Piper
Piper paras
Cinchona
Chenopodium
Weinmanie
Quercus granat.
Lich. melanoleu
Viburnum
Cinchona condaminea
(Qu. de Caxanuma)
Limite sup. des Mimoses irrit.
Gunnera
Pinguicula loxensis
Melastomes à fleurs bleues
Fragaria vesca
Abondance d'Epidendrum
Lisianthus
Oxalis
Freziera nervosa
Salviæ
Rapanea
Vaccinium merid.
Erithroxyl
Voyra cærulea
Dorsten. drak.
Ægiphila caraïnfera
Région des Fou
de 400.m à
Coñeluna hexandra
Piper en grands
Euphorbia cotinifolia
Pitcarnia
Clusia alba
Melastoma villosa
Iriartea
Sapindus
Bignonia echinata
Smilax
Kyllingia
Viola parasit.
Région des
Ægiphila
Epidendr. Vanilla
Bignonia
Salix
Lecythis
Capraria biflora
Hypnum
Jatropha urens
Tournefortia
Sterculia
Cocos
Rhizophora
Cleome
Byssus plumosa

Paris le 16 Sept. 1804) pour déterminer l'intensité des forces magnétiques, la quantité d'Oxygène dans l'air et le décroissement du Calorique. Bar. 0,m3288 (Bar. à Paris 0,m7652) Therm. − 9°5 (à Paris 30° 7.) Intens. des forces magn. sensiblement la même qu'à Paris. Hygrom. 33° Sauss. (à Paris 60°) Oxygène alors dans la même proportion qu'au niveau de la mer. Pas d'hydrogène sensible.

Cône du Cotopaxi

Hautr. du Pic d'Orizava ou Sitlatepetel

Hautr. du Montblanc à laquelle Mr. de Saussure est monté en 1787.

Hautr. de la Ville de Quito

Hautr. du Vesuve

Région des Lichens et Umbilicaria de 4600 m à 4800 m

Région des Graminées de 4100 m à 4600 m (le Paxonal)

Dactylis, Agrostis, Panicum, Avena nival., Juncus, Melica, Lobelia nana, Jarava, Sida glac., Stipa, Gentiana quit., Potentilla aud., Saxifraga, Plantago pygm., Ranunculus Gusmani, Oenothera, Lupinus, Azorella, Chuquiraga, Molina, Swertia quadric., Tussilago, Sida pichiuch., Conyza

Limite des dernières plantes arborescentes

Région des Gentianes et du Frailexon 2000 m à 4100 m (Puna)

Melast. nivea, Pourretia, Geranium, Wintera granat., Espeletia frailexon, Wernmaña, Embothrium emarginatum, Gentianes, Paltoria

Région du Barnadesia et du Duranta

Ancistrum, Margyricarpus, Dichondra, Rhexia glutinosa, Berberis, Spermacoce, Vallea stipularis, Thibaudia uvifera, Rubus alp., Nerteria, Salviæ, Mutisia clemat., Lobeliæ, Arnica, Passiflores en arbres, Maratrum fluviat., Alchemilla aphanoid, Oxalis edul, Tropæolum, Styrax, Besleriæ

Limite supér. des grands arbres

Région des Cinchona de 700 m à 2900 m

Cinchona cordifolia Mut. (Qu. jaune), Xyris, Datura, Fuchsiæ, Coffea occid., Andromeda, Freziera canescens, Krameria, Polypodium arbor., Loasa triphylla, Porlieria hygrometrica, Cinchona ovalif. (Qu. blanc), Hydrolea trigyna, Lich. Cinchonæ, Calyplectus, Freziera chrysophylla, Freziera sericea, Lythrum ciliat., Molinæ, Cissus, Cantua, Melastomes à grandes fleurs, Calicarpa, (Periphragm.), Killingiæ, Nicotianæ, Tecomæ, Moræa, Melastoma longifolia, Jussieua fedioides, (Fragaria chil.), Myrtus microphylla, Hydrobium nat. Mut., Heteranthera (Phrynium), Cecropia, Polygonum, Matisia cordata, Daphne merid., Dianthera, Bauhinia, Tillandsia, Cinchona longiflora Mut., Thibaudia, Camacha Mut.

Ribes frig., Andropogon, Dieranum, Basella, Vaccinium, Escallon. tubar., Quinquina orange, Polymnia, Castilleja fissifolia, Passiflora mixta, Buben apio, Videriana, Calceolaria, Oxalis, Begonia, Acæna, Taxus, Polypod. calaguala, Urticæ, Salix pol., Alstrœmeriæ, Piper parasit., Avenia, Hyperic. bacciferum, Loasa, Clusia alba, Añona reticul., Schinus molle, Barbulæ, Thalictrum, Xyris, Tillandsia, Thelephora glabra

Région du Palmier à Cire de Quindiu de 1800 m à 2800 m

Andromeda, Abondance de musci frond., Pourretia, Aristidæ, Palmier à Cire, Solanum, Freziera reticulata, Noranteæ, Paspalum, Foveolaria, Dorsteniæ, Polygalæ, Freziera nervosa, Pontederia, Passiflora tomentosa, Equisetum, Cinchona oblongifolia Mut. (Qu. rouge), Lantana, Cassiæ, Pothos, Cyperi, Phyllanthi, Solidago, Daphne lagetto, Dolichos, Croton, Celsia, Cucullaria grandifl., Ficus, Eugenia, Schinus molle, Ruellia violacea, Voyra rosea, Smilax, Caryocar amygdalif., Melastoma micrantha, Macrocnem. corymbos., Cyrillus violaceus, Sisyrinchium, Myristica granat., Bocconia, Comocladia, Parthen. hysterophor., Cinch. dissimiliflora, Cucullaria rochy, Prunus occid., Andira, Solanum, Manettia, Martinezia

Limite inférieure des Cinchona

Région des Scitaminées de 0 m à 1000 m

Carludovica, Dorstenia contrayerva, Gyrocarpus, Escobedia, Salviæ, Hamellia, Erythrina, Petræa volub., Godoya, Morinda, Plumbago, Hirca, Mutingia, Buginvillea, Dracontium, Melia sempervir., Bauhinia outimouta, Securidaca, Rauwolfia, Linociera, Oxalis, Sauvagesia, Paullinia, Melastoma argentea, Laurus pucheri, Cyanchum, Athenea, Nissolia, Eugenia, Embothrium chaparro, Calceolariæ, Cipura, Acalypha, Brownea, Toco ca guian., Polygonum, Vitis indica, Ochroma, Melastomes à fleurs viol. et blanches, Craniolaria, Ficus, Nama jamaic., Monzelia alp., Hidrolea spin., Aristol. cordifl., Anacard. caracoli, Pothos, Spondias, Mussænda, Piscidia, Hæca, Pancratium, Cæsalpinia, Cedrella, Aristolochia, Laurus cinnamomoides, Gustavia, Viola oppositif., Gomphrena, Xiphidium, Banisteria, Guaco, Bambusa, Spigelia, Comelina, Rivina, Trichilia, Myristica sebifera, Hymenea, Bittera, Myrodia turbin, Dalechampia, Jacquinia, Guayacum, Carolinæa, Fevillæa, Argemone mexic., Conocarpus, Bromelia, Mimosa Inga, Mauritia, Thrinax, Tolusera, Capparis, Cecropia, Hevea, Poinciana, Cratæva, Pisonia, Jussieua, Pontederia, Citrus, Hippomane, Morus tinctor., Amyris, Anomum, Mamea, Caryocar nucif., Ipomœa, Plumeria, Cordia ger., Bonplandia trifol. Willd., Cavanillesia, Varronia, Solanum, Hura, Cyperus, Fagara, Thalia, Alpinia, Costus, Costus glabrat., Convolv. brasil., Iatropha gossypifolia, Allionia, Sesuvium, Coccoloba

Boles paradoxus, Tuber cayennense, Lich. radiciformis, Lich. verticill., Lichen pannosus, Byssus speciosa

Région des Plantes souterraines

Photographs
of
British Algæ.
Cyanotype Impressions.

Bohumbet

بيد احمد الشريب Bujena

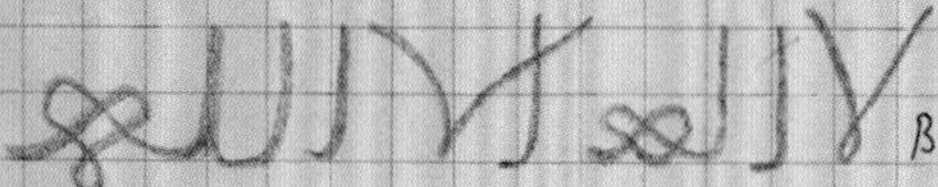

Bujena

Bujena

Bujena

27/26 Chig
Ch. clair

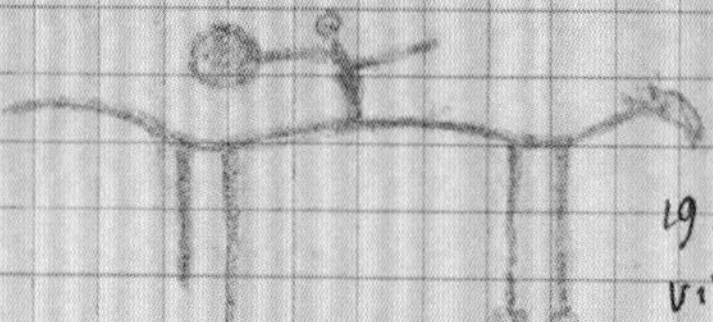

19/22 Ch
vieux ch.
l-b

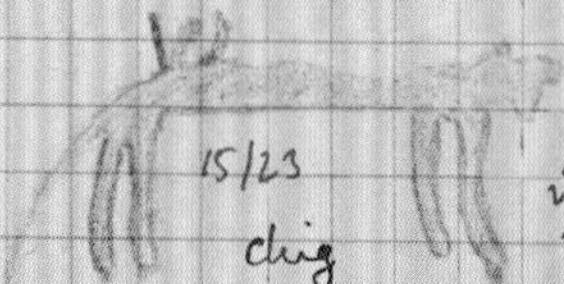

un peu
douteux

Chig

Chig

15/23
Chig

lb
gris clair
mais sur
roche d'
chemin

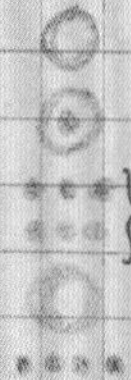

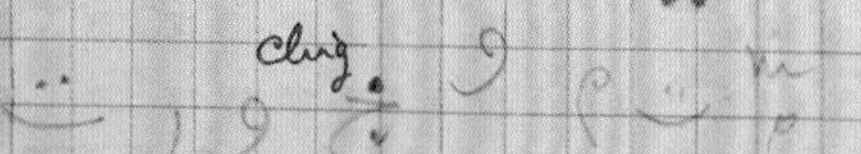

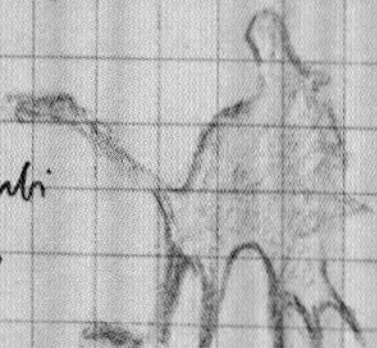

Safyet derbi
30/20
ch. clair

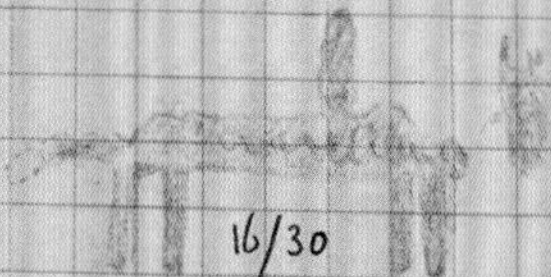

16/30
Safyet derbi

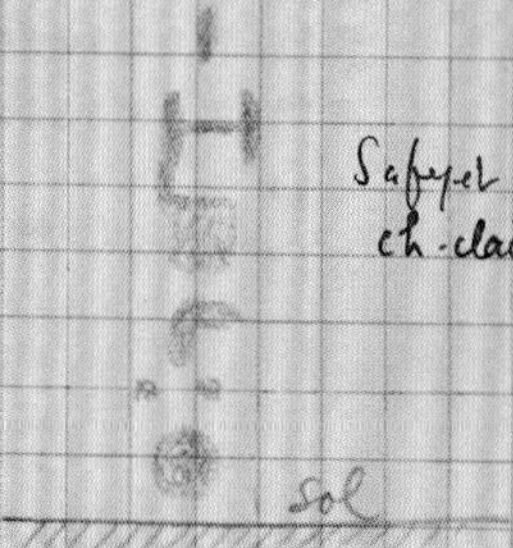

Safyet derbi
ch. clair

Sol

Safyet derbi ch. lb 24/33

14/16

Safyet derbi

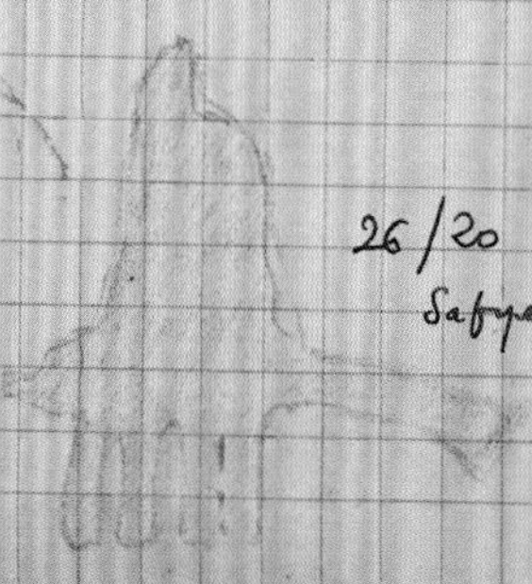

26/20
Safyet derbi

Bohumbēt : insignifiant — Buyéna : nombreuses inscr. arabes, p.f. illisibles. Chig : graffiti arabes et l.b., une ligne en sanyaniyya, sur la paroi de la fente d'entrée, rive gauche. qq. lettres tifinagh sur la même paroi, très indistinctes. — Agneïtir Safyet derbi : série d'abris sous roche creusés par le vent, face N d'une hammada, un beau champignon : des autruches, des chameaux (parfois très patinés),

assez nombr. inscr. arabes. Polissoirs.

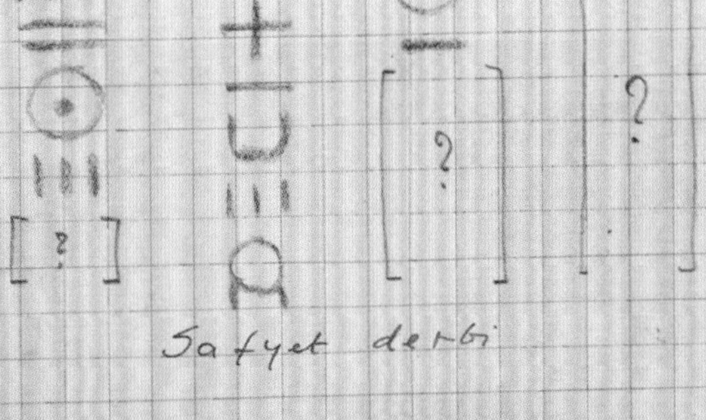

Agentur al begra : 3 chabada —
Nakhlawuya : peu de chose.

Fourn al Ajéli : très riche en inscriptions arabes.

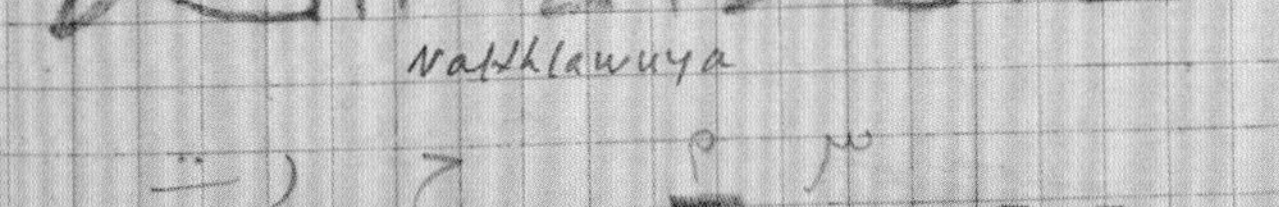

? ? ?

Safyet derbi

Nakhlawuya

[?] [?]

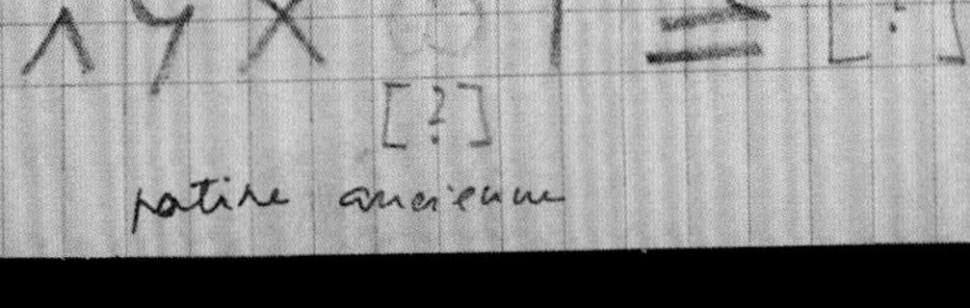

patine ancienne

Fourn el ajéli — une autre ligne de Sanyaniyya, illisible, à vieille patine.

CARTE
DE LA
DISTRIBUTION DES ANIMAUX
SUR LA SURFACE DE LA TERRE
PAR A.M. PERROT
...te Carte doit indiquer et représenter chaque genre d'Animaux dans la Contrée qui peut être considérée comme sa patrie, ainsi on n'y a pas placé les ...es domestiques qui ont été transportés et naturalisés d'un pays dans un autre. Le peu de grandeur qu'il a été permis de donner aux figures ren...t ce travail très difficile. Si les grands animaux et ceux le plus généralement connus se distinguent parfaitement, il n'en est pas de même des petites espèces et ... celles rares dont les formes sont moins saisissables et moins familières, comme par exemple celles des animaux de la Nouvelle Hollande on a donc cru indis...sable d'indiquer leur noms par des chiffres qui se rapportent au tableau ci dessous.
VERTEBRÉS.
MAMMIFÈRES
...adrumanes. Singes, Orangs (1) _ Gibbons (2) _
...mpenses (3) Makis (4) _ Sapajous, Guenons &c (5) _
...rnassiers. Chauve-Souris, Rousselles &c _
...rissons, Musar... Desmans (6) _ Ours _
...tons (7) _ Coatis (8) _ Mouffettes (9) _ Loutres (10) _
...rtes, Hermines, Putois (11) _ Chiens (12) _ Loups (13) _
Fourmilliers (45) _ Pangolins (46) _ Tamanoirs (48) _
Echidnes (49) _ Ornithorenques (50).
Pachidermes. Eléphans, Hippopotames (51) _
Sangliers, Cochons (52) _ Pecaris (53) _ Rhinoceros (54) _ Damans (55) _ Tapir (56) _ Chevaux, Dziggetai, Hemionne (57) _ Anes, Zèbres, Couagga, Dauws (58)
Ruminans. Chameaux, Dromadaires, Vigognes, Alpacas, Lamas (59) _ Chevrotins, Muscs (60) _ Elans (61) _ Cerfs, Daims, Chevreuils, Rhennes (62) _
Gallinacés. Paons (85) _ Hoccos (86) _ Faisans (87).
Echassiers. Autruches (88) _ Nandous (89) _ Casoars (90)
Outardes (91) _ Grues (92) _ Agamis (93) _ Savacous (94) _ Hérons (95) _ Cigognes (96) _ Jabirus (97) _
Ibis (98) _ Flamans (99).
Palmipedes. Plongeons (100) _ Manchots (101) _
Pingouins (102) _ Albatros (103) _ Mouettes (104) _
Goelands (104) _ Pélicans (105) _ Cormorans (106) _
AMÉRIQUE DU NORD
AMÉRIQUE DU SUD
AMÉRIQUE RUSSE
Eskimaux
GROENLAND
ISLANDE
Baie d'Hudson
LABRADOR
CANADA
ETATS UNIS
MEXIQUE
GOLFE DU MEXIQUE
Texas
OCÉAN PACIFIQUE
OCÉAN ATLANTIQUE
Cercle Polaire Arctique
Tropique du Cancer
Equateur
Tropique du Capricorne
Détroit de Melville
Dét. de Lancaster
Baie de Baffin
Détroit de Davis
Devon Sep.l
I. Baring
Ile Cockburn
I. Disco
C. Farewell
Iles Aléoutes
Ile de Terre Neuve
Banc de Terre Neuve
Halifax
Boston
New York
Washington
S. Francisco
I. Bermudes
Cuba
Haiti
Antilles
Guadeloupe
Martinique
Trinidad
Mexico
Vera Cruz
Acapulco
St. Salvador
Panama
Cayenne
Fl. des Amazones
Quito
Lima
C. S. Roque
Pernambouc
St. Salvador
Rio de Janeiro
Valparaiso
Santiago
Buenos Ayres
Monte Video
C. Corrientes
I. Chiloe
Terre de Feu
I. Malouines
I. Géorgie
I. Juan Fernandes
I. St. Ambroise
I. Galapagos
Is. Sandwich
Is. Revillagigedo
I. de l'Ascension
I. de la Trinité
Tristan de Acunha
Is. Açores
I. Madère
Is. Canaries
I.s du Cap Vert
Cap Vert
MAROC
SAHARA
SENEGAMBIE
GOLFE DE
Lisbonne
Madrid
ESPAGNE
Dt. de Gibraltar
La Manche
IRLANDE
ILES BRITANNIQUES
I. Jean Mayen
I. Feroe
URUGUAY
CHILI
QUITO
Dt. de Magellan

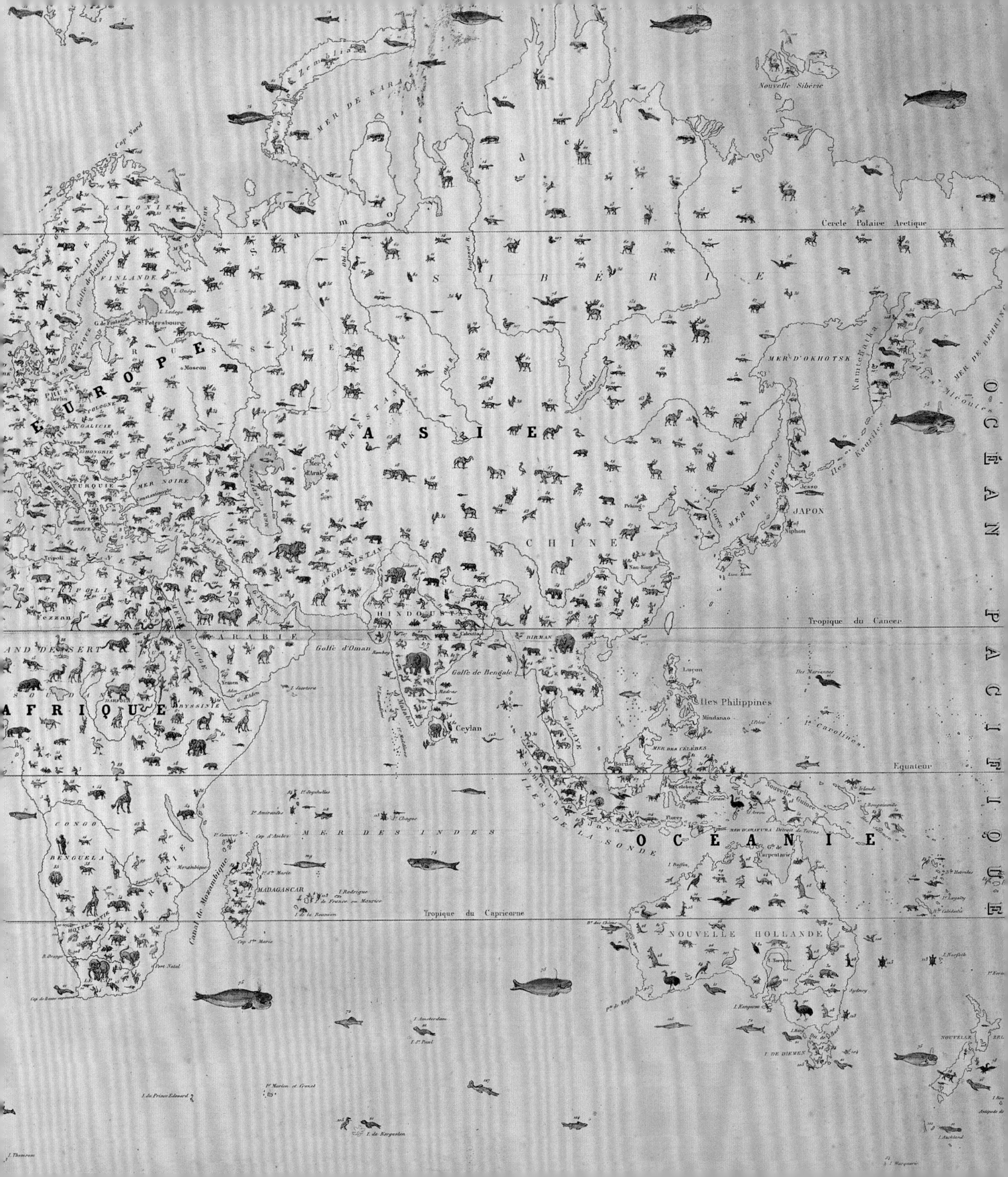

EUROPE
ASIE
AFRIQUE
OCEANIE
OCÉAN PACIFIQUE
SIBÉRIE
CHINE
JAPON
HINDOUSTAN
ARABIE
TURKESTAN
AFGHANISTAN
MER NOIRE
MER DE KARA
MER D'OKHOTSK
MER DE JAPON
MER DES INDES
MER DES CÉLÈBES
NOUVELLE HOLLANDE
MADAGASCAR
CONGO
BENGUELA
FINLANDE
LAPONIE
TURQUIE
PRUSSE
POLOGNE
GALICIE
FEZZAN
TRIPOLI
ABYSSINIE
HOTTENTOTS
Nouvelle Sibérie
Cercle Polaire Arctique
Tropique du Cancer
Equateur
Tropique du Capricorne
Cap Nord
Golfe de Bothnie
G. de Finlande
St Petersbourg
Moscou
Berlin
Vienne
Constantinople
Mer d'Azow
Mer d'Aral
Lac Baïkal
Kamtchatka
Iles Kouriles
Jesso
Niphon
Pékin
Nan-King
Corée
Golfe d'Oman
Golfe de Bengale
Bombay
Calcutta
Madras
Ceylan
Yemen
Aden
G. d'Aden
Mozambique
Canal de Mozambique
Port Natal
I. Rodrigue
I. de France ou Maurice
I. de la Réunion
Cap Ste Marie
I. Amsterdam
I. St Paul
I. de Kerguelen
I. du Prince Edouard
Iles Philippines
Luçon
Mindanao
Iles Mariannes
Iles Carolines
Bornéo
Java
Flores
Timor
Nouvelle Guinée
Golfe de Carpentarie
Détroit de Torres
Sydney
I. Kangaroo
I. DE DIEMEN
I. Norfolk
I. Auckland
Tripoli

maréchal ...
1/6
Sixieme de lagrandeur de l'individu

ſtico, & habet ſpinas in modum acuum: conſimilis in medendo facultatis, præſtantior in cibo, ut
ſtomacho, & uentrem magis mollit, urinamq́ ciet efficacius, Hæc raſis & Albertus. Sed apud G
cos facultates iſtæ echino marino attribuuntur. Vetus gloſſographus Auicennæ, uocem adulbus
ricium montanũ interpretatur: Syluaticus adualdul & adubul, ſimiliter: & in lingua noſtra (inq
uoc tur iſtri e. Alierba undum aliquos iſt ... ſpinoſus, ſecundum alios uero

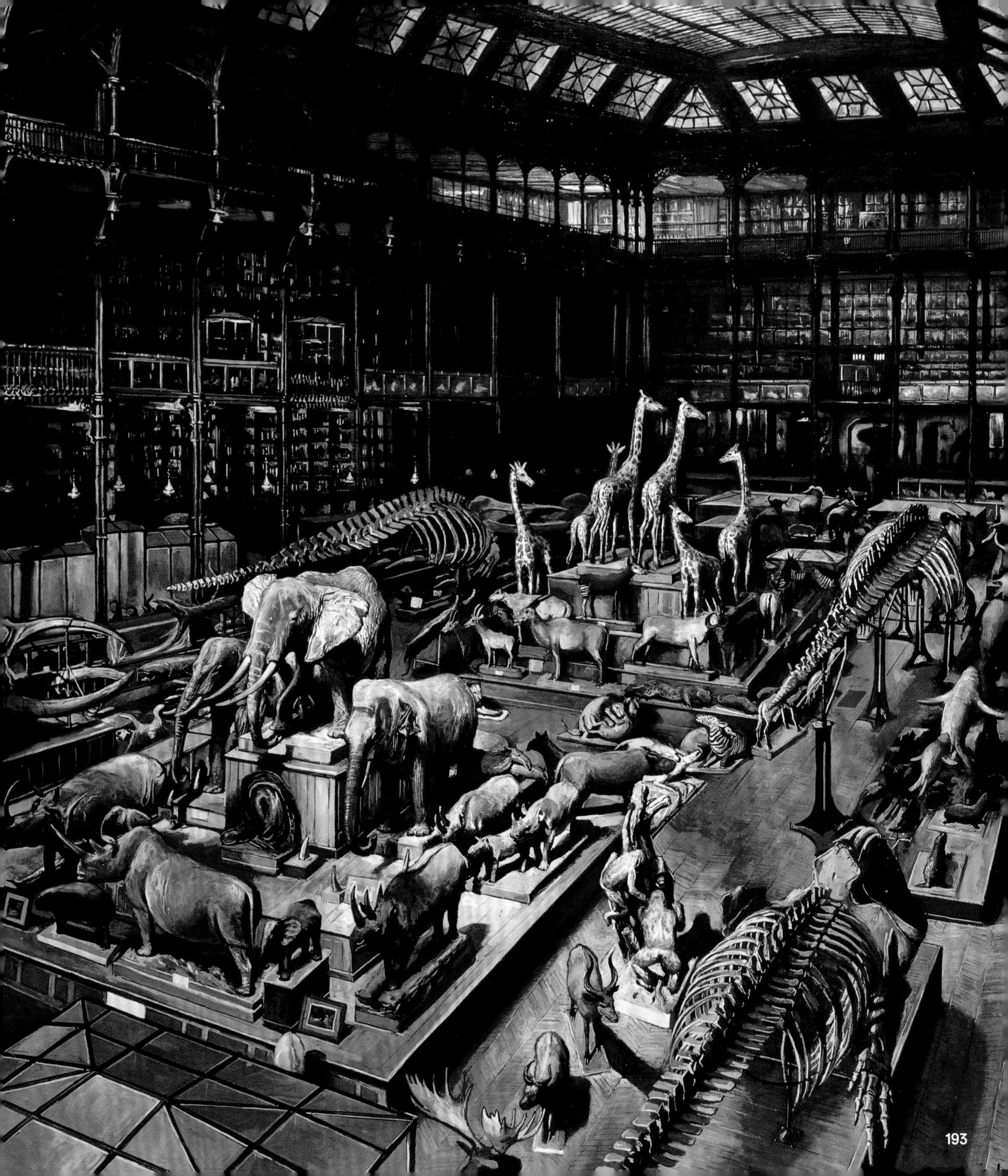

图 75

BUFFON

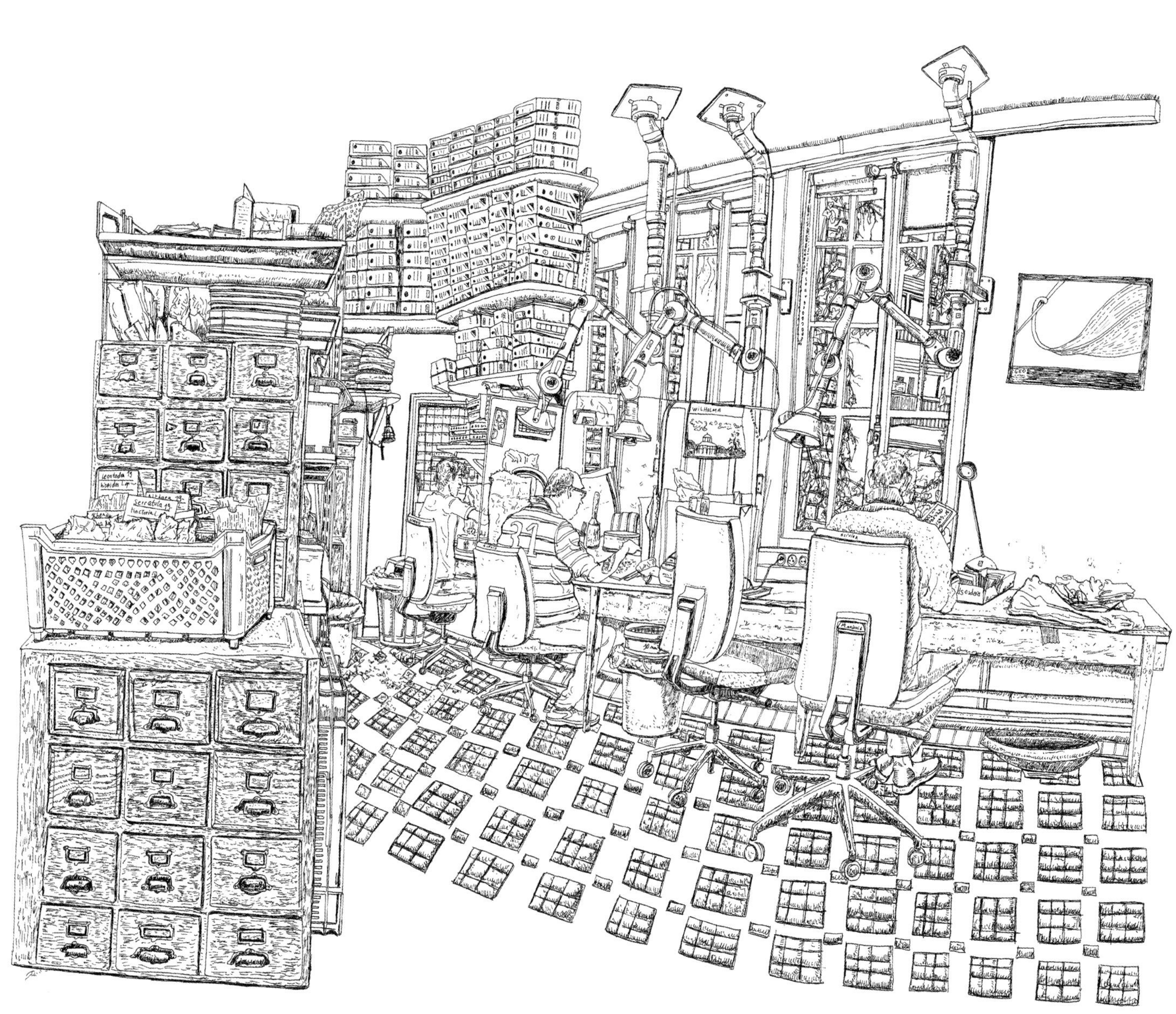
CHRISTELLE TEA
5.III.2019

17
A
B
B
G
G
C
C

A la court de lentree
B la Court deuant la face du logis
C le grand parterre diuise en quatre
D quatre autres grands parterres
E le bois
F le pre auec son eau Viue
G le Verger
H la Cerisee
I le pauillon en face de la grande allee des charmes
K la grande allee de la face de la maison
L lallee de charme qui ua au bois
M Allee en terrasse au pied de laquelle est la Riuiere de bieure
N la montaigne auec sa croupe esleuee de trois toises nommee belle Veue
O la petitte Croupe nommee beau seiour
P la maison
Q sa gallerie
R basse Court
S Iardin a tulipes
R
R
S
C
C
D
D
F

P
A
R
N
C
C
D
D
O
DEBIENEN
MIEVX

艺术气象

176　约瑟夫·博尼耶·德拉莫森的珍奇柜

18 世纪
荷兰橡木（里面陈列着本馆收藏的标本）
雕花镶板由布丰伯爵乔治·路易·勒克莱尔于 1745 年订购
OA.954

约瑟夫·博尼耶·德拉莫森男爵从父亲那里继承的财富使他能够尽情挥洒自己对艺术和科学的热情。1726 年，他翻新了自己位于巴黎的私人宅邸，将二楼改造成有七个房间的陈列馆，里面安放了九个珍奇柜，柜体用荷兰橡木雕刻而成。

很快，许多国家的学者都得到消息，前来参观。这些柜子里展出了不少稀有之物，有人造物品，特别是科学仪器（天文摆、液压钟、显微镜等），也有来自自然界的动物、植物和矿物。

因男爵早逝，他的遗孀不得不拍卖了他的财产和收藏。于是，1745 年，布丰伯爵为国王花园购入了其中的二号博物学珍奇柜[1]，人称“干制动物珍奇柜”，即陈列干制动物标本的五个柜子。这套家具被列为历史文物，经修复后陈列在中央图书馆的一楼，里面摆放的标本来自本馆目前的收藏。这些柜子恢复了其原本的面貌，见证了那个年代对分类学的关注，以及作为如今的科学博物馆雏形的珍奇柜所独有的装饰之美。

177　《世界四大洲的代表性鸟类：美洲》

绘画

让 - 雅克·巴舍利耶（1724—1806）
1760 年
布面油画
131 厘米 × 120 厘米
OA.512

这幅画是描绘世界各地鸟类的系列画作中的一幅，体现了当时人们对大自然的向往。1760 年，营缮总管马里尼侯爵委托让 - 雅克·巴舍利耶为路易十五最喜欢的舒瓦西城堡创作了这一系列油画。

1761 年，这些画作在巴黎沙龙展出，随后被摆放在独栋小楼小城堡[2]的会客室里。大革命时期，这些画作被转移到法国国家自然博物馆，其尺寸和形制也经过了调整——这组作品最初是圆形的。

这组画作分别描绘了当时人们所认为的代表美洲、欧洲、非洲和亚洲的鸟类和风景：金刚鹦鹉、凤头鹦鹉、冠伞鸟、巨嘴鸟和朱鹮置身于原生环境的草木景观之中；地平线则让人联想到人迹罕至的巍峨雪山和黎明时分的新大陆。从这些画中，我们可以了解到当时的博物学知识水平及其传播情况。

画中鸟类僵硬的姿态和有时显得暗淡的色彩表明，巴舍利耶应是以剥制标本为原型作画的。和谐的构图和色彩、细致入微的羽毛，体现了画家精湛的技艺，以及 18 世纪的人们对遥远异国的动植物的喜爱。

译者注

1. 根据当年的拍卖目录，德拉莫森的 9 个珍奇柜中包括 3 个博物学珍奇柜，其中一号陈列的是浸制标本，二号陈列的是干制动物标本，三号陈列的是贝壳、植物标本，以及跟博物学相关的印刷品。
2. 路易十五觉得舒瓦西城堡原本的房子太大了，为获得更多的私密空间，他于 1754 年让人在舒瓦西城堡的庭院里建了一栋独立建筑作为起居之所，这座建筑于 1756 年建成，被称为小城堡。
3. 细密画指精细刻画的小型装饰画作，常画于纸张和作为封面的象牙板或木板上。
4. 原文为 *Clathre rouge*，根据新的分类意见已被视为胭脂掌 *Opuntia cochenillifera* 的异名。
5. 美好年代指法国从普法战争（1871 年）大致结束到第一次世界大战（1914 年）开始之前的时期，其间法国上层及中产阶级的生活水平和安全感都有所提高，后世人们普遍怀念这一时期而追溯性称之为“美好年代”，大致等同于美国的“镀金时代”。

178 《十二线极乐鸟》，又称《华丽星云》

绘画

Seleucidis melanoleucus
皮埃尔 · 弗朗索瓦 · 德 · 瓦伊（1775—1852）
1811 年 7 月
犊皮纸水彩画
46 厘米 × 33 厘米
犊皮纸收藏，79 号文件夹，第 108 页

当极乐鸟展开其引人注目的羽翼求偶时，一大丛羽毛便如云朵般在犊皮纸上铺展开来……

16 世纪中叶，当极乐鸟到达欧洲时，对其最早的描述就伴随着美丽的传说：由于麦哲伦的环球探险队带回的标本没有腿，于是人们认为这种鸟儿来自极乐世界，从未着陆过。随着 18 世纪以来科学考察和商业探险的兴起，人们得以在自然环境中观察这种绚丽多姿的鸟儿，因而可以准确地描绘其形态、性情和羽毛。

博物学家弗朗索瓦 · 勒瓦扬在其《极乐鸟和佛法僧的自然史》（1806）一书中将其命名为“Nébuleux”（星云），因为它们求偶时的羽翼如云雾般飘逸，书中还撰写了一篇描述它们的文章，配有两幅插图，分别展现了它们休息和求偶时的样子。

数年后，皮埃尔 · 弗朗索瓦 · 德 · 瓦伊临摹了这两幅插画，并将其收录到本馆的犊皮纸收藏中，画作细腻地绘制出其不同类型的羽毛，以展现其求偶时的绚丽华美。

179 《银莲花》

绘画

银莲花变种花朵
尼古拉 · 罗贝尔（1614—1685）
17 世纪
犊皮纸水粉画
46 厘米 × 33 厘米
犊皮纸收藏，39 号文件夹，第 81 页

本馆的犊皮纸收藏结合了科学的严谨和艺术的精湛技巧，是科学与艺术之间对话的独特见证。犊皮纸博物画诞生于 17 世纪，当时的奥尔良公爵加斯东希望将布卢瓦城堡花园里的植物和鸟舍里的鸟儿描绘出来。直至 20 世纪，这类藏品的数量一直在不断增加。

画家尼古拉 · 罗贝尔曾为著名的《朱莉的花环》手稿绘制插画，他创作了近 700 幅犊皮纸博物画，构成了这项收藏早期的核心。1660 年，奥尔良公爵加斯东去世，他的侄子路易十四继承了这些精美的画作，并任命尼古拉 · 罗贝尔为宫廷细密画[3]画师，让他继续创作。

法国大革命期间，这批画作被委托给新成立的法国国家自然博物馆保管，这一举措使其真正被用于研究和教学。罗贝尔在博物学家的审核下创作的 700 幅犊皮纸博物画构成了一座独特的生物学材料宝库。

银莲花题材在 17 世纪十分受欢迎，本馆收藏的犊皮纸博物画中有 30 幅描绘了不同种类的银莲花，其中 10 幅是尼古拉 · 罗贝尔的作品。在图中展示的这幅画中，罗贝尔选择用花束的形态表现银莲花，迎合了同时代的园艺爱好者、流行花卉收藏家和寻找图样的刺绣师的喜好。

180 《水果展览》

植物蜡像

巨魔芋 *Amorphophallus titanum*
路易 · 马克 · 安托万 · 罗比亚尔 · 德阿尔让泰勒（约 1777—1828）
1802—1826 年
蜡、木头、金属
106 厘米 × 84 厘米 × 62 厘米
伊雷和布拉 · 德费尔家族于 1887 年捐赠
OA.1300（003）

1802 年，路易斯 · 马克 · 安托万 · 罗比亚尔 · 德阿尔让泰勒船长在前往印度的途中在毛里求斯停留。那里的庞普勒穆斯花园是最早的试验和驯化花园，自 1770 年起先后由总督皮埃尔 · 普瓦夫尔和植物学家让 · 尼古拉 · 塞雷管理。这个花园中的植物有的是当地特有的原生物种，也有的是人工培育的。德阿尔让泰勒曾在意大利乡间了解到蜡塑的技艺，这些植物为他提供了练习这项技艺的素材。

根据一个秘密配方，他将彩色的蜡混入树脂、木材和纤维，塑造出了一些在欧洲鲜为人知的热带植物和水果的蜡像，将其呈现在法国公众面前。这些植物和水果要么以其自然状态引人注目，要么便是可以食用或有工业价值的。

1829 年和 1830 年，一套共 112 个蜡塑模型以“Carporama”之名在巴黎成功展出。Carporama 一词源自希腊语，意为“水果展览”。德阿尔让泰勒忠实地还原了这些物种的特征：树枝、叶片、果实或种子都和实物一般大小。

这尊蜡像展现了巨魔芋开花时的壮观景象：花序可高达 3 米，花期短暂，花朵散发出难闻的气味。

这些植物蜡像因其美丽和科学上的准确性而引人注目，构成了一个独特的宝库，永久地保留了这些物种的鲜活之态。

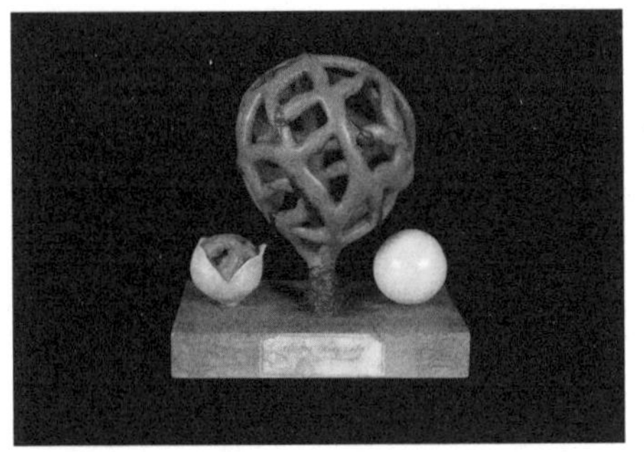

181 《红笼头菌》 蜡像

Clathrus ruber
安德烈 · 皮埃尔 · 潘松（1746—1828）
1802—1817 年
彩色塑形蜡，木头，铁
16.5 厘米 × 16.1 厘米 × 11 厘米
查理十世于 1825 年捐赠
OA.1500（453）

安德烈 · 皮埃尔 · 潘松是一位外科医生、解剖学家和艺术家。出于教育目的，他用蜡制作了许多人类和动物的解剖学模型。此外，他还希望为那些不能保存在酒精中的自然之物做模型，因此他开始着手用蜡像来表现自然世界。

在 19 世纪初的巴黎，医生们注意到因食用蘑菇而中毒的人数增加了。出于警示的目的，潘松以植物学家皮埃尔 · 比利亚尔为他的《法国真菌史》（1791）绘制和雕刻的彩色印版为原型，用彩色蜡制作了 540 个真菌模型。《法国真菌史》与医生让 - 雅克 · 波莱出版的《真菌论》（1793）同为真菌学的奠基之作。这批蜡像将每个物种不同的发育阶段展现出来，并附有其内部结构的剖面视图，以方便人们识别物种。

1825 年，国王查理十世买下了这批藏品，并将其捐赠给本馆，让参观者认识到食用野菇是一件快乐与危险并存的事。

182 《胭脂掌》 绘画

Opuntia cochenillifera[4]
皮埃尔 · 约瑟夫 · 雷杜德（1759—1840）
19 世纪
犊皮纸水彩画
31 厘米 × 22 厘米
Ms.Res.341（1）, pl. 39

皮埃尔 · 约瑟夫 · 雷杜德是著名的博物画家，也是本馆的绘画教授，被誉为“花卉画界的拉斐尔”。他所取得的成就与 19 世纪前三十年博物学的黄金年代密不可分。

雷杜德的作品以自然或标本为原型，再现了植物物种的多样和美丽。犊皮纸是一种非常精细的皮制纸，用死产小牛的皮加工而成。雷杜德是在犊皮纸上作画的专家，本馆收藏的犊皮画中有 500 多件是他创作的，此外还有许多科学著作的插图原画出自他手。他只用水彩作画，通过层层上色为描绘对象增添层次与质感，他擅长利用犊皮纸这种非常讲究的材质的柔软、透明的特性来突出色彩。

这幅精美的《胭脂掌》是为奥古斯丁 · 皮拉姆 · 德堪多的《多肉植物史》绘制的。这部著作包含 187 张仙人掌、芦荟和其他多肉植物的版画，自 1799 年起以分册的形式陆续出版，其中很大一部分犊皮纸原画保存在本馆。

雷杜德还是一位版画家，他使用点蚀技术亲自雕刻了所有印版。

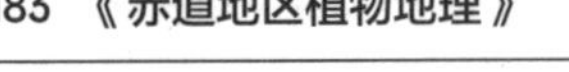

183 《赤道地区植物地理》 地图

安第斯山脉及其邻近国家的自然图表（帕里斯，朗格洛瓦）
作者：艾梅 · 邦普朗（1773—1858）、亚历山大 · 冯 · 洪堡（1769—1859）
绘图师：舍恩贝格尔、蒂尔潘
雕版师：布凯、博布莱
1805 年
地图印刷品
61 厘米 × 91 厘米
CM.5171-FA

这幅地图标志着地理学家亚历山大 · 冯 · 洪堡与植物学家艾梅 · 邦普朗之间卓有成效的合作。

来自柏林的青年学者洪堡在植物园的小径上偶遇了邦普朗，后者当时是本馆植物学课程的忠实听众。他们都对植物学充满热情，于是在 1799 年一同前往赤道美洲（西班牙在南美洲的殖民地），在那里一直待到 1804 年。在长达 1.5 万千米的旅程中，他们认真观察大自然、天空和海洋，收集了 5800 多件植物标本。

这幅地图见证了他们在这次探险中完成的工作以及开创性的观察方法。它是最早精确表现物种空间分布的地图之一，以实地草图为基础，展现了厄瓜多尔的一座火山——钦博拉索山上植被分布随海拔变化的情况。此外，该地图还标注了这种分布与环境数据（动物、温度、大气压力、地质情况等）的关系。

用多学科方法探索生命，从与环境相互作用的角度思考生命，这为下个世纪生态学的诞生做了重要铺垫。

184 《裂叶红皮藻》 摄影作品

裂叶复美叶藻 *Metacallophyllis laciniata*
《英国藻类摄影：蓝晒法印刷》
安娜·阿特金斯（1799—1871）
1845 年左右
纸质蓝晒照片
26 厘米 × 21 厘米
Ms.CRY.274（275）

英国植物学家和插画师安娜·阿特金斯在摄影史和植物插画史上留下了自己的标记。

《英国藻类摄影：蓝晒法印刷》在 1843 年至 1853 年间以非卖品的形式出版，是第一本将约翰·赫舍尔于 1842 年发明的蓝晒法工艺用于图像和文字印刷的书籍，也是第一本用照片作为插图的植物学书籍。

威廉·亨利·哈维的无插图版《英国藻类手册》（1841 年）出版后，安娜·阿特金斯开始收集书中介绍的各种藻类，并用蓝晒法留住它们的影像。将藻类像标本那样摆放在涂有感光溶液的底片上，就可获得一份异常逼真的藻类影像：在阳光下曝光后，经过水洗固定的影像在普鲁士蓝背景上呈现出白色。

这本书共包括 389 张图版、14 页标题和文本，其中有些是用藻类细枝制成的，由作者手工印刷后赠送给自己的朋友。每个朋友在收到这件礼物后需要自己负责装订，这是一项精细的工作，还得考虑到安娜·阿特金斯之后的补充和替换。在世界上已知的二十多份副本中，本馆这份是最完整的副本之一。

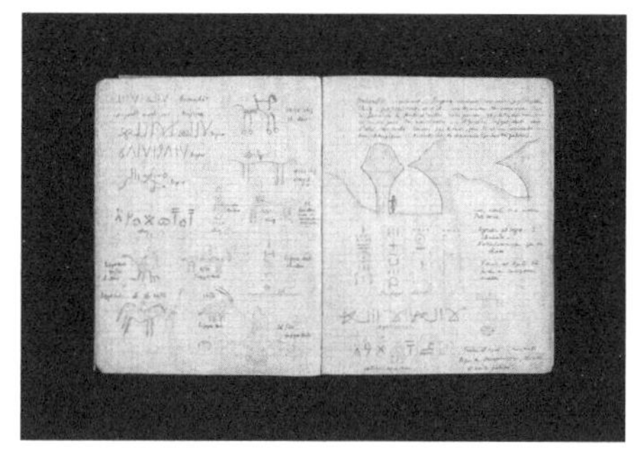

185 旅行手札 手稿

旅行手札 2 号，1934 年 8 月 10 日至 12 月 9 日，毛里塔尼亚，标本 1681 至 4813
泰奥多尔·莫诺（1902—2000）
1934 年
手稿笔记本
22 厘米 × 17 厘米
泰奥多尔·莫诺捐赠
Ms.MD.CR 1

泰奥多尔·莫诺是 20 世纪重要的人文主义研究者，他的笔记本是其实地考察工作的独特见证。

1934年，泰奥多尔·莫诺32岁。自1922年起，他一直担任本馆殖民地渔业和生产主管助理。他对沙漠满怀热情，彼时已经在非洲大陆执行过多项科学任务。

3 月，莫诺前往达喀尔，开始了为期 16 个月的撒哈拉西部之旅。正是在这次考察期间，他开始记录自己的旅途见闻或科研收获。作为一个彻头彻尾的博物学家，他描述了自己所看到和研究的一切。他对自己收集或观察到的所有植物、动物和地质标本做了一份连续编号的精确记录。此外，这位科学家还向我们提供了有关旅行条件、气候灾害、路遇的野生动物等宝贵信息。他还绘制路线图，进行地平线和地质剖面测绘，用铅笔转印他一路上发现的岩画或铭文。图中复制的页面显示的正是他 1934 年 9 月在提希特地区记录到的一些阿拉伯语铭文和利比亚 - 柏柏尔绘画。

直到 1994 年最后一次骑骆驼远行，泰奥多尔·莫诺一直将他的旅行日志记录在同样的笔记本中。

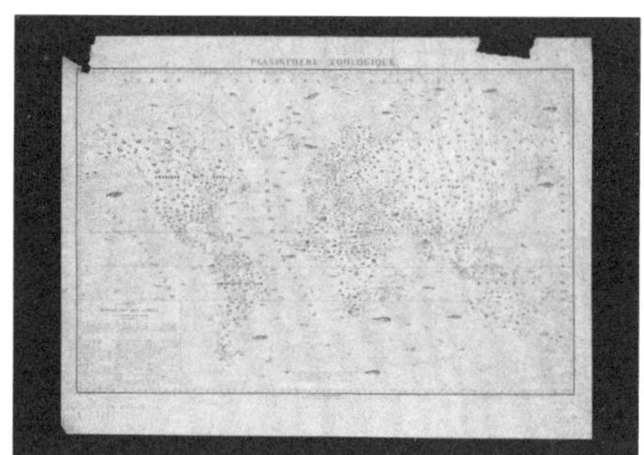

186 《动物学地图》 地图

地球表面动物分布图（帕里斯、阿尔贝萨与贝拉尔）
阿里斯蒂德·米歇尔·佩罗（1793—1879）
19 世纪
手工水彩上色的印刷地图
90 厘米 × 120 厘米
CM.2367.FA

关于全球地理要素与物种分布之间的联系，布丰著述颇丰。得益于此，动物地理学在 19 世纪蓬勃发展。

基于当时所知最完整的地球动植物区系名录，阿里斯蒂德·米歇尔·佩罗绘制了这幅《动物学地图》。与 19 世纪其他动物地理学地图一样，这幅作品代表着资料汇编和数据整合的杰出成就。

或许是出于审美方面的考虑，作者选择在相应的地理区域内形象地画出每个物种，而不仅仅是勾勒出物种分布的大的生物地理区域，虽然后者由英国博物学家艾尔弗雷德·拉塞尔·华莱士开创，是当时更受推崇的表现手法。

绘制地图需要科学地做出取舍，这幅地图上没有出现节肢动物和软体动物，而那些更广为人知、得到更多研究的哺乳动物占据了大多数区域。

在美学维度之外，这幅地图还是 19 世纪中期生物多样性的真实见证，展示了一些现已灭绝的物种。时至今日，它仍是科学家有力的研究工具。

187 《北极熊》

绘画

尼古拉·马雷夏尔（1753—1802）
1796 年
犊皮纸水彩画
33 × 46 厘米
犊皮纸收藏，第 70 号作品集，第 78 页

1793 年 6 月 10 日，国民大会颁布法令，将国王花园改造成国家自然博物馆，并决定将“（国王花园内的）自然博物馆收藏的以及不同时期存放在国家图书馆的动植物写实画”转移到这家新机构的图书馆。

尼古拉·马雷夏尔、皮埃尔·约瑟夫·雷杜德和亨利·约瑟夫·雷杜德三人受命继续丰富这类藏品。马雷夏尔在阿尔福特兽医学院接受过解剖学研究训练，在十年间绘制了许多动物肖像和解剖图，贡献了不少藏品。他的创作对象大多来自本馆植物园中的动物园。这个动物园 1794 年由雅克·亨利·贝尔纳丹·德圣皮埃尔主持创建。马雷夏尔不仅逼真地展示了动物的身体特征，还尽力传达每只动物的个性。

对于这幅绘制于 1796 年的《北极熊》，他特意标示其比例为“真实个体大小的 1/6”，并还原了这种动物原生的自然环境，将其置于冰天雪地之间。当初创作这些犊皮纸画主要是为了服务科研，时至今日，对博物学家来说，它们依然是宝贵的资料来源，是许多已灭绝的或濒危的物种的遗像。

188 科罗内利的地球仪与天球仪

温琴佐·马里亚·科罗内利（1650—1718）
1688 年
木材，金属
1.70 米 × 1.45 米
OA.113 和 OA.113bis

1683 年，法国驻罗马大使埃斯特雷主教献给太阳王路易十四两尊直径近 4 米、重达 2 吨的球形仪器（地球仪和天球仪）：它们共同呈现出地球和天空的景象，以颂扬太阳王的荣光，堪称技术和艺术的双重杰作。

受托完成这非凡杰作的人是威尼斯宇宙学家温琴佐·科罗内利。这两个球型仪器最初安装在路易十四的行宫马利城堡，现在则陈列在法国国家图书馆。凭借这一非凡成就所获得的声望，科罗内利之后又做了一些同类仪器，但尺寸更人性化。本馆的图书馆中保存的正是这种缩小版，而非复制品。

尽管从 18 世纪起，科罗内利的仪器就因过时而受到批评——他参照的地图有些太过陈旧了，但其中蕴含的象征性力量和卓越的呈现效果给人们留下了深刻的印象：天球仪上绘制的是太阳王诞生之日的星空分布；地球仪上的图案展现了当时所知的世界局势，由许多异国情调的场景、歌颂海上贸易的插图和取自旅行者记述的文本组成。

189 《大象》

雕塑

弗朗索瓦-格扎维埃·拉朗纳（1927—2008）
1986 年
不锈钢和常春藤
2.40 米 × 3.06 米 × 1.08 米
2012 年巴黎市政府寄存
COA.AC.10001

这两只扬起长鼻的大象是动物雕塑家弗朗索瓦-格扎维埃·拉朗纳的代表作，自 2012 年春天起一直站在这里，欢迎来到动物园的游客。

它们本是为了装饰巴黎一区的雷阿勒冒险花园的入口而创作的，由拉朗纳的妻子克洛德·拉朗纳设计。这两只大象邀请孩子们穿越广阔的热带森林，爬上火山斜坡，进行一次有趣的旅行。

在雷阿勒街区改造后，应拉朗纳遗孀的要求，巴黎市政府将这两座大象雕塑移至本馆，并经她本人同意安装在食草动物圆厅旁。

这座圆厅直到 20 世纪中叶一直饲养着大型哺乳动物，第一批入住的是著名的汉茨和帕基，这对原属荷兰总督的大象因被拿破仑的军队征用而来到这里。

弗朗索瓦-格扎维埃·拉朗纳以表现野生动物而闻名。作为这对大象雕塑的对照组，他在大洋彼岸的美国设计了林木修剪作品《大象拱门》，安置在洛杉矶的法语高中。

190 《法国第一只长颈鹿》 透景画

佚名
约 1830—1845 年
木头、油彩、陶土、玻璃、皮革
85 厘米 × 80 厘米 × 40 厘米
2008 年通过预购获得
OA.1749

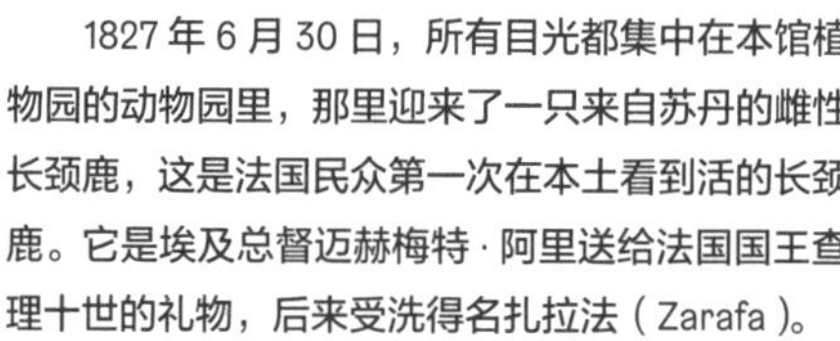

1827 年 6 月 30 日，所有目光都集中在本馆植物园的动物园里，那里迎来了一只来自苏丹的雌性长颈鹿，这是法国民众第一次在本土看到活的长颈鹿。它是埃及总督迈赫梅特 · 阿里送给法国国王查理十世的礼物，后来受洗得名扎拉法（Zarafa）。

1826 年 10 月，这只长颈鹿离开埃及亚历山大，抵达法国马赛，在那里过冬，然后“徒步”穿越法国。在长达 40 多天的旅程中，陪同它的是本馆动物学教授兼动物园负责人艾蒂安 · 若弗鲁瓦 · 圣伊莱尔。

当时的报纸对这一事件进行了报道，这只长颈鹿因此成了植物园最引人注目的动物，直到它于 1845 年去世。作为当时的明星，初来乍到的扎拉法激起了人们广泛的热情，被称为“长颈鹿狂热”。大量绘画和雕刻证实了这种热情，时尚配饰、室内装饰、“长颈鹿”物件（如餐具、陶器、熨斗等）层出不穷。我们看到的这幅透视画，表现的是扎拉法和它的饲养员艾蒂安在圆厅前的情景。圆厅于 1812 年落成，为安置大象而建。

这是典型的透景画，利用布景、立体构件和分离橱窗在微缩模型中重建逼真的场景。

191 《动物史》 印刷品

《动物史》之胎生四足类
（苏黎世，克里斯托夫 · 弗罗绍尔）
康拉德 · 格斯纳（1516-1565）
1551 年
手绘彩色印刷品
39 厘米 × 25 厘米
Fol.Res.87

现代动物学之父康拉德 · 格斯纳的《动物史》是一部五卷本的百科全书，出版于 1551 年至 1587 年间。

这位瑞士学者编纂过好几部百科全书式的概论，《动物史》是其中最著名的，在当时取得了巨大的成功。

这部厚达 3500 多页的巨著在当时颇具独创性，它采用了类群分卷法，将四足兽类、鸟类、海水鱼和淡水鱼分在不同的卷。全书配有 1500 多幅版画，将作者精心搜集整理的古代和中世纪的动物学知识与他那个时代的动物学知识相联系。最新的发现，特别是从新大陆带回的动物，也被纳入其中。对每个物种，格斯纳都会描述其生活方式、栖息地，以及对人类是否具有医药价值，是否可食用等。

书中还记录了各物种在历史、艺术和文学中的地位，以及它在纹章类书籍中的象征含义。古人描述过的传说中的动物也有一席之地，如独角兽、凤凰，甚至七头蛇，格斯纳并没有把它们完全归入神话动物之列。

192 《河马》 雕塑

弗朗索瓦 · 蓬蓬（1855—1933）
1931 年
石膏
1.92 米 × 2.75 米 × 1.02 米
1933 年蓬蓬遗赠
OA.Pompon.64

作为艺术家弗朗索瓦 · 蓬蓬的遗物托管方，本馆如今藏有这位动物雕塑家的大约四十件小型作品和三件仿真大小的雕像。

这尊河马石膏像被安置在中央图书馆的底层，迎接着游客的到来。它那令人印象深刻的姿态是蓬蓬在某天照常来植物园的动物园散步时当场捕捉到的。他以熟练的笔法为这位住在食草动物圆厅的居民画了张速写，然后用黏土做模，再用石膏塑成雕塑。

改了一稿又一稿，雕刻家将石膏磨圆棱角并抛光，只保留了河马形象的精髓。他的风格所特有的光滑洁净的外观凸显了河马皮肤厚实的特征。这只四足动物嘴巴大张，似乎在打哈欠，这样的姿态安排比任何细致的描摹都更能体现河马的特征。

1934 年至 1939 年间，蓬蓬陈列室曾在本馆的植物馆底层开放，这尊雕像被摆放在显眼的位置。如今它被安置在雕塑家工作室里精心翻修过的房间中，这个工作室位于巴黎 14 区康帕涅 - 普雷米埃街 3 号。蓬蓬从多个维度进行了创作，但并未将其转化为石头雕像或铸成青铜像。

193 《动物学展厅》 绘画

于尔格·克赖恩布尔（1932—2007）
1983—1984 年
布面乙烯颜料画
158 厘米 × 149 厘米
OA.1505

这幅画呈现的是本馆的动物学展厅在翻修并更名为进化大展厅之前几年的情形。

于尔格·克赖恩布尔在 1982 年发现了这里。这位训练有素的生物学家深受触动，在这座自 1966 年就被废弃的建筑中待了两年，他称这里是“动物的卢浮宫”。在昏暗的气氛中，这位边缘画家创作了几十幅画，这些画作于 1985 年在本馆展出。

这座 19 世纪建筑在当时鲜少有人关注，展厅的未来也不确定。它由本馆首席建筑师朱尔·安德烈于 1889 年建造，是法国铁艺建筑的杰作之一，也是 19 世纪博物馆学的珍贵见证。克赖恩布尔的画让我们能够欣赏到这个由铸铁和玻璃组成的巨大架构（长 55 米，宽 26 米）落成时的面貌。宏伟的规格让它能够展示博物馆所保存的最大的标本，比如大象、长颈鹿、河马和鲸类动物的骨架。

克赖恩布尔与其他科学家和艺术史家一起，努力拯救这个展厅。经过三年的修缮，终于在 1994 年重新向公众开放。经过建筑师舍梅托夫和维多夫罗的改造，展厅保留了宏伟宽敞的中庭，并引入了勒内·阿利奥设计的新展陈方案。

194 《偷熊崽的人》 雕塑

埃马纽埃尔·弗雷米耶（1824—1910）
1886 年
铜
2.35 米 × 1.39 米 × 1.39 米
法国公共教育和美术部于 1884 年委托创作；1886 年寄存于本馆
OA.952, FNAC-429（法国国家造型艺术中心寄存）

1884 年 2 月，法国公共教育和美术部委托动物艺术家埃马纽埃尔·弗雷米耶为植物园中一件重要的动物主题雕塑创作石膏模型。

弗雷米耶经常承接来自政府的委托，经验丰富。自 1875 年 7 月起，他接替安托万·路易·巴里担任本馆的动物绘画师，常常光顾动物园，造访生活在那里的动物。

这件由蒂埃博兄弟铸造厂制作的圆雕作品于 1886 年 10 月交付本馆，安置在布龙尼亚苗圃，后于 2016 年秋天被移至小迷宫的墙角。人与动物的搏斗是弗雷米耶最喜欢的主题之一：一头母熊为了保护它的幼崽而与人搏斗，结果尚不确定……胜利者可能会出乎人们的预料。

雕刻家力求以细致入微的写实主义风格再现人体的肌肉组织和熊的皮毛。

古生物学与比较解剖学馆还展示了建筑师费迪南·迪泰特委托弗雷米耶创作的另外两件重要作品，即位于接待厅的大理石雕塑《扼杀婆罗洲野人的猩猩》（1895 年）和靠近南面外墙的青铜雕塑《石器时代的猎熊人》（1897 年）。

195 《布丰纪念像》 雕像

让·马里于斯·卡吕斯（1852—1930）
1907 年
铜
2.52 米 × 1.81 米 × 2.20 米（雕像及其基座）；1.50 米 × 2.11 米 × 2.56 米（基座）
法国公共教育和美术部于 1907 年委托创作；1909 年存入本馆
OA.771, FNAC-2307（法国国家造型艺术中心寄存）

雕塑家让·卡吕斯曾在弗朗索瓦·茹弗鲁瓦和亚历山大·法尔吉埃的工作室接受过训练，是一位公认的艺术家，曾在 1886 年法国艺术家沙龙和 1889 年巴黎世界博览会上获得过两枚奖章。1902 年，政府委托他制作了石膏模型《布丰纪念像》——该模型如今保存在科多尔省蒙巴尔的布丰博物馆。1907 年，艺术品铸造师约瑟夫·马莱塞将这件作品铸成了铜像。

这座雕像被寄存在本馆展示，坐落于植物园的透视中心，正对着进化大展厅，于 1909 年 6 月在两位伟大的博物学家拉马克和布丰的纪念活动期间落成。

从 1739 年到 1788 年过世，布丰主持植物园近半个世纪。雕塑家选择表现这位著名的园长庄严肃穆的形象——雕像中，他正端坐在铺了狮皮的扶手椅上。

1749 年到 1788 年间，布丰出版了共计 36 卷的不朽著作《自然史》，专门论述矿物、四足动物和鸟类，赢得了广泛的国际声誉。除此之外，他还致力于本馆的发展与规划，丰富了本馆馆藏，被视为本馆历史遗迹的守护者。

2019 年底，在遗产基金会的赞助下，人们对这座雕像进行了修复。

196 《种子库》 科学制图

《国家自然博物馆库房之种子库——果实收藏室和种子收藏室，2019 年 2 月 5 日》
克里斯泰勒·泰亚（1988— ）
2019 年 2 月 5 日
纸面墨水画
50 厘米 × 65 厘米
MNHN.DES.9（1）

法国国家自然博物馆的植物园前身是国王花园。一直以来，这里吸引着从事相关主题创作的艺术家：他们渴望留住植物脆弱而短暂的美，捕捉动物的轮廓或运动状态，描绘馆藏陈列的空间布局或历史建筑的结构。还有少数艺术家会从各种幕后工作人员的日常生活中汲取灵感。有摄影师报道过相关内容，例如，皮埃尔·佩蒂特在“美好年代[5]”时期、罗贝尔·杜瓦诺在 1942—1943 年和 1990 年。

克里斯泰勒·泰亚秉承观察性绘图——从 17 世纪起，本馆这类收藏就很丰富——和图片报道的传统，以独到的眼光描摹本馆的方方面面，同时捕捉最核心的本质和最微末的细节。跟随这幅在种子库创作的画，我们和她一起进入实验室内部。在那里，负责保护植物遗产的团队正准备将从法国和国外各地收集的种子存入本馆的“种子银行”。克里斯泰勒·泰亚当场用墨笔绘制，甚至没有打草稿或是修改，凭借她对构图和线条的精准把控，将我们领入一个有机生命的丰饶世界，体会到这里超越时间的精神。

197 博物馆大温室设计图 设计图

夏尔·罗奥·德弗勒里（1801—1875）
1854 年
纸面水彩、墨水和铅笔画
60 厘米 × 80 厘米
Ms.5081（18）

这是植物园大温室的竣工效果图之一。受 1833 年在伦敦参观的温室的启发，夏尔·罗奥·德弗勒里为本馆设计了这座金属建筑中的杰作。

这座建筑由一个拱形的温室和两个方形的棚子组成，东部未能完工。得益于金属建筑技术的进步，罗奥在 19 世纪 50 年代设计了这座玻璃温室建筑，其壮观程度可与 1846 年建造的伦敦邱园的大温室相媲美。这幅温室入口大厅的剖立面图不仅可以让我们领略建筑的整体结构，还可以欣赏到规划中的供暖系统，后者的技术问题在当时备受争议。

但最重要的是，这幅图用于展示设计师的构想，必须令人信服，引人入胜。画家用不同层次的绿色巧妙地展现了园中的植物，在精心设计的温室入口，花坛中装饰着喷泉，拱廊上方还安装了优美的花架。虽然得到了本馆和民用建筑委员会的批准，但该设计直到 1889 年才在罗奥的前副手朱尔·安德烈负责修建的冬季花园里被付诸现实，而到了 20 世纪 30 年初，这座建筑便被勒内·费利克斯·贝尔热设计的现有建筑所取代。

198 《鳄梨》 绘画

鳄梨 *Persea americana*
米歇尔·加尼耶（1753—1829）
1801 年
用布装裱的纸面绘画
58 厘米 × 47 厘米
购于 1851 年和 1876 年
OA.730（096）

对博物学研究来说，图像信息不可或缺——绘图有助于记录并确认物种。因此，许多艺术家都会参加探险活动，以增广科学见闻。

1800 年 10 月，画家米歇尔·加尼耶加入了尼古拉·博丹船长的南海探索队。1801 年 8 月，他因病不得不离开探险队，前往法兰西岛（今毛里求斯），并在那里生活了 10 年。

岛上丰富多样的水果令加尼耶惊叹不已。他致力于观察并描绘这些植物，创作了一百多幅博物画。

这些物种大多难以制作成标本保存，因此其图像便具有不可否认的科学价值，这一点在加尼耶回到巴黎后得到了馆内教授们的认可。

加尼耶的这些作品在 1814 年的沙龙上展出，后于 19 世纪下半叶被本馆收购。在本馆的藏品中，加尼耶的博物画与罗比亚尔·德阿尔让特尔的《水果展览》遥相呼应。它们创作于同一时期，都旨在展现大自然的多姿多彩之美并协助科学研究。

199 《种一棵橙子树》

科学制图

《安德烈·图安的植物栽培与驯化课程》中的图版
佚名
1827 年
纸面水彩画
36 厘米 × 30 厘米
DES 4-2(29)

19 世纪初，巴黎植物园开设了第一门植物栽培与驯化课程，植物学家、农学家安德烈·图安借助图纸、工具和缩比模型教授各种园艺技术，在苗圃中进行示范，留下了大量手写笔记。

他的侄子奥斯卡·勒克莱尔，亦即奥斯卡·图安，也参与了这门课程，做了许多汇总和编辑的工作，并在安德烈·图安去世三年后出版了《安德烈·图安的植物栽培与驯化课程》，这套书共三卷，附有一本图册。

这张图是为了图册出版而绘制的插图之一。该图册共使用了 65 块图版，由安布鲁瓦兹·塔迪厄雕刻，展示了“所有的工具、仪器、器皿、机械和各种大型或小型作物的种植方法，其模型被纳入国王花园的收藏；还包括了耕作或种植的实操案例，主要依据该机构的田间课程所画”。

这部遗著的出版有助于传播经由理论研究和实操经验得来的知识，反映出这位学者对栽培技术和知识传播的热忱。

200 《国王花园》

设计图

用于栽培药用植物的皇家植物园
弗雷德里克·斯卡尔贝格（17 世纪）
1636 年
犊皮纸彩色版画
55 厘米 × 72 厘米
1894 年 11 月 28 日在德塔耶尔拍卖会上购得
OA.912

居伊·德·拉布罗斯是法国国王的御医，他花费 20 年之久在巴黎建了一座皇家药用植物园。在此过程中，他克服了来自医学院的阻挠，后者声称自己在医生培养领域具有独家资格。1635 年，建植物园一事得到了皇家法令的许可。一年后，艺术家弗雷德里克·斯卡尔贝格受拉布罗斯委托，制作了这幅雕版设计图，因此，这幅图具有宣告的意义。

图的左上方印有克洛代·德比利翁的徽章，他是路易十三时期的财政总监和大臣，为植物园的建设提供了资金。这个设计中有一部分其实是超前设计，因为直到 1639 年，拉布罗斯才从大主教那里取得修建一座小教堂的许可，但我们能在图中看到主建筑和美景山（即今天的迷宫）之间设计了一座教堂。

1640 年，植物园对公众开放，当时的面积只有现在的四分之一。根据土壤条件的不同，园内各处分布着 2000 多种植物。园区东部紧邻比耶夫尔引水渠。数个世纪以来，这条引水渠一直在为邻近的圣维克托修道院供水，后于 1674 年被填平。这里展示的这幅设计图是用水粉画的，由本馆图书馆在 1894 年的一次拍卖会上购得，会上拍卖的是建筑师德塔耶尔的藏品，他因爱好研究巴黎地形而闻名。

图 76

* 除非另有说明，本书所翻印的所有作品均由法国国家自然博物馆收藏。

006 莱内，《来自杜尔福特（加尔）的上新世南方猛犸象》，约1900年，蛋白纸印刷，卡纸装裱，PHO 19 (21)

025 佚名，《古生物学展厅的梁龙骨架》，约1910年，黑白照片，ARCH PAL76 (7)

065 皮埃尔·佩蒂特，《槐》，约1885年，黑白照片，IC 683

067 约翰·内波穆克·吉贝勒，约1804年，《巴黎植物园的黎巴嫩雪松》，彩色版画，IC 219

086 皮埃尔·佩蒂特，《大海雀》，约1880年，黑白照片，IC 938

图1 约翰·安德烈亚斯·普费费尔绘图，I. A. 弗雷德里希刻版，《人类生于大地》，载于《自然圣经》，约翰·雅各布·朔伊希策著，奥格斯堡和乌尔姆，克里斯蒂安·乌尔里希·瓦格纳出版，1731—1733年，雕版（局部），7577

图2 佚名，《皇家花园风景（露天剧场一侧）》，1808—1809年，版画（局部），IC 315

图3 卡尔·吉拉尔代，安德鲁，贝斯特，勒卢瓦尔，《比较解剖学剧场内景》，载于《植物园》，M. 布瓦塔尔著，巴黎，1842年，版画（局部），IC 249

图4 西吉斯蒙德·伊默利，安德鲁，贝斯特，勒卢瓦尔，《大型温室内景》，载于《植物园》，M. 布瓦塔尔著，巴黎，1842年，版画（局部），IC 271

图5 勒纳尔，《矿物学展厅内景》，载于《插图》，1856年2月2日，第675号，插图（局部），Pr 2800

图6 亨利·路易·斯科特，《植物园里的爬行动物新馆》，载于《插图世界》，1874年10月24日，第915号，插图（局部），IC 382 GF

图7 玛丽－泰蕾兹·马蒂内，《新几内亚之旅，涵盖对当地的描述、对当地人生理和道德特征的观察，以及动植物世界自然史的相关细节》，皮埃尔·索内拉特著，巴黎，1776年，卷首图（局部），24 868

图8 布拉特，《无题》，载于《自然史和哲学作品集》，夏尔·博内著，纳沙泰尔，萨米埃尔·福什印刷厂出版，1779—1783年，第四卷，装饰插图（局部），CH 2087

图9 比松兄弟，《头足类化石及活体动物》，载于《动物摄影：自然博物馆收藏的珍稀动物图集》，路易·鲁索与阿希尔·德韦里亚著，巴黎，马松出版，1853年，照片（机械印刷于盐渍纸上），卡纸装裱（局部），1551

图10 让－弗朗索瓦·德茹阿内，《印板石始祖鸟》，2014年，水彩和水粉画（局部）

图11 乔治·居维叶绘图，库埃刻版，《有袋类化石》，载于《化石骨骼研究：复原在地球灾变中灭绝的若干种动物》，乔治·居维叶著，巴黎，G. 迪富尔和 Ed. 多卡涅出版，1821年，雕版（局部），15421-4

图12 达尔东绘图，库坦刻版，《巨兽的骨骼》，载于《化石骨骼研究：复原在地球灾变中灭绝的若干种动物》，乔治·居维叶著，巴黎，G. 迪富尔和 Ed. 多卡涅出版，1821年，雕版（局部），15421-5,1

图13 默尼耶临摹自阿道夫·布龙尼亚的素描和乌布卢的石版画，《脉羊齿》，载于《植物化石史》，阿道夫·布龙尼亚著，巴黎，G. 迪富尔和 Ed. 多卡涅出版，1828年，第一卷，印刷版画（局部），15041-1

图14 P. 乌迪诺，《贝壳》，19世纪初，犊皮纸水彩画，犊皮纸收藏，98号文件夹，第12页

图15 比松兄弟，《海胆类植形动物[1]》，载于《动物摄影：自然博物馆收藏的珍稀动物图集》，路易斯·鲁索与阿希尔·德韦里亚著，巴黎，马松出版，1853年，照片（机械印刷于盐渍纸上），卡纸装裱（局部），1551

图16 佚名，《灭绝动物物种》，载于《图画杂志》，1834年，第二年，第204页，插图（局部），Pr 6002

图17 贝维尔，《巴黎盆地地层中各类地形、岩石和矿物的理论剖面图》，基于乔治·居维叶和亚历山大·布龙尼亚，1851年，水彩画（局部），地质化石研究：居维叶

图18 雅克曼，《阿诺斯附近的结晶岩》，《对阿诺斯若干岩石的岩石学研究》插图，斯坦尼斯拉斯·默尼耶著，载于《欧坦博物学会公报》，巴黎，1889年，未配文的试印样，EST-GEOLMIN 37 (3)

图19 尼古拉·马雷夏尔，《金：天然大小的金块、枝晶和结晶体》，18世纪末，犊皮纸水彩画，犊皮纸收藏，101号文件夹，第87页

图20 彼得罗·法布里斯，《索尔法塔拉火山的产物》，载于《坎皮佛莱格瑞火山区：两西西里火山的观测资料，已提交伦敦皇家学会》，威廉·汉密尔顿著，那不勒斯，P. 法布里斯出版，1776年，第二卷，彩色版画（局部），16 301-2

图21 佛罗伦萨桌面（局部），又称“珍珠项链”，16至17世纪，黑大理石，青金石，红玉髓，玛瑙，碧玉，紫水晶，亚马逊石，玛瑙，法国国家自然博物馆 -MIN-a.97

图22 乔治·弗雷德里克·孔兹，《贝壳和珍珠》，载于《北美宝石和名贵石头集》，纽约，科学出版公司出版，1890年，印刷版画，100 478

图23 勒内·迪容，《谢弗勒尔先生第一色相环（包含纯色）》，《M. E. 谢弗勒尔色相环，使用套色印刷复制》，米歇尔·欧仁·谢弗勒尔著，巴黎，迪戎出版，1855年，彩色雕版版画，63 859

图24 法国国家自然博物馆历史化学库中的样品

图25 皮埃尔·约瑟夫·比克霍兹，《无题》，载于《自然界中矿物的神奇与多彩：珍贵彩色矿物图集，帮助人们了解动物、植物、矿物的历史和经济价值》，巴黎，作者自行出版，1782年，印刷版画，Y3 11

图26 让－雅克·德·布瓦西厄，贝纳尔，《自然史，位于奥弗涅地区圣桑杜附近佩雷涅尔的岩石，由棱柱体组合而成，整体趋近于球体》，载于《百科全书：科学、人文和手工艺辞典——矿物学》，第六卷，第8页，无出版日期，版画（局部），IC Kr 80.8

图27 《王莲》，载于《园艺图解词典：供园丁和植物学家使用的实用科学园艺百科全书》，乔治·尼科尔森著，伦敦，L. U. 吉尔出版，1884—1888年，印刷书籍（局部），4° A372

图28 夏尔·普吕米耶，《宽叶蕨类，具柔软刺毛和黑色皮刺》，载于《美洲蕨类植物论》，巴黎，皇家印刷厂，1705年，印刷版画（局部），Fol Res 38

图29 蕨类叶片化石（栉羊齿 *Pecopteris* sp.），科芒特里（阿列河），宾夕法尼亚亚系岩层，斯特凡纳·莫尼旧藏，1845年

图30 约瑟夫·芒塞尔，《彗星兰》，载于《赖兴巴赫[2]：兰花图解与记述》，亨利·弗雷德里克·康拉德·桑德尔著，圣奥尔本斯，F. 桑德尔公司出版，1888—1894年，印刷版画（局部），63575 GF

图31 詹姆斯·明德，亨利·罗伯茨，《关于大不列颠及爱尔兰海岸常见的珊瑚和其他同类海洋产物的自然史论文》，让·埃利斯著，拉艾，皮埃尔·德翁特出版，1756年，卷首图（局部），1536-1

图32 干燥后去除海藻表面的保护组织

图33 排列成“口袋书”形式的南美木片收藏

图34 巴西尔·贝斯勒，《角海罂粟》，载于《艾西施泰特植物园》，纽伦堡，第二卷，1613年，手工上色的雕版画（局部），Fol Res 228-2

图35 雅克·法比安·戈捷·达戈蒂，《地中海芍药》，载于《常用、珍奇和异域植物集……取自国王花园和巴黎药剂师花园》，巴黎，作者自行出版，1767年，彩色印刷版画（局部），63597

图36 威廉·亨利·弗里曼，阿道夫·古斯曼，《温室》，约1855年，版画（局部），IC3446

图37 细纹斑马（*Equus grevyi*）的鬃毛，来自进化大展厅

图38 动物学馆中的野猫标本，19世纪下半叶

图39 动物学馆中保存的长脚鹬、反嘴鹬和流苏鹬标本

图40 陆生节肢动物收藏中的吉丁虫

图41 拟叶螽（*Tanusia* sp.）的翅膀细节

图42 1961年“卡利普索”任务中在巴西近海采集的螃蟹，保存在液体（酒精）中

图43 19世纪末老动物学展厅的甲壳动物干制标本的盒子和标签

图44 贝尔纳·迪昂，《腔棘鱼目：查卢纳拉蒂迈鱼 *Latimeria chalumnae*, Smith, 1939》，1997年，犊皮纸水彩画（局部，为方便阅读说明文字将其翻转呈现），法国鱼类学会捐赠，犊皮纸收藏，107号文件夹，第27页

图45 J. 莱纳，米莱，《巴黎植物园》，1867年，版画（局部），IC 294 GF

图46 J. P. 维斯托，《各类标本》，载于《依据组织结构分类的动物界：作为动物自然史的基础教材和比较解剖学的入门读物》，乔治·居维叶著，巴黎，雷蒙出版，1836—1849年，雕版版画（局部），EST ZOO CRUST 1 (41)

图47 恩斯特·黑克尔，《硅藻类》，载于《自然界的艺术形式》，莱比锡，维埃纳，文献研究所，[1899？]—1904年，印刷版画（局部），63 961

图 48 来自微生物通信分子和适应性实验室的微藻类活体收藏

图 49 蒂尔潘绘图，维克托刻版，《植物基础和比较（微观）组织学》，载于《自然博物馆回忆录》，巴黎，G. 迪富尔，第十四卷，1826 年，雕版版画（局部），Pr 260

图 50 莫贝尔，《花粉》，载于《植物王国：根据植物学、医用草药、实用功能和工业用途、园艺理论和实践、农业和林业植物、植物史和书目历史分类》，F. 赫林克、Fr. 热拉尔和 O. 雷韦著，巴黎，T. 莫尔冈出版，1870—1871 年，印刷版画（局部），115 555 - 4

图 51 路易 - 勒内 · 蒂拉纳和夏尔 · 蒂拉纳，《草莓柱隔孢，糙皮格孢菌》，载于《水果真菌分类选集》，巴黎，皇家印刷厂，1861—1865 年，印刷版画（局部），Y3 408

图 52 佚名，《解剖兔子》，载于《广义与狭义自然史：附国王珍奇柜的描述》，乔治 · 路易 · 勒克莱尔、布丰伯爵著，巴黎，皇家印刷厂出版，第二卷，1749 年，装饰插图（局部），10 515 - 2

图 53 弗朗齐歇克 · 库普卡绘图，埃内斯特 · 皮埃尔 · 德洛什刻版，《祖先》，载于《人类与大地》，埃利泽 · 勒克吕著，巴黎，通用图书馆出版，1905—1908 年，装饰插图（局部），B 338

图 54 温 · 芒斯，陈列在古生物学展厅的露西复原标本，1994 年，皮成形术

图 55 勒内 · 韦尔诺，《尼安德特人》，载于《人类的起源》，巴黎，F. 里德公司出版，1925 年，印刷版画（局部），A 62406

图 56 莫罗，《人类化石》，载于《史前研究，人类诞生之前的巴黎：人类化石等》，P. 布瓦塔尔和 P. Ch. 茹贝尔著，巴黎，帕萨尔出版，1861 年，印刷版画（局部），15 577

图 57 《克罗马农人复原图》，1889 年世界博览会，透景画，来自人类馆摄影实验室的钡地纸印刷版画（局部），巴黎，布朗利河岸博物馆

图 58 保罗 · 雅曼，《逃离猛犸象》，1885 年，布面油画（局部），OA 134

图 59 弗尔南 · 安妮 · 皮斯特，又称弗尔南 · 柯尔蒙，《人类物种》，1897 年，天花板上的布面油画（局部），法国国家造型艺术中心寄存，OA 712 - FNAC 1252

图 60 埃米尔 · 巴亚尔，《史前拉斐尔和米开朗基罗：驯鹿时代绘画和雕塑艺术的诞生》，载于《原始人类》，路易 · 菲吉耶著，巴黎，L. 阿谢特出版，1870 年，印刷版画（局部），15 558

图 61 亨利 · 布勒伊，《阿尔塔米拉洞穴调查（牛、野猪、马和红色印迹）》，1902 年，纸上石墨和粉笔画，亨利 · 布勒伊基金会，IC BR 541943

图 62 埃米尔 · 巴亚尔绘图，亨利 · 伊尔德布朗刻版，《石器时代的一家人》，载于《原始人类》，路易 · 菲吉耶著，巴黎，L. 阿歇特出版，1870 年，雕版版画（局部），15 558

图 63 埃米尔 · 巴亚尔，《巨熊和猛犸象时代的丧葬用餐》，载于《原始人类》，路易 · 菲吉耶著，第二版，巴黎，阿歇特公司出版，1873 年，雕版版画（局部），216 888

图 64 雅克 · 法比安 · 戈捷 · 达戈蒂，《从颈背到骶骨剖开的女性人体背面观，又称“解剖天使”》，载于《解剖学论文，以印刷版画的形式展示面部、颈部、头部、舌头和喉部等所有肌肉的自然状态》，巴黎，戈蒂埃出版，1745 年，彩色印刷版画（局部），Y3 281 GF

图 65 比松兄弟，《分离的人类头颅》，载于《动物摄影：自然博物馆收藏的珍稀动物图集》，路易 · 鲁索与阿希尔 · 德韦里亚著，巴黎，马松出版，1853 年，照片（局部）（机械印刷于盐渍纸上，卡纸装裱），1551

图 66 《比较解剖学展厅楼梯间的一楼平台》，1907 年，黑白照片（局部），IC 262

图 67 来自人类馆的半身雕像，夏尔 · 科迪尔耶（1827—1905）创作，包括下列作品：（第一排）《中国男女》，1853 年，彩绘青铜，FNAC.PFH-2632-2 和 FNAC.PFH2632-1；（第二排）《豆子庆典中的女祭司》，1856 年，黑色大理石与红色碧玉，FNAC.PFH-2638;（第三排）《赛义德 · 阿卜杜拉，又称努比亚人》，1848 年，青铜，FNAC.PFH-2631;（第四排）《来自艾格瓦特的阿拉伯人》，1856 年，青铜，FNAC.PFH-2650。法国国家造型艺术中心，存于法国国家自然博物馆

图 68 让 - 夏尔 · 维尔纳，《不同人种的皮肤比较解剖》，1843 年，犊皮纸水彩画，犊皮纸收藏，65 号文件夹，第 17 页

图 69 《特罗卡德罗民族志博物馆的美洲展厅》，1895 年，人类馆实验室的摄影作品（局部），巴黎，布朗利河岸博物馆

图 70 让 - 巴蒂斯特 · 德布雷，《马背上的印第安酋长》，19 世纪上半叶，布面油画（局部），OA 1827

图 71 《乡土经济：蜜蜂》，载于《百科全书：科学、人文和手工艺辞典》，巴黎，布里亚松出版，1751—1772 年，印刷版画（局部），Y3 173

图 72 《篮与筐》，来自保罗 · 里韦前往中南半岛（北圻[3]、中国云南、老挝、中圻、南圻、柬埔寨和泰国）的任务，1931—1932 年，人类馆实验室的摄影作品，巴黎，布朗利河岸博物馆

图 73 《纳里娜，来自戈纳夸的年轻女性》，载于《1780—1785 年勒瓦扬先生通过好望角进入非洲内陆之旅》，弗朗索瓦 · 勒瓦扬著，巴黎，勒鲁瓦工坊出版，1790 年，彩色印刷版画，22 986

图 74 阿尔西德 · 奥尔比尼绘图，埃米尔 · 拉萨尔绘图兼刻版，《尤拉卡雷斯（玻利维亚）印第安人的小屋和舞蹈》，载于《1826—1833 年南美洲之旅》，阿尔西德 · 奥尔比尼著，巴黎，皮图瓦 - 勒夫罗和 P. 贝特朗出版；斯特拉斯堡，勒夫罗五号工坊出版；第一至三卷，第八册，1835—1847 年，雕版版画（局部），24 587 - 3

图 75 埃马纽埃尔 · 弗雷米耶，《扼杀婆罗洲野人的猩猩》，1895 年，大理石高浮雕，法国国家造型艺术中心寄存，OA 704 - FNAC 402.

图 76 佚名，《珍奇柜》，载于《自然史》，费兰特 · 因佩拉托著，那不勒斯，科斯坦蒂诺 · 维塔莱出版，1599 年，印刷版画（局部），4o RES 134

图 77 费利克斯 · 伯努瓦，路易 · 朱利安 · 雅科特，奥布林，《植物园鸟瞰概貌》，1861 年，版画（局部），IC 175 GF

图 78 安德鲁，贝斯特，勒卢瓦尔，《（植物园的）自然史展厅和图书馆》，1842 年，版画（局部），IC 255

图 79 夏尔 · 马维尔，安德鲁，贝斯特，勒卢瓦尔，《（植物园的）猴子展厅》，载于《植物园：动物园和自然博物馆中哺乳动物的描述和特征》，皮埃尔 · 布瓦塔尔著，巴黎，J.-J. 迪布谢出版，1842 年，雕版画（局部），109 952

图 80 萨尔让，威廉 · 亨利 · 弗里曼，《橘园》，约 1855 年，版画（局部），IC 3445

图 81 夏尔 · 马维尔，安德鲁，贝斯特，勒卢瓦而，《（植物园的）大象圆厅》，载于《植物园：动物园和自然博物馆中哺乳动物的描述和特征》，皮埃尔 · 布瓦塔尔著，巴黎，J.-J. 迪布谢出版，1842 年，雕版画（局部），109 952

图 82 卡尔 · 吉拉尔代，安德鲁，贝斯特，勒卢瓦尔，《（植物园的）自然史展厅内景》，1842 年，版画（木版画）（局部），IC 254

图 83 塞巴斯蒂安 · 勒克莱尔，《狐狸解剖图》，载于《动物自然史回忆录》，克洛德 · 佩罗著，巴黎，皇家印刷厂出版，1671 年，印刷版画（局部），381 GF_3

图 84 伯恩哈德 · 西格弗里德 · 阿尔比努斯，《人体骨骼和肌肉图谱》，莱顿，琼 · 费尔贝克和赫尔曼 · 费尔贝克出版，1738—1747 年，雕版版画（局部），98 GF

译者注

1. 植形动物（Zoophytes）指像植物一样固着生活的动物，包括现在海绵动物、刺胞动物和棘皮动物。
2. 这本书的名字 Reichenbachia 是为了纪念德国著名的兰花学家海因里希 · 古斯塔夫 · 赖兴巴赫，后来人们还为了纪念他把管茉莉花属也命名为 *Reichenbachia*，但这本书讲的是兰花，因此不能理解为管茉莉花属。
3. 即越南北部，当时越南处于法国殖民统治下，被分为南圻（Cochinchine）、中圻（Annam）和北圻（Tonkin）三个部分。

弗雷德里克·阿希尔｜Frédéric Achille
植物学家，法国国家自然博物馆活体植物收藏科学负责人

罗南·阿兰｜Ronan Allain
古生物学家，法国国家自然博物馆讲师、爬行动物和鸟类化石收藏科学负责人

塞维琳·阿芒｜Séverine Amand
化学家，法国国家自然博物馆研究工程师、化学库联合技术负责人

纳迪亚·阿姆齐亚纳｜Nadia Améziane
海洋生物学家，教研人员，孔卡诺海洋生物站站长

克里斯蒂娜·阿尔戈｜Christine Argot
古生物学家，法国国家自然博物馆教研人员、哺乳动物化石收藏科学负责人

塞西尔·奥皮克｜Cécile Aupic
植物学家，法国国家自然博物馆历史植物收藏科学负责人

塞尔日·巴于谢｜Serge Bahuchet
民族生物学家，法国国家自然博物馆教授

纳塔莉·巴尔代｜Nathalie Bardet
法国国家科学研究中心研究主任，法国国家自然博物馆古生物学家，海洋爬行动物化石专家

韦罗妮克·巴列尔｜Véronique Barriel
古生物学家，法国国家自然博物馆讲师

塞西尔·贝尔纳｜Cécile Bernard
微生物生态毒理学家，法国国家自然博物馆教授、活细胞和冷冻细胞生物资源收藏科学负责人

克洛艾·贝松布｜Chloé Besombes
法国国家自然博物馆图书馆部门馆员

纪尧姆·比耶｜Guillaume Billet
古生物学家，法国国家自然博物馆讲师、哺乳动物化石收藏科学负责人

贝尔纳德·博多｜Bernard Bodo
化学家，法国国家自然博物馆荣誉教授

斯蒂芬妮·博尼劳里｜Stéphanie Bonilauri
史前学家，法国国家自然博物馆－法国国家科学研究中心－佩皮尼昂大学研究负责人

朱利安·布罗｜Julien Brault
法国国家自然博物馆图书馆部门首席馆员

尼古拉·塞萨尔｜Nicolas César
民族学家，法国国家自然博物馆讲师

西尔万·沙博尼耶｜Sylvain Charbonnier
古生物学家，法国国家自然博物馆教授、古生物收藏科学负责人

皮埃尔－雅克·基亚佩罗｜Pierre-Jacques Chiappero
矿物学家，法国国家自然博物馆讲师、法国矿物收藏科学负责人

盖尔·克莱芒特｜Gaël Clément
古生物学家，法国国家自然博物馆教授、鱼类化石收藏科学负责人

克里斯蒂安·夸菲耶｜Christian Coiffier
生态人类学家，法国国家自然博物馆讲师

法比安·孔达米纳｜Fabien Condamine
法国国家科学研究中心进化科学研究员

洛尔·科尔巴里｜Laure Corbari
海洋生物学家，法国国家自然博物馆讲师、甲壳类收藏科学负责人

雅克·屈森｜Jacques Cuisin
法国国家自然博物馆收藏品保护与修复代表

布鲁诺·达维德｜Bruno David
古生物学家、海洋生物学家，法国国家自然博物馆馆长

达里奥·德弗兰切斯基｜Dario De Franceschi
古植物学家，法国国家自然博物馆讲师、植物化石收藏科学负责人

帕特里克·德韦弗｜Patrick De Wever
地质学家，法国国家自然博物馆荣誉教授

罗曼·杜达｜Romain Duda
民族生态学家，法国国家自然博物馆人类馆副研究员、人类学收藏技术专员

若埃勒·杜邦｜Joëlle Dupont
分类学家，法国国家自然博物馆教授、真菌菌种收藏和霉菌鉴定服务负责人

夏洛特·杜瓦尔｜Charlotte Duval
微生物生态毒理学家，法国国家自然博物馆技术员、蓝藻收藏负责人

阿兰·埃佩尔布安｜Alain Epelboin
医学人类学家，法国国家科学研究中心－法国国家自然博物馆研究负责人

弗朗索瓦·法尔热｜François Farges
矿物学家，法国国家自然博物馆教授，法兰西大学研究院名誉院士，法国国家宝石收藏科学负责人

格雷瓜尔·弗拉芒｜Grégoire Flament
植物学家，法国国家自然博物馆植物收藏保护部门助理负责人

伊莎贝尔·弗洛朗｜Isabelle Florent
寄生虫学家，原生动物学家，法国国家自然博物馆教授

玛丽－贝亚特丽斯·福雷尔｜Marie-Béatrice Forel
古生物学家，法国国家自然博物馆讲师、微体古生物收藏科学负责人

塔蒂亚娜·富加尔｜Tatiana Fougal
民族学家，法国国家科学研究中心－法国国家自然博物馆研究工程师

若埃勒·加西亚｜Joëlle Garcia
法国国家自然博物馆图书馆部门首席馆员

洛朗斯·格莱马雷克｜Laurence Glémarec
法国国家自然博物馆史前收藏管理员

马蒂厄·古内勒｜Matthieu Gounelle
宇宙化学家，法国国家自然博物馆教授，国家陨石收藏科学负责人

菲利普·格雷利耶｜Philippe Grellier
化学家，法国国家自然博物馆教授、化学库科学负责人

多米尼克·格里莫－埃尔韦｜Dominique Grimaud-Hervé
古人类学家，法国国家自然博物馆教授

康斯坦特·阿梅斯｜Constant Hamès
人类学家，法国国家科学研究中心前研究员，法国社会科学高等研究院讲师

多米尼克·亨利－冈比耶｜Dominique Henry-Gambier
人类学家，法国国家科学研究中心设在波尔多第一大学的历史人口人类学实验室研究主任

埃弗利娜·埃耶尔｜Évelyne Heyer
专攻遗传人类学的生物学家，法国国家自然博物馆教授

萨米埃尔·伊格莱西亚斯｜Samuel Iglesias
鱼类学家，法国国家自然博物馆讲师

马克·让松｜Marc Jeanson
植物学家，法国国家自然博物馆国家植物标本馆前馆长，现任摩洛哥马拉喀什的马若雷勒花园植物学主任

克里斯蒂安·茹尔丹·德米宗｜Christian Jourdain de Muizon
法国国家科学研究中心名誉研究主任，法国国家自然博物馆古生物学家

埃莱娜·凯勒｜Hélène Keller
法国国家自然博物馆图书馆部门首席馆员

德尼·拉尔潘｜Denis Larpin
植物学家，法国国家自然博物馆讲师、活体植物收藏科学负责人

莱恩·勒·加尔｜Line Le Gall
生理学家，法国国家自然博物馆教授、藻类收藏科学负责人

文森特·勒布雷顿｜Vincent Lebreton
孢粉学家，法国国家自然博物馆教授

纪尧姆·勒库安特｜Guillaume Lecointre
动物学家、系统学家，法国国家自然博物馆教授

克里斯蒂娜·勒菲弗｜Christine Lefèvre
古动物学家，法国国家自然博物馆教授、博物学收藏部主任

艾丽斯·勒迈尔｜Alice Lemaire
法国国家自然博物馆首席馆员、图书馆和文献部主任

雅克利娜·利奥波德｜Jacqueline Léopold
古人类学家，法国国家自然博物馆讲师

约瑟芬·勒叙尔｜Joséphine Lesur
古动物学家，法国国家自然博物馆讲师，偶蹄类、奇蹄类、长鼻类和蹄兔类收藏科学负责人

帕斯卡尔–让·洛佩｜Pascal-Jean Lopez
海洋生物学家，法国国家自然博物馆教研员，法国国家科学研究中心研究负责人

玛蒂尔德·洛里–勒尼奥｜Mathilde Lorit-Regnaud
法国国家自然博物馆图书馆部馆员

克里斯蒂娜·莫莱–巴伊｜Christine Maulay-Bailly
化学家，法国国家科学研究中心研究工程师，法国国家自然博物馆化学库技术负责人之一

奥利维耶·蒙特勒伊｜Olivier Montreuil
昆虫学家，法国国家自然博物馆讲师、甲虫收藏科学负责人

菲利普·莫拉｜Philippe Morat
植物学家，法国国家自然博物馆荣誉教授、显花植物实验室前主任

吕卡·莫里诺｜Luca Morino
灵长类动物学家，法国国家自然博物馆灵长类收藏管理员

维克托·纳拉特｜Victor Narat
生态人类学家，法国国家科学研究中心研究负责人

卡罗琳·诺伊斯｜Caroline Noyes
地质学家，法国国家自然博物馆地质学收藏保护部门负责人

帕特里克·帕耶｜Patrick Paillet
史前学家，法国国家自然博物馆讲师

伊夫·波捷｜Yves Pauthier
植物学家，法国国家自然博物馆博物馆及动植物园管理总署种子银行负责人

伊丽莎白·克蒂埃｜Élisabeth Quertier
巴黎动物园科学和文化传播负责人

布鲁诺·德·勒维耶｜Bruno de Reviers
植物学家，法国国家自然博物馆名誉教授

埃里克·罗贝尔｜Éric Robert
史前学家，法国国家自然博物馆讲师

托尼·罗比亚尔｜Tony Robillard
昆虫学家，法国国家自然博物馆讲师、多新翅类动物收藏科学负责人

佛罗朗斯·鲁索｜Florence Rousseau
生理学家，索邦大学／法国国家自然博物馆教研员、讲师

皮埃尔·桑斯–乔弗尔｜Pierre Sans-Jofre
地球化学家，法国国家自然博物馆讲师、地质学收藏科学负责人

纳拉尼·施内尔–奥拉赫斯｜Nalani Schnell-Aurahs
鱼类学家，法国国家自然博物馆讲师、鱼苗收藏科学负责人

玛加丽塔·滕贝里｜Margareta Tengberg
古植物学家，法国国家自然博物馆教授、木材库科学负责人

艾琳·托马斯｜Aline Thomas
古人类学家，法国国家自然博物馆讲师

曼努埃尔·瓦伦丁｜Manuel Valentin
民族学家、艺术史学者，法国国家自然博物馆讲师

维罗尼克·范·德·庞塞勒｜Véronique Van de Ponseele
法国国家自然博物馆图书馆部门高级馆员

杰拉尔丁·维龙｜Géraldine Veron
哺乳动物学家，法国国家自然博物馆教授、哺乳动物收藏科学负责人

克莱尔·维勒曼特｜Claire Villemant
昆虫学家，法国国家自然博物馆讲师、名誉助理和膜翅目收藏前科学负责人

洛伊克·维利耶｜Loïc Villier
古生物学家，索邦大学教授

人名译名对照表
（按姓氏拼音排序）

A
赛义德·阿卜杜拉 Saïd Abdallah
阿尔贝萨 Albessard
伯恩哈德·西格弗里德·阿尔比努斯 Bernhard Siegfried Albinus
迈赫梅特·阿里 Méhémet Ali
勒内·阿利奥 René Allio
弗洛伦蒂诺·阿梅吉诺 Florentino Ameghino
安娜·阿特金斯 Anna Atkins
勒内·朱斯特·阿维 René Just Haüy
L. 阿谢特 L. Hachette
让·埃利斯 Jean Ellis
弗朗索瓦·埃伦贝格尔 François Ellenberger
阿兰·埃佩尔布安 Alain Epelboin
埃斯特雷主教 Cardinal d'Estrées
朱尔·安德烈 Jules André
安德鲁 Andrew
玛丽·安宁 Mary Anning
玛丽·安托瓦妮特 Marie-Antoinette
奥布林 Aubrin
阿尔西德·奥尔比尼 Alcide d'Orbigny
奥尔良公爵加斯东 Gaston d'Orléans
奥尔西尼 Orsini
埃马努埃莱·奥利维耶 Emmanuelle Olivier
奥马尔 Omar

B
居伊·巴博 Guy Babault
奥诺雷·巴尔扎克 Honoré de Balzac
让娜·巴雷 Jeanne Baret
安托万·路易·巴里 Antoine Louis Barye
让-雅克·巴舍利耶 Jean-Jacques Bachelier
埃米尔·巴亚尔 Émile Bayard
戴维·巴祖 David Bazu
艾梅·邦普朗 Aimé Bonpland
勒内·费利克斯·贝尔热 René Félix Berger
贝尔瓦 Bervas
米歇尔·贝贡 Michel Bégon
路易·贝古恩 Louis Begouën
贝拉尔 Bérard
贝纳尔 Benard
贝施 Henry De La Bêche
巴斯尔·贝斯勒 Basil Besler
贝斯特 Best
P. 贝特朗 P. Bertrand
贝维尔 Berville
皮埃尔·约瑟夫·比克霍兹 Pierre Joseph Buc'hoz
皮埃尔·比利亚尔 Pierre Bulliard
勒内·比内 René Binet
拉斐尔·路易斯·比朔夫斯海姆 Raphaël Louis Bischoffsheim
比松兄弟 Bisson frères
弗朗索瓦·奥古斯特·比亚尔 François Auguste Biard
让-雅克·波莱 Jean-Jacques Paulet
蒂埃里·波里昂 Thierry Porion
费利克斯·伯努瓦 Félix Benoist
维万特·博 Vivante Beau
博布莱 Beaublé
尼古拉·博丹 Nicolas Baudin
路易·阿道夫·博纳尔 Louis Adolphe Bonard
夏尔·博内 Charles Bonnet
皮埃尔·博伊托 Pierre Boiteau
布丰 Buffon
布干维尔 Bougainville
布凯 Bouquet
布拉特 Bradt
布拉韦 Bravais
马塞兰·布勒 Marcellin Boule
亨利·布勒伊 Henri Breuil
布里亚松 Briasson
阿道夫·布龙尼亚 Adolphe Brongniart
夏尔·布龙尼亚 Charles Brongniart
亚历山大·布龙尼亚 Alexandre Brongniart
弗朗索瓦·布鲁赛 Francois Broussais
保罗·布罗卡 Paul Broca
米歇尔·布吕内 Michel Brunet
P. 布瓦塔尔 P. Boitard
M. 布瓦塔尔 M. Boitard
皮埃尔·布瓦塔尔 Pierre Boitard
让－雅克·德·布瓦西厄 Jean-Jacques de Boissieu
布瓦西耶 Boissier

C
查理九世 Charles IX
查理十世 Charles X

D
莱奥妮·达奥内 Léonie d'Aunet
达尔东 Dalton
查尔斯·达尔文 Charles Darwin
雅克·法比安·戈捷·达戈蒂 Jacques Fabien Gauthier d'Agoty
雅克·达莱尚 Jacques Dalechamps
达朗塞 Dalencé
阿尔芒·达维德 Armand David
路易·马克·安托万·罗比亚尔·德阿尔让泰勒 Louis Marc Antoine Robillard d'Argentelle
约瑟夫·德贝 Joseph de Baye
克洛代·德比利翁 Claude de Bullion
雅克·路易·德布尔农 Jacques Louis de Bournon
让－巴蒂斯特·德布雷 Jean-Baptiste Debret
罗莫洛·德尔塔达 Romolo del Tadda
布拉·德费尔 Bras de Fer
卡萨利斯·德丰杜斯 Cazalis de Fondouce
乔治·德弗朗德尔 Georges Deflandre
夏尔·罗奥·德弗勒里 Charles Rohault de Fleury
泰奥芬·德凯沃利埃 Théophane Dequevaullier
奥古斯丁·皮拉姆·德堪多 Augustin Pyrame de Candolle
德拉克洛瓦 Delacroix
埃德加·奥贝尔·德拉吕 Edgar Aubert de La Rüe
约瑟夫·博尼耶·德拉莫森 Joseph Bonnier de La Mosson
卡洛·德雷古瓦达蒂 Carlo de' Reguardati
罗梅·德利勒 Romé de L'Isle
帕斯卡莱·德罗伯特 Pascale de Robert
阿方斯·特雷莫·德罗什布吕内 Alphonse Trémeau de Rochebrune
埃内斯特·皮埃尔·德洛什 Ernest Pierre Deloche
安塞尔姆·加埃唐·德马雷 Anselme Gaétan Desmarest
奥利耶·德马里夏尔 Ollier de Marichard
克里斯蒂安·茹尔丹·德米宗 Christian Jourdain de Muizon
安德烈·韦森·德普拉登 André Vayson de Pradenne
让－弗朗索瓦·德茹阿内 Jean-François Dejouannet
加斯东·德萨波塔 Gaston de Saporta
博里·德圣樊尚 Bory de Saint-Vincent
雅克·亨利·贝尔纳丹·德圣皮埃尔 Jacques Henri Bernardin de Saint-Pierre
德塔耶尔 Destailleur
阿希尔·德韦里亚 Achille Devéria
保罗·德维布雷 Paul de Vibraye
皮埃尔·德翁特 Pierre de Hondt
贝尔纳·迪昂 Bernard Duhem
J.-J. 迪布谢 J.-J. Dubochet
阿尔芒·迪弗勒努瓦 Armand Dufrénoy
马里昂·迪弗雷纳 Marion Dufresne
G. 迪富尔 G. Dufour
约瑟夫·迪罗谢 Joseph Durocher
安德烈·康斯坦特·迪梅里 André Constant Duméril
皮埃尔·迪穆捷 Pierre Dumoutier
贝尔纳·迪佩涅 Bernard Dupaigne
勒内·迪容 René Digeon
费迪南·迪泰特 Ferdinand Dutert
儒勒·迪蒙·迪维尔 Jules Dumont d'Urville
蒂尔潘 Turpin
路易－勒内·蒂拉纳 Louis-René Tulasne
夏尔·蒂拉纳 Charles Tulasne
罗贝尔·杜瓦诺 Robert Doisneau
多邦东 Daubenton
Ed. 多卡涅 Ed. D'Ocagne

E
E. 厄施 E. Ursch
塞德·恩克斯 Seïd Enkess

F
让·法布雷 Jean Fabre
彼得罗·法布里斯 Pietro Fabris
亚历山大·法尔吉埃 Alexandre Falguière

阿尔芒·法利埃　Armand Fallières
亨利·法约尔　Henri Fayol
路易·菲吉耶　Louis Figuier
鲁道夫·阿曼多·菲利皮　Rodolfo Amando Philippi
夏尔·费尔　Charles Feil
琼·费尔贝克　Joan Verbeek
赫尔曼·费尔贝克　Herman Verbeek
卡米耶·弗拉马里翁　Camille Flammarion
I. A. 弗雷德里希　I. A. Fridrich
埃德蒙·弗雷米　Edmond Frémy
埃马纽埃尔·弗雷米耶　Emmanuel Frémiet
威廉·亨利·弗里曼　William Henry Freeman
苏黎世，克里斯托夫·弗罗绍尔
Zurich, Christoph Froschauer
塔蒂亚娜·富加尔　Tatiana Fougal
莱昂哈特·富克斯　Leonhart Fuchs

G
约瑟夫·保罗·盖马尔　Joseph Paul Gaimard
盖伊－吕萨克　Gay-Lussac
安东尼·高迪　Antoni Gaudí
保罗·高更　Paul Gauguin
阿尔贝·戈德里　Albert Gaudry
塞尔日·戈法斯　Serge Gofas
查尔斯·格雷维尔爵士　Sir Charles Greville
奥贝尔·格吕韦尔　Abel Gruvel
康拉德·格斯纳　Conrad Gessner
阿道夫·古斯曼　Adolphe Gusman

H
约翰·哈特莱伯格　John Hatleberg
威廉·亨利·哈维　William Henry Harvey
汉茨　Hanz
威廉·汉密尔顿　William Hamilton
F. 赫林克　F. Hérincq
约翰·赫舍尔　John Herschel
卡尔·黑贝尔莱因　Karl Häberlein
恩斯特·黑克尔　Ernst Haeckel
亚历山大·冯·洪堡　Alexander von Humboldt
艾尔弗雷德·拉塞尔·华莱士　Alfred Russel Wallace
亨利·菲利普·霍普　Henry Philip Hope

J
约翰·内波穆克·吉贝勒　Johan Nepomuk Gibele
L. U. 吉尔　L. U. Gill
卡尔·吉拉尔代　Karl Girardet
让·吉罗　Jehan Girault
让－巴蒂斯特·安托万·吉耶曼
Jean-Baptiste Antoine Guillemin
克里斯蒂娜·加恩　Christina Gan
弗朗茨·约瑟夫·加尔　Franz Josef Gall
加尔　Gal
米歇尔·加尼耶　Michel Garnier

路易丝·加耶东　Louise Gailleton
乔瓦尼·巴蒂斯塔·加佐拉　Giovanni Battista Gazzola
穆罕默德·贾姆哈里　Muhammad Jamhari
莱昂纳尔·金斯伯格　Léonard Ginsburg
乔治·居维叶　Georges Cuvier

K
埃米尔·卡尔泰哈克　Émile Cartailhac
让·马里于斯·卡吕斯　Jean Marius Carlus
凯斯基·卡曼西高　Keski Kamansigao
卡米泽　Camuzet
埃马纽埃尔·马拉拜拉·冯·卡纳尔
Emmanuel Malabaila von Canal
埃尔·哈吉·卡内　El Hadj Kane
安德鲁·卡内基　Andrew Carnegie
路易·卡皮唐　Louis Capitan
约瑟夫·卡文图　Joseph Caventou
哈珀·凯利　Harper Kelley
罗歇·凯卢瓦　Roger Caillois
约翰·沃卡普·康福斯　John Warcup Cornforth
菲利贝尔·康莫森　Philibert Commerson
玛乔丽·考特尼－拉蒂迈　Marjorie Courtenay-Latimer
弗尔南·柯尔蒙　Fernand Cormon
彼得·柯林森　Peter Collinson
夏尔·科迪尔耶　Charles Cordier
科尔贝　Colbert
夏尔·亨利·约瑟夫·科尔迪耶
Charles-Henri Joseph Cordier
弗尔南·科尔蒙　Fernand Cormon
温琴佐·马里亚·科罗内利　Vincenzo Maria Coronelli
威廉·科尼比尔　William Conybeare
于尔格·克赖恩布尔　Jürg Kreienbühl
克里斯蒂安七世　Christian VII
弗雷德里克·克里斯托尔　Frédéric Christol
乔治·弗雷德里克·孔兹　George Frederick Kunz
库埃　Couet
弗朗齐歇克·库普卡　František Kupka
库斯托　Cousteau
库坦　Coutan
克里斯蒂安·夸菲耶　Christian Coiffier

L
居伊·德·拉布罗斯　Guy de La Brosse
路易·拉尔泰　Louis Lartet
阿尔弗雷德·拉克鲁瓦　Alfred Lacroix
克洛德·拉朗纳　Claude Lalanne
弗朗索瓦－格扎维埃·拉朗纳　François-Xavier Lalanne
斯特凡·拉隆德　Stefan Lalonde
让－巴蒂斯特·德·拉马克　Jean- Baptiste de Lamarck
埃米尔·拉萨尔　Émile Lassalle
J.D. 莱安德里　J. D. Leandri
J. 莱纳　J. Lehner
莱内　Lainé

韦恩·卡罗尔·莱希特　Wayne Carroll Leicht
约瑟夫·阿希尔·勒贝尔　Joseph Achille Le Bel
西尔维·勒博曼　Sylvie Le Bomin
乔治·路易·勒克莱尔　Georges Louis Leclerc
奥斯卡·勒克莱尔　Oscar Leclerc
塞巴斯蒂安·勒克莱尔　Sébastien Le Clerc
埃利泽·勒克吕　Élisée Reclus
勒卢瓦尔　Leloir
勒纳尔　Renard
弗朗索瓦·勒瓦扬　François Levaillant
亨利·约瑟夫·雷杜德　Henri Joseph Redouté
皮埃尔·约瑟夫·雷杜德　Pierre Joseph Redouté
O. 雷韦　O. Réveil
保罗·里韦　Paul Rivet
埃米尔·里维埃　Émile Rivière
路易斯·利基　Louis Leakey
让·安德烈·亨利·卢卡　Jean André Henri Lucas
弗朗切斯科·马里亚·鲁斯波利　Francesco Maria Ruspoli
路易·鲁索　Louis Rousseau
玛丽·路易丝　Marie-Louise
皮埃尔·伊夫·伦金　Pierre-Yves Renkin
尼古拉·罗贝尔　Nicolas Robert
亨利·罗伯茨　Henry Roberts
罗伯特　Robert
亨利·洛特　Henri Lhote
弗朗索瓦·吕德　François Rgude

M
玛丽－泰蕾兹·马蒂内　Marie-Thérèse Martinet
卡尔·弗里德里希·菲利普·冯·马蒂乌斯
Carl Friedrich Philipp von Martius
克莱尔和阿梅代·马拉蒂埃　Claire et Amédée Maratier
约瑟夫·马莱塞　Joseph Malesset
尼古拉·马雷夏尔　Nicolas Maréchal
马里尼侯爵　le marquis de Marigny
皮埃尔·马尼奥尔　Pierre Magnol
马萨林　Mazarin
奥斯尼尔·C·马什　Othniel C. Marsh
加斯东·马斯佩罗　Gaston Maspero
马松　Masson
夏尔·马维尔　Charles Marville
迈松－阿尔福　Maisons-Alfort
伯努瓦·曼德尔布罗特　Benoît Mandelbrot
约瑟夫·芒塞尔　Joseph Mansell
何塞·克里斯托弗·门多萨　Jose Christopher Mendoza
爱德华·蒙克　Edvard Munch
亨利·米尔恩－爱德华兹　Henri Milne- Edwards
米莱　Mulet
詹姆斯·明德　James Mynde
小约翰·皮尔庞特·摩根　John Pierpont Morgan Jr.
莫贝尔　Maubert
T. 莫尔冈　T. Morgand
让·莫里　Jean Maury

莫罗　Moreau
斯特凡纳·莫尼　Stéphane Mony
雅尼娜·莫尼耶　Jeanine Monnier
泰奥多尔·莫诺　theodore Monod
莫泊桑　Guy de Maupassant
博尼耶·德拉·莫松　Bonnier de La Mosson
斯坦尼斯拉斯·默尼耶　Stanislas Meunier

N
乔治·尼科尔森　Georges Nicholson

O
理查德·欧文　Richard Owen

P
帕基　Parkie
帕里斯　Paris
贝尔纳·帕利西　Bernard Palissy
帕萨尔　Passard
安德烈·皮埃尔·潘松　André Pierre Pinson
皮埃尔·佩蒂特　Pierre Petit
约瑟夫·佩尔蒂埃　Joseph Pelletier
阿里斯蒂德·米歇尔·佩罗　Aristide Michel Perrot
克洛德·佩罗　Claude Perrault
德尼·佩罗尼　Denis Peyrony
弗朗索瓦·蓬蓬　François Pompon
雷蒙·皮若尔　Raymond Pujol
弗尔南·阿内·皮斯特　Fernand Anne Piestre
皮斯托莱　Pistollet
皮图瓦－勒夫罗　Pitois-Levrault
平奇　Pinky
M. 德·珀蒂尼　M. de Pétigny
克里斯托夫·珀雷　Christophe Peray
约翰·安德烈亚斯·普费费尔　Johann Andreas Pfeffel
康斯坦特·普雷沃　Constant Prévost
查尔斯·普卢米尔　Charles Plumier
夏尔·普吕米耶　Charles Plumier
弗朗茨·普吕纳－拜　Franz Prüner-Bey
皮埃尔·普瓦夫尔　Pierre Poivre
帕普·奥马尔·普伊　Pape Omar Pouy

R
保罗·热尔韦　Paul Gervais
Fr. 热拉尔　Fr. Gérard
P. Ch. 茹贝尔　P. Ch. Joubert
弗朗索瓦·茹弗鲁瓦　François Jouffroy

S
萨尔让　Sargent
萨利乌　Saliou
让－弗朗索瓦·塞吉耶　Jean-François Séguier
弗朗索瓦·塞金　François Seguin
塞阔雅　Sequoyah
让·尼古拉·塞雷　Jean Nicolas Céré
安德烈·塞里格　André Seyrig
尼古拉·塞萨尔　Nicolas César
亨利·弗雷德里克·康拉德·桑德尔
Henry Frederick Conrad Sander
洛朗·沙泰尔　Laurent Chatel
尚德纳戈尔　Chandernagor
舍恩贝格尔　Schönberger
舍梅托夫　Chemetov
奥古斯特·舍瓦利耶　Auguste Chevalier
丹尼斯·舍瓦利耶　Denis Chevallier
勒内·德·圣佩里耶　René de Saint-Périer
艾蒂安·若弗鲁瓦·圣伊莱尔
Étienne Geoffroy Saint-Hilaire
圣伊莱尔　Saint Hilaire
加斯帕尔·施普尔茨海姆　Gaspar Spurzheim
亚历山大·施滕博克－费莫尔
Alexandre Stenbock-Fermor
贝尔纳德·施图茨　Bernard Stürtz
格奥尔格·施魏因富特　Georg Schweinfurth
詹姆斯·伦纳德·布赖尔利·史密斯　James Leonard
Brierley Smith
约翰·雅各布·朔伊希策　Johann Jakob Scheuchzer
弗雷德里克·斯卡尔贝格　Frédéric Scalberge
亨利·路易·斯科特　Henri Louis Scott
让·邦雅曼·斯塔尔　Jean Benjamin Stahl
查尔斯·H·斯滕伯格　Charles H. Sternberg
皮埃尔·索内拉特　Pierre Sonnerat

T
安布鲁瓦兹·塔迪厄　Ambroise Tardieu
菲利普·塔凯　Philippe Taquet
哈龙·塔齐耶夫　Haroun Tazieff
让－巴蒂斯特·塔韦尼耶　Jean-Baptiste Tavernier
克里斯泰勒·泰亚　Christelle Téa
汤执中　Reverend Father d'Incarville
丹尼尔·夏尔·特吕代纳　Daniel Charles Trudaine
奥斯卡·图安　Oscar Thouin
安德烈·图安　André Thouin
约瑟夫·皮顿·德·图内福尔　Joseph Pitton de Tournefort

W
克里斯蒂安·乌尔里希·瓦格纳　Christian Ulrich Wagner
瓦扬元帅　maréchal Vaillant
塞巴斯蒂安·瓦扬　Sebastien Vaillant
皮埃尔·弗朗索瓦·德·瓦伊　Pierre François de Wailly
让·旺多姆　Jean Vendome
勒内·韦尔诺　René Verneau
奥古斯特·韦纳伊　Auguste Verneuil
保罗·维达尔－塞内兹　Paul Vidal-Senèze
维多夫罗　Huidobro
让－夏尔·维尔纳　Jean-Charles Werner
维克托　Victor
J. P. 维斯托　J. P. Visto
科斯坦蒂诺·维塔莱　Costantino Vitale
魏斯　Weiss
温·芒斯　Win Munns
罗兰·沃德　Rowland Ward
奥勒·沃尔姆　Ole Worm
路易·尼古拉·沃克兰　Louis Nicolas Vauquelin
康斯坦丁·阿达莫维奇·沃罗索维奇
Konstantin Adamovitch Vollosovitch
乌布卢　Houbloup
P. 乌迪诺　P. Oudinot
罗伯特·伯恩斯·伍德沃德　Robert Burns Woodward

X
特蕾西·希瓦利埃　Tracy Chevalier
米歇尔·欧仁·谢弗勒尔　Michel Eugene Chevreul

Y
路易·朱利安·雅科泰　Louis Julien Jacottet
雅克曼　Jacquemin
保罗·雅曼　Paul Jamin
亨利·伊尔德布朗　Henri Hildibrand
伊雷　Iray
阿塞纳特·埃莉奥诺拉·伊丽莎贝特
Asenat Eleonora Elisabette
西吉斯蒙德·伊默利　Sigismond Himely
费兰特·因佩拉托　Ferrante Imperato
维克多·雨果　Victor Hugo

Z
扎拉法　Zarafa
安托万·德·朱西厄　Antoine de Jussieu
贝尔纳·德·朱西厄　Bernard de Jussieu

A
阿布拉特　Abulat
阿法尔地区　Afar
阿杰尔高原　Tassili n'Ajjer
阿列日省　Ariège
阿列省　Allier
阿塔科拉　Atacora
埃尔德岛　Eldey
埃尔斯沃思　Ellsworth
安贾纳博诺伊纳　Anjanabonoina
安纳托利亚　Anatolie
昂莱内洞穴　Cave of Enlène
奥埃拉斯　Oeiras
奥布省　Aube
奥杜瓦伊　Olduvai
奥尔巴尼县　Comté d'Albany
奥尔格伊村　Orgueil
奥弗涅地区　Auvergne
奥格斯堡　Augsburg
奥利　Orly

B
八束市　Yatsuka
巴讷维尔－卡特雷　Barneville-Carteret
班热维尔　Bingerville
比塔姆地区　Région de Bitam
比耶夫尔引水渠　Bièvre diversion canal
彼德拉格兰德　Piedra Grande
变形修道院　Monastère de la Métamorphose
波尔卡山　Monte Bolca
波拿巴街　rue Bonaparte
勃朗峰　Mont-Blanc
博埃姆河畔的穆捷　Mouthiers-sur-Boëme
布丰街　rue Buffon
布拉恰诺城堡　château de Bracciano
布龙尼亚苗圃　carré Brongniart
布卢瓦城堡花园　jardin de Blois
布斯克吕郡　Buskerud

C
查卢纳河　rivière Chalumna

D
达喀尔　Dakar
大科摩罗岛　Grande Comore
代尔巴哈里　Deir el-Bahari
德兰士瓦省　Transvaal
德龙省　Drôme
迪安维尔　Dienville
迪尔福　Durfort
迪基卡　Dikika
迪瓦　Diois
迪亚曼蒂纳　Diamantina

蒂尔萨克　Tursac
蒂克·德奥杜贝尔洞穴　Tuc d'Audoubert
东扎克　Donzacq
杜伊勒里宫　le palais des Tuileries
多尔多涅省　Dordogne
多凡堡　Fort-Dauphin
多塞特郡　Dorset

F
法拉桑　Farasan
法兰西岛　île de France
法兰西岛大区　Île-de-France
腓特烈斯霍布　Frederikshaab
费拉西岩厦　Abri de Ferrassie
芬特舒克遗址　Ventershoek
丰特莫尔　Fontmaure
弗里吉亚　Phrygia

G
戈尔迪翁　Gordion
格朗特尔岛　Grande Terre
格里马尔迪　Grimaldi
圭亚那　Guyane

H
哈达尔　Hadar
洪斯吕克　Hunsrück

J
基纳卡特姆　Kinakatem
基伍省　Kivu
吉朗加约　Gilangjarjo
加杜法乌阿　Gadoufaoua
加尔省　Gard
加蓬　Gabon
贾巴伦　Jabbaren
进化大展馆　Grande Galerie de l'évolution

K
喀尔巴阡山脉　Carpates
喀麦隆　Cameroon
卡维永洞穴　Grotte du Cavillon
卡朱朱　Kadjudju
凯尔盖朗群岛　Îles Kerguelen
凯尔奈克　karnak
坎贝尔兰－马尔马尼高原　Campbelrand-Malmani
坎普阿莱格里　Campo Alegre
康帕涅－普雷米埃街　rue Campagne-Première
科多尔省　Côte-d'Or
科芒特里　Commentry
科摩罗联盟　Union des Comores
科斯马奇　Kosmatch
科索夫地区　région de Kosiv

科特迪瓦　Côte d'Ivoire
科伊珀丘　butte Coypeau
克里特岛　Crète
克利夫兰　Cleveland
克罗马农岩厦　Abri de Cro-Magnon
孔斯贝格　Kongsberg
昆士兰州　Queensland

L
拉巴斯蒂德洞穴　Labastide
莱城　Lae
莱姆里吉斯　Lyme Regis
莱塞济－德泰亚克　Eyzies-de-Tayac
莱斯皮格　Lespugue
莱斯特　Leicester
莱托利　Laetoli
莱维雷洞穴　Grotte de Liveyre
莱茵兰－普法尔茨州　Rhénanie-Palatinat
朗德省　Landes
朗格勒　Langres
勒阿弗尔　Le Havre
雷阿勒冒险花园　Jardin d'aventures des Halles
里多洞穴　Grotte des Rideaux
利比里亚　Liberia
利古里亚大区　Liguria
利亚霍夫群岛　Îles Liakhov
卢瓦尔省　Loire
罗斯科夫海洋生物站
Station biologique marine de Roscoff
洛里昂　Lorient
洛热里－巴瑟岩厦　Abri de Laugerie-Basse
洛泽尔　Lozère
绿针峰　Aiguille Verte

M
马恩河畔诺让市　Nogent-sur-Marne
马恩河畔香榭　Champs-sur-Marne
马尔－奥－松　Mare-aux-Songes
马格达莱纳湾　Baie de la Madeleine
马勒库拉岛　Île de Malekula
马利城堡　château de Marly
马赛　Marseille
马斯特里赫特　Maastricht
马提尼克岛　Martinique
马约斯村　Mayons
芒什省　Manche
毛里塔尼亚　Mauritania
梅利佩　Melipe
蒙巴尔　Montbard
蒙罗维亚　Monrovia
蒙托邦　Montauban
孟德斯鸠－阿旺泰斯　Montesquieu-Avantès
米纳斯吉拉斯州　Minas Gerais

莫罗贝省　Morobe
莫桑比克海峡　Mozambique
莫伊卡拉科　Moikarakô
姆贝贝斯　Mbebess
穆索洛湾　Baie de Mossoulo

N
纳蒂廷古　Natitingou
纳加尔　Nagar
纳萨克　Narsaaq
纳特龙湖　Natron
涅尔琴斯克矿区　Nerchinsk

P
帕尔内　Parnes
帕拉　Para
帕拉卡斯　Paracas
帕缪特　Paamiut
庞普勒穆斯花园　jardin des Pamplemousses
皮埃尔弗－迪瓦尔　Pierrefeu-du-Var
普莱瑟县　comte de Placer

Q
奇吉尔湖　lac de Chigir
钦巴扎扎　Tsimbazaza
钦博拉索山　Chimborazo

S
萨布利埃湖　Lac de la Sablière
萨拉多河　Rio Salado
萨瓦省　Savoie
萨维尼亚克－德米尔蒙　Savignac-de-Miremont
塞纳河和马恩省　Seine-et-Marne
塞内加尔　Senegal
塞文山脉　Cévennes
三兄弟洞穴　Trois-Frères
沙克湾　Shark Bay
沙漠尼山脉　Chamonix
沙西尼　Chassigny
上加龙省　Haute-Garonne
上马恩省　Haute-Marne
上萨瓦省　Haute-Savoie
圣艾蒂安　Saint-Etienne
圣保罗三城堡　Saint-Paul-Trois-Châteaux
圣家堂　Sagrada Família
圣卡塔琳娜　Santa Catarina
圣路易　Saint-Louis
圣皮埃尔山　Montagne Saint-Pierre
圣维克托修道院　abbey of Saint-Victor
食草动物圆厅　Rotonde des herbivores
舒瓦西城堡　château de Choisy
斯匹次卑尔根岛　Spitzberg
斯威士兰　Swaziland
斯维尔德洛夫斯克州　Sverdlovsk
松巴岛　Sumba

T
塔恩－加龙省　Tarn-et-Garonne
塔那那利佛　Tananarive
泰内雷沙漠　désert du Ténéré
提希特　Tichitt
通博半岛　presqu'île des Tombeaux
图林斯克矿　Tur'inskii
托拉纳鲁　Tôlanaro
托罗斯－梅纳拉地区　Toros-Menalla

W
瓦基南卡拉特拉　Vakinankaratra
瓦努阿图　Vanuatu
瓦诺恩　Gvanoen
瓦兹省　Oise
威尼托大区　Vénétie
韦勒什　Velleches
韦佩内尔　Wepener
维埃纳省　Vienne
维罗纳　Vérone
蔚蓝海岸　Côte d'Azur
沃尔特斯暗沙　Walters Shoals

X
夏朗德省　Charente
小迷宫　Petit Labyrinthe
谢尔－阿卡尔文岩厦　Abri de Chaire-à-Calvin
新赫布里底群岛　Nouvelles-Hébrides
新喀里多尼亚　Nouvelle-Calédonie
新西伯利亚群岛　Nouvelle-Sibérie
星期四岛　Thursday Island

Y
亚历山大　Alexandrie
亚眠　Amiens
伊桑德拉　Itsandra
伊泰阿　Itea
鹰巢矿　Mine Eagle's Nest
约塞米蒂　Yosemite

Z
朱拉卜沙漠　désert du Djourab

《1780—1785 年勒瓦扬先生通过好望角进入非洲内陆之旅》 *Voyage de M. Le Vaillant dans l'intérieur de l'Afrique, par le cap de Bonne-Espérance, dans les années 1780, 81, 82, 83, 84 & 85*
《1826—1833 年南美洲之旅》 *Voyage dans l'Amérique méridionale (...) exécuté pendant les années 1826, 1827, 1828, 1829, 1830, 1831, 1832 et 1833*

A
《阿尔菲斯河》 *Le Fleuve Alphée*
《阿尔塔米拉洞穴调查（牛、野猪、马和红色印迹）》 *Relevé de la grotte d'Altamira (bovidé, sanglier, cheval, signes rouges)*
《阿诺斯附近的结晶岩》 *Roches cristallines des environs d'Anost*
《阿塞纳特 · 埃莉奥诺拉 · 伊丽莎贝特》 *Asenat Eleonora Elizabette*
《阿辛》 *Asin*
《艾西施泰特植物园》 *Hortus eystettensis*
《安德烈 · 图安的植物栽培与驯化课程》 *Cours de culture et de naturalisation des végétaux d'André Thouin*

B
《巴黎盆地地层中各类地形、岩石和矿物的理论剖面图》 *Coupe théorique des divers terrains, roches et minéraux qui entrent dans la composition du sol du bassin de Paris*
《巴黎植物园》 *Le Jardin des Plantes de Paris*
《巴黎植物园的黎巴嫩雪松》 *Cèdre du Liban au Jardin des Plantes à Paris*
《百科全书：科学、人文和手工艺辞典》 *Encyclopédie, ou Dictionnaire raisonné des sciences, des arts et des métiers*
《百科全书：科学、人文和手工艺辞典——矿物学》 *Encyclopédie, ou Dictionnaire raisonné des sciences, des arts et des métiers – Minéralogie*
《北海风光》 *Paysage des mers du Nord*
《北极熊》 *Ours polaire*
《北美宝石和名贵石头集》 *Gems and Precious Stones of North America*
《贝壳》 *Coquilles*
《贝壳和珍珠》 *Coquille et perles*
《比较解剖学剧场内景》 *Intérieur de l'amphithéâtre d'Anatomie comparée*
《比较解剖学展厅楼梯间的一楼平台》 *Palier du premier étage de l'escalier de la galerie d'Anatomie comparée*
《不同人种的皮肤比较解剖》 *Anatomie comparée de la peau dans les races humaines*
《布丰纪念像》 *Monument à Buffon*

C
《草莓柱隔孢，糙皮格孢菌》 *Stigmatea fragariæ, Pleospora pellita*
《插图》 *L'Illustration*
《插图世界》 *Le Monde illustré*
《常用、珍奇和异域植物集……取自国王花园和巴黎药剂师花园》 *Collection des plantes usuelles, curieuses et étrangères (…) tirées du Jardin du Roi et de celui de MM. les apothicaires de Paris*
《赤道地区植物地理》 *Géographie des plantes équinoxiales*
《从颈背到骶骨剖开的女性人体背面观，又称“解剖天使”》 *Femme vue de dos, disséquée de la nuque au sacrum, dite l'Ange anatomique*

D
《大海雀》 *Grand pingouin*
《大象》 *Éléphants*
《大型温室内景》 *Le Jardin des Plantes*
《地中海芍药》 *La pivoine mâle*
《动物摄影：自然博物馆收藏的珍稀动物图集》 *Photographie zoologique, ou Représentation des animaux rares des collections du Muséum d'histoire naturelle*
《动物摄影：自然博物馆收藏的珍稀动物图集》 *Photographie zoologique, ou Représentation des animaux rares des collections du Muséum d'histoire naturelle*
《动物史》 *Histoire des animaux*
《动物学地球平面图》 *Planisphère zoologique*
《动物学展厅》 *La Galerie de Zoologie*
《动物自然史回忆录》 *Mémoires pour servir à l'histoire naturelle des animaux*
《豆子庆典中的女祭司》 *Prêtresse à la fête des fèves*
《对阿诺斯若干岩石的岩石学研究》 *Examen lithologique de quelques roches provenant d'Anost*
《多肉植物史》 *l'Histoire des plantes grasses*

E
《鳄梨》 *Avocatier*
《扼杀婆罗洲野人的猩猩》 *Orangoutan étranglant un sauvage de Bornéo*

F
《法国第一只长颈鹿》 *La Première Girafe de France*
《法国真菌史》 *Histoire des champignons de la France*
《非洲的维纳斯》 *Vénus africaine*
《分离的人类头颅》 *Tête humaine désarticulée*

G
《各类标本》 *Divers spécimens*
《古生物学展厅的梁龙骨架》 *Squelette du Diplodocus dans la galerie de Paléontologie*
《谷物研究室》 *Graineterie*
《关于大不列颠及爱尔兰海岸常见的珊瑚和其他同类海洋产物的自然史论文》 *Essai sur l'histoire naturelle des corallines, et d'autres productions marines de même genre, qu'on trouve communément sur les côtes de la Grande-Bretagne et d'Irlande*
《广义与狭义自然史：附国王珍奇柜的描述》 *Histoire naturelle, générale et particulière : avec la description du Cabinet du roy*
《硅藻类》 *Diatomea*
《国家自然博物馆库房：果实收藏室、种子收藏室、谷物研究室》 *Carpothèque, Séminothèque, Graineterie, Réserve du Muséum national d'histoire naturelle*
《国王花园》 *Jardin du roi*

H
《海胆类植形动物》 *Zoophytes échinidés*
《海象狩猎图》 *Chasse au morse*
《河马》 *Hippopotame*
《红笼头菌》 *Clathre rouge*
《狐狸解剖图》 *Dissection du renard*
《花粉》 *Pollens*
《化石骨骼研究：复原在地球灾变中灭绝的若干种动物》 *Recherches sur les ossements fossiles, où l'on rétablit les caractères de plusieurs animaux dont les révolutions du globe ont détruit les espèces*
《槐》 *Sophora*
《皇家花园风景（露天剧场一侧）》 *Vue du Jardin du roi (côté de l'Amphithéâtre)*
《彗星兰》 *Orchidée, Angraecum*
《活体植物标本集》 *Herbarium vivum*

J
《极乐鸟和佛法僧的自然史》 *Histoire naturelle des oiseaux de paradis et des rolliers*
《角海罂粟》 *Papaver corniculatum*
《解剖兔子》 *Dissection d'un lapin*
《解剖学论文，以印刷版画的形式展示面部、颈部、头部、舌头和喉部等所有肌肉的自然状态》 *Essai d'anatomie, en tableaux imprimés, qui représentent au naturel tous les muscles de la face, du col, de la tête, de la langue et du larinx…*
《金：天然大小的金块、枝晶和结晶体》 *Or : pépite grandeur naturelle, dendrite et cristaux*
《橘园》 *Orangerie*
《巨兽的骨骼》 *Ostéologie du megatherium*
《巨熊和猛犸象时代的丧葬用餐》 *Un repas funéraire à l'époque du grand ours et du mammouth*

K
《坎皮佛莱格瑞火山区：两西西里火山的观测资料，已提交伦敦皇家学会》 *Campi Phlegræi: Observations on the Volcanos of the Two Sicilies, as they have been communicated to the Royal society of London*
《克罗马农人复原图》 *Reconstitution d'hommes de Cro-Magnon*
《宽叶蕨类，具柔软刺毛和黑色皮刺》 *Filix latifolia,*

Spinulis mollibus et nigris aculeata
《矿物学展厅内景》 *Vue intérieure de la galerie de Minéralogie*
《矿物种类分类表》 *Tableau méthodique des espèces minérales*
《矿物自然史》 *Histoire naturelle des minéraux*

L
《来自艾格瓦特的阿拉伯人》 *Arabe d'El-Alghouat*
《来自杜尔福特(加尔)的上新世南方猛犸象》 *Elephas meridionalis du Pliocène de Durfort (Gard)*
《莱斯皮格的维纳斯》 *Vénus de Lespugue*
《赖兴巴赫:兰花图解与记述》 *Reichenbachia: Orchids Illustrated and Described*
《篮与筐》 *Panier et corbeille*
《裂叶红皮藻》 *Rhodomenia laciniata*
《流泪的女人》 *Femme à la larme*
《颅相学半身像》 *Buste phrénologique*
《露西在缀满钻石的天空》 *Lucy in the Sky with Diamonds*

M
《M. E. 谢弗勒尔色相环,使用套色印刷复制》 *Cercles chromatiques de M. E. Chevreul, reproduits au moyen de la chromocalcographie*
《马背上的印第安酋长》 *Chef indien à cheval*
《马达加斯加矿物学》 *La Minéralogie de Madagascar*
《马格达莱纳湾,从斯匹次卑尔根岛北部的通博半岛取景,北极光效应》 *Magdalena Bay. Vue prise de la presqu'île des Tombeaux, au nord du Spitzberg. Effet d'aurore boréale*
《脉羊齿》 *Nevropteris Loshi*
《美洲蕨类植物论》 *Traité des fougères de l'Amérique*
《灭绝动物物种》 *Races d'animaux perdues*
《磨制石器时期的渔民》 *Les Pêcheurs, époque de la pierre polie*

N
《呐喊》 *Cri*
《纳里娜,来自戈纳夸的年轻女性》 *Narina, jeune Gonaquoise*
《尼安德特人》 *L'homme de Néandertal*
《努比亚女人》 *La Nubienne*

O
《欧坦博物学会公报》 *Bulletin de la Société d'histoire naturelle d'Autun*

Q
《奇妙生物》 *Prodigieuses Créatures*
《腔棘鱼目:查卢纳拉蒂迈鱼 Latimeria chalumnae, Smith, 1939》 *Coelacanthe, Latimeria chalumnae Smith 1939*

R
《人类的起源》 *Les Origines de l'humanité*
《人类化石》 *L'homme fossile*
《人类生于大地》 *Homo ex humo*
《人类物种》 *Les Races humaines*
《人类与大地》 *L'Homme et la Terre*
《人体骨骼和肌肉图谱》 *Tabulae sceleti et musculorum corporis humani*

S
《赛义德·阿卜杜拉,又称努比亚人》 *Abdallah ou Le Nubien*
《石器时代的猎熊人》 *Chasseur d'ours à l'âge de pierre*
《石器时代的一家人》 *Une famille à l'âge de pierre*
《石头》 *Pierres*
《石头随笔》 *L'Écriture des pierres*
《石头随想》 *Pierres réfléchies*
《史前拉斐尔和米开朗基罗:驯鹿时代绘画和雕塑艺术的诞生》 *Les précurseurs de Raphaël et de Michel-Ange, ou la naissance des arts du dessin et de la sculpture à l'époque du renne*
《史前研究,人类诞生之前的巴黎:人类化石等》 *Études antédiluviennes. Paris avant les hommes : l'homme fossile, etc.*
《世界四大洲的代表性鸟类:美洲》 *Les Quatre Parties du monde caractérisées par les oiseaux qui y vivent : l'Amérique*
《水果展览》 *Carporama*
《水果真菌分类选集》 *Selecta fungorum carpologia*
《斯匹次卑尔根岛的女性之旅》 *Voyage d'une femme au Spitzberg*
《索尔法塔拉火山的产物》 *Productions de la Solfaterra*

T
《逃离猛犸象》 *Fuite devant le mammouth*
《特罗卡德罗民族志博物馆的美洲展厅》 *Salles d'Amérique du musée d'Ethnographie du Trocadéro*
《偷熊崽的人》 *Le Dénicheur d'oursons*
《头足类化石及活体动物》 *Céphalopodes fossiles et vivants*
《图画杂志》 *Le Magasin pittoresque*

W
《王莲》 *Victoria regia*
《温室》 *Serres*

X
《乡土经济:蜜蜂》 *Économie rustique, mouches à miel*
《谢弗勒尔先生第一色相环(包含纯色)》 *1er cercle chromatique de Mr Chevreul renfermant les couleurs franches*
《新几内亚之旅,涵盖对当地的描述、对当地人生理和道德特征的观察,以及动植物世界自然史的相关细节》 *Voyage à la Nouvelle Guinée, dans lequel on trouve la description des lieux, des observations physiques & morales, & des détails relatifs à l'histoire naturelle dans le règne animal & le règne végétal*
《熊狩猎图》 *Chasse à l'ours*
《驯鹿狩猎图》 *Chasse aux rennes*

Y
《胭脂掌》 *Cactus cochenillifer*
《依据组织结构分类的动物界:作为动物自然史的基础教材和比较解剖学的入门读物》 *Le Règne animal distribué d'après son organisation : pour servir de base à l'histoire naturelle des animaux et d'introduction à l'anatomie comparée*
《银莲花》 *Anémone*
《印板石始祖鸟》 *Archaeopteryx lithographica*
《英国藻类摄影:蓝晒法印刷》 *Photographs of British Algae: Cyanotype Impressions*
《英国藻类手册》 *Manual of British Algae*
《尤拉卡雷斯(玻利维亚)印第安人的小屋和舞蹈》 *Vue d'une hutte, et danse des Indiens Yuracarès (Bolivia)*
《有袋类化石》 *Sarigue fossile*
《园艺图解词典:供园丁和植物学家使用的实用科学园艺百科全书》 *The Illustrated Dictionary of Gardening: A Practical and Scientific Encyclopædia of Horticulture for Gardeners and Botanists*
《原始人类》 *L'Homme primitif*

Z
《珍奇柜》 *Cabinet de curiosités*
《真菌论》 *le Traité des champignons*
《植物化石史》 *Histoire des végétaux fossiles*
《植物基础和比较(微观)组织学》 *Organographie (microscopique) élémentaire et comparée des végétaux*
《植物王国:根据植物学、医用草药、实用功能和工业用途、园艺理论和实践、农业和林业植物、植物史和书目历史分类》 *Le Règne végétal, divisé en traité de botanique, flore médicale, usuelle et industrielle, horticulture théorique et pratique, plantes agricoles et forestières, histoire biographique et bibliographique de la botanique*
《植物学通史》 *Historia generalis plantarum*
《植物园:动物园和自然博物馆中哺乳动物的描述和特征》 *Le Jardin des Plantes. Description et moeurs des mammifères de la Ménagerie et du Muséum d'histoire naturelle*
《植物园》 *Vue intérieure de la Grande Serre*
《(植物园的)大象圆厅》 *Rotonde de l'éléphant (Jardin des Plantes)*
《(植物园的)猴子展厅》 *Galerie des singes (Jardin des Plantes)*
《(植物园的)自然史展厅内景》 *Intérieur des Galeries d'histoire naturelle (Jardin des Plantes)*
《(植物园的)自然史展厅和图书馆》 *Galeries d'histoire naturelle et la bibliothèque (Jardin des Plantes)*
《植物园里的爬行动物新馆》 *Nouveau palais des reptiles*

au Jardin des Plantes

《植物园鸟瞰概貌》 *Jardin des plantes, vue générale à vol d'oiseau*

《中国男女》 *Chinoise et Chinois*

《种一棵橙子树》 *Plantation d'un oranger*

《朱莉的花环》 *Guirlande de Julie*

《自然界的艺术形式》 *Kunstformen der Natur*

《自然界中矿物的神奇与多彩：珍贵彩色矿物图集，帮助人们了解动物、植物、矿物的历史和经济价值》 *Les Dons merveilleux et diversement coloriés de la nature dans le règne minéral, ou Collection de minéraux précieusement coloriés, pour servir à l'intelligence de l'histoire générale et économique des trois règnes*

《自然博物馆回忆录》 *Mémoires du Muséum d'histoire naturelle*

《自然圣经》 *Physica sacra*

《自然史，位于奥弗涅地区圣桑杜附近佩雷涅尔的岩石，由棱柱体组合而成，整体趋近于球体》 *Histoire naturelle, rocher de Pereneire, proche St Sandoux en Auvergne, formé d'un assemblage de prismes dont le système général tend à former une boule*

《自然史》 *Dell' Historia naturale*

《自然史》(布丰) *Histoire naturelle*

《自然史和哲学作品集》 *OEuvres d'histoire naturelle et de philosophie*

《祖先》 *Les Ancêtres*

A
“奥尔唐斯王后”号 *Reine-Hortense*

B
巴卡文化 baka
巴黎国立高等美术学院 École nationale supérieure des beaux-arts
巴黎矿业学院 École desmines de Paris
巴黎天主教学院 Institut Catholique de Paris
巴里巴文化 bariba
贝贝坎 Bebekan
比瓦特文化 biwat
俾格米狩猎采集者 chasseurs-cueilleurs « pygmées»
布朗利码头博物馆 musée du quai Branly

C
查查波亚文化 chachapoya

D
蒂埃博兄弟铸造厂 fonderie Thiébault frères

E
恩迪亚加·恩迪亚耶 Ndiaga ndiaye

G
高线社区学院 Highline Community College
古罗文化 gouro
古苏尔文化 gutsul

H
皇家戈布兰工厂 manufacture royale des Gobelins

K
“卡利普索”号 *Calypso*
卡瓦希布 Cawahib
卡亚波文化 kayapo
“科西图”号 *Le Cocyte*

L
莱文化 lae
兰巴兰普 rambaramp
勒班陀战役 bataille de Lépante
雷奥格表演 reog
雷诺 SG2 Super-Goélette 面包车 Fourgon Super-Goélette Renault SG2
利比亚 - 柏柏尔绘画 peintures libyco-berbères

M
迈松 - 阿尔福特兽医学院 École vétérinaire de Maisons-Alfort
美国史密森尼学会 Smithonian Institution
“美好年代”时期 Belle Époque
蒙杜鲁库文化 mundurucu

N
纳塔玛斯玛拉 natamasmara

P
帕林廷廷 Parintintin

Q
切罗基人 Cherokee

S
桑族文化 san
梭鲁特文化 culture solutréenne

T
“探索”号 *La Recherche*
特罗卡德罗民族志博物馆 musée d’Ethnographie du Trocadéro

W
万塞讷动物园 zoo de Vincennes
沃洛夫语 wolof
乌尤尤人 Wuyjuyu
“五月花”号 *Mayflower*

X
小南巴斯文化 nambas
“星辰”号 *L'Étoile*

图片版权

© 法国国家自然博物馆：图 1、图 2、图 3、图 4、图 5、图 6、图 7、图 8、图 9、图 11、006、图 12、图 13、图 14、图 15、025、图 16、图 17、032、图 18、图 19、图 20、图 22、图 23、图 25、图 26、图 27、图 28、图 30、图 31、062、063、065、067、图 34、图 35、图 36、076、081、084、086、098、图 44、图 45、图 46、图 47、109、112、113、图 49、图 50、图 51、图 52、图 53、图 55、图 56、图 58、133、图 60、图 61、图 62、图 63、图 64、图 65、图 66、图 68、图 70、图 71、图 73、图 74、177、178、183、184、185、186、191、197、198、199、200、图 76、图 77、图 78、图 79、图 80、图 81、图 82、图 83、图 84；

© 法国国家自然博物馆 / 纳塔莉 · 巴尔代：009（装饰插图）；

© 法国国家自然博物馆 / 路易 – 多米尼克 · 培尔：031、034；

© 法国国家自然博物馆 / 洛朗 · 贝索尔：001、018、024、036、076（装饰插图）、077、079、079（装饰插图）、084（装饰插图）、086（装饰插图）、089、090、099、100；

© 法国国家自然博物馆 / 德尔菲娜 · 布拉邦：172；

© 法国国家自然博物馆 / 伊莎贝尔 · 布吕诺 · 德米尔：图 41；

© 法国国家自然博物馆 / 陈天任：095；

© 法国国家自然博物馆 / 乔治 · 德弗朗德尔（摄影）/ 莉莲 · 卡兹（数字化）：104；

© 法国国家自然博物馆 / 蒂埃里 · 德鲁安：114；

© 法国国家自然博物馆 / 让 – 克里斯托夫 · 多梅内克：002、013、018（装饰插图）、030、040、126、128、129、129（装饰插图）、130、131、131（装饰插图）、132、134、135、136、138、139、140、142、142（装饰插图）、143、143（装饰插图）、144、144（装饰插图）、145、146、147、148、149、150、152、152（装饰插图）、153、153（装饰插图）、154、154（装饰插图）、155、155（装饰插图）、156、157、158、160、161、162、164、165、166、167、168、169、171、173、174、175、175（装饰插图）、176；

© 法国国家自然博物馆 / 若埃勒 · 杜邦：118、119、120、121；

© 法国国家自然博物馆 / 若瑟兰 · 法尔科内：020；

© 法国国家自然博物馆 / 弗朗索瓦 · 法尔热：033、035、038、039、042、043、044、045、047、048、049；

© 法国国家自然博物馆 / 贝尔纳 · 费伊：005（装饰插图）、006（装饰插图）、008（装饰插图）、010（装饰插图）、011（装饰插图）、012（装饰插图）、014、017（装饰插图）、025（装饰插图）、037、图 21、041、050、081（装饰插图）、082（装饰插图）、151；

© 法国国家自然博物馆 / 伊莎贝尔 · 弗洛朗：111；

© 法国国家自然博物馆 / 玛丽 – 贝亚特丽斯 · 福雷尔：103；

© 法国国家自然博物馆 / 斯内扎娜 · 热尔博：068；

© 法国国家自然博物馆 / 洛朗斯 · 格莱马雷克：141；

© 法国国家自然博物馆 / 弗朗索瓦 – 吉勒 · 格朗丹：066、066（装饰插图）、069（装饰插图）、071、071（装饰插图）、122、122（装饰插图）；

© 法国国家自然博物馆 / 菲利普 · 格雷利耶：110；

© 法国国家自然博物馆 / 克里斯托夫 · 埃尔韦：087；

© 法国国家自然博物馆 / 阿涅斯 · 雅祖拉：004、005、007、008、009、010、011、012、017、026、027、028、029、046、图 24、054、054（装饰插图）、图 29、055、056、057、057（装饰插图）、图 32、图 33、064、069、070、074、075、075（装饰插图）、078、078（装饰插图）、图 37、080、082、图 38、083、图 39、085、085（装饰插图）、图 40、091、图 42、092、093、094、图 43、097、101、图 48、图 54、127、图 59、137、图 67、163、180、188、189、194、194（装饰插图）、195、195（装饰插图）、图 75；

© 法国国家自然博物馆 / 纳塔莉 · 伊达利：159；

© 法国国家自然博物馆 / 弗洛朗 · 雅库博维奇：181、189（装饰插图）、190、192；

© 法国国家自然博物馆 / 布吕诺 · 热：065（装饰插图）、067（装饰插图）；

© 法国国家自然博物馆 / 米里亚姆 · 库尔杜利：170；

© 法国国家自然博物馆 / 化学实验室：124、125；

© 法国国家自然博物馆 / 帕特里克 · 拉费特：058、059、060；

© 法国国家自然博物馆 / 樊尚 · 勒布勒东：115；

© 法国国家自然博物馆 / 克里斯蒂昂 · 莱姆扎乌达：023；

© 法国国家自然博物馆 / 埃洛迪 · 莱拉：053、061、072、073；

© 法国国家自然博物馆 / 让 – 帕斯卡尔 · 洛佩：107、108；

© 法国国家自然博物馆 / 菲利普 · 卢布里：003、102；

© 法国国家自然博物馆 / 吉勒 · 梅尔梅：051、052；

© 法国国家自然博物馆 / 维克托 · 纳拉：116；

© 法国国家自然博物馆 / 科朗坦 · 内日齐：088；

© 法国国家自然博物馆 / 德尼 · 萨雷特：016、019、021、022、068（装饰插图）；

© 法国国家自然博物馆（dist.Rmn-GP）/ 托尼 · 凯雷克：179、182、187；

© 法国国家自然博物馆 / 罗曼 · 托马：015；

© 蒂埃里 · 阿杜安：117；

©CC3.0CSIRO：106；

© 荧光显微镜和数字成像中心 / 法国国家自然博物馆 / 法国国家科学研究中心：123；

©E-Recolnat：096；

© 阿内斯 · 格罗贝：105；

© 布朗利河岸博物馆（dist.Rmn-GP）：图 57、图 69、图 72.

版权所有

©Adagp，巴黎，2021：189、193；

© 版权所有 / CNAP：026、图 59、137、153、图 67、194、195、图 75；

© 法国国家自然博物馆 / 让 – 弗朗索瓦 · 德茹阿内（UMS2AD / GPAC）：图 10；

© 克里斯蒂尔 · 泰亚：196；

© 保留所有权利：图 61。

尽管我们进行了充分调查，但仍无法找到所有作者或受益人的详细联系方式，在未注明来源的情况下，我们保留图片的复制权。

法语缩写说明

CEBC：希泽生物研究中心（Centre d’études biologiques de Chizé）

CNRS：法国国家科学研究中心（Centre national de la recherche scientifique）

EHESS：法国社会科学高等研究院（École des hautes études en sciences sociales）

MNHN：法国国家自然博物馆（Muséum national d’histoire naturelle）

UICN：世界保护联盟（Union internationale pour la conservation de la nature）

图78

致谢

感谢所有为这本“珍宝级”画册的出版做出贡献的人：纪尧姆·勒库安特，他是本书的科学指导；埃尔萨·盖里、拉斐尔·旺达姆和梅利娜·萨尼科洛，他们为本书的设计提供了帮助；以及所有作者和摄影师，他们为本书的出版尽心尽力；感谢若埃勒·加西亚、洛尔·普费弗、埃莱娜·富瓦西和奥雷利·鲁提供的图像；还要感谢所有科学家、藏品管理人员及技术人员，感谢他们的细心校对和宝贵贡献，为信息收集提供了便利，尤其是：热拉尔·艾莫南、塞西尔·科林－弗罗蒙、蒂埃里·德鲁安、居伊·迪阿梅尔、马克·埃洛姆、奥雷莉·福尔、克里斯蒂亚诺·费拉里斯、莉莉亚娜·于埃、安托万·曼蒂勒里、塞尔日·米勒和热米纳尔·鲁昂。

图书在版编目（CIP）数据

看得见的自然史 / 法国国家自然博物馆编著；刘安琪译；邢路达审订. — 长沙：湖南科学技术出版社，2024. 9. — ISBN 978-7-5710-2991-3

Ⅰ. N091

中国国家版本馆 CIP 数据核字第 2024WT3480 号

著作版权登记号： 18-2024-074

KANDEJIAN DE ZIRANSHI
看得见的自然史

编　　著：法国国家自然博物馆
译　　者：刘安琪
审　　订：邢路达
出 版 人：潘晓山
总 策 划：陈沂欢
策划编辑：董佳佳　邢晓琳
责任编辑：李文瑶
特约编辑：曹紫娟
图片编辑：贾亦真
地图编辑：程　远　彭　聪
营销编辑：王思宇　魏慧捷
版权编辑：刘雅娟
责任美编：彭怡轩
装帧设计：@broussaille 私制
特约印制：焦文献
制　　版：北京美光设计制版有限公司
出版发行：湖南科学技术出版社
社　　址：长沙市开福区泊富国际金融中心40 楼
网　　址：http://www.hustp.com
湖南科学技术出版社天猫旗舰店网址：
　　　　　http://hukjcbs.tmall.com
邮购联系：本社直销科0731-84375808
印　　刷：北京华联印刷有限公司
版　　次：2024年9月第1版
印　　次：2024年9月第1次印刷
开　　本：889mm×1194mm　1/16
印　　张：26.25
字　　数：450千字
审 图 号：GS 京（2024）0921 号
书　　号：ISBN 978-7-5710-2991-3
定　　价：238.00元

图 80

图 81

图 82

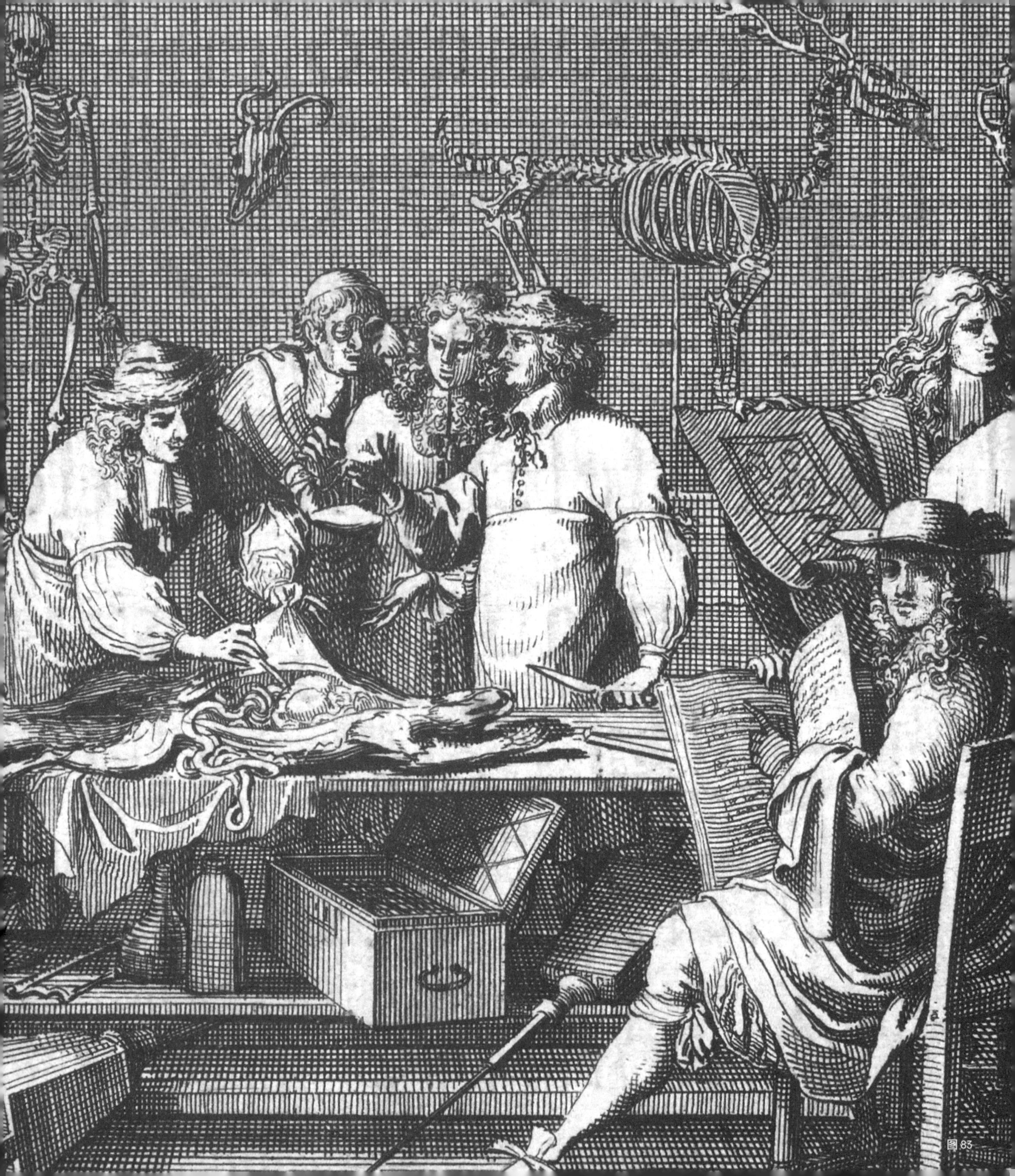

图 83

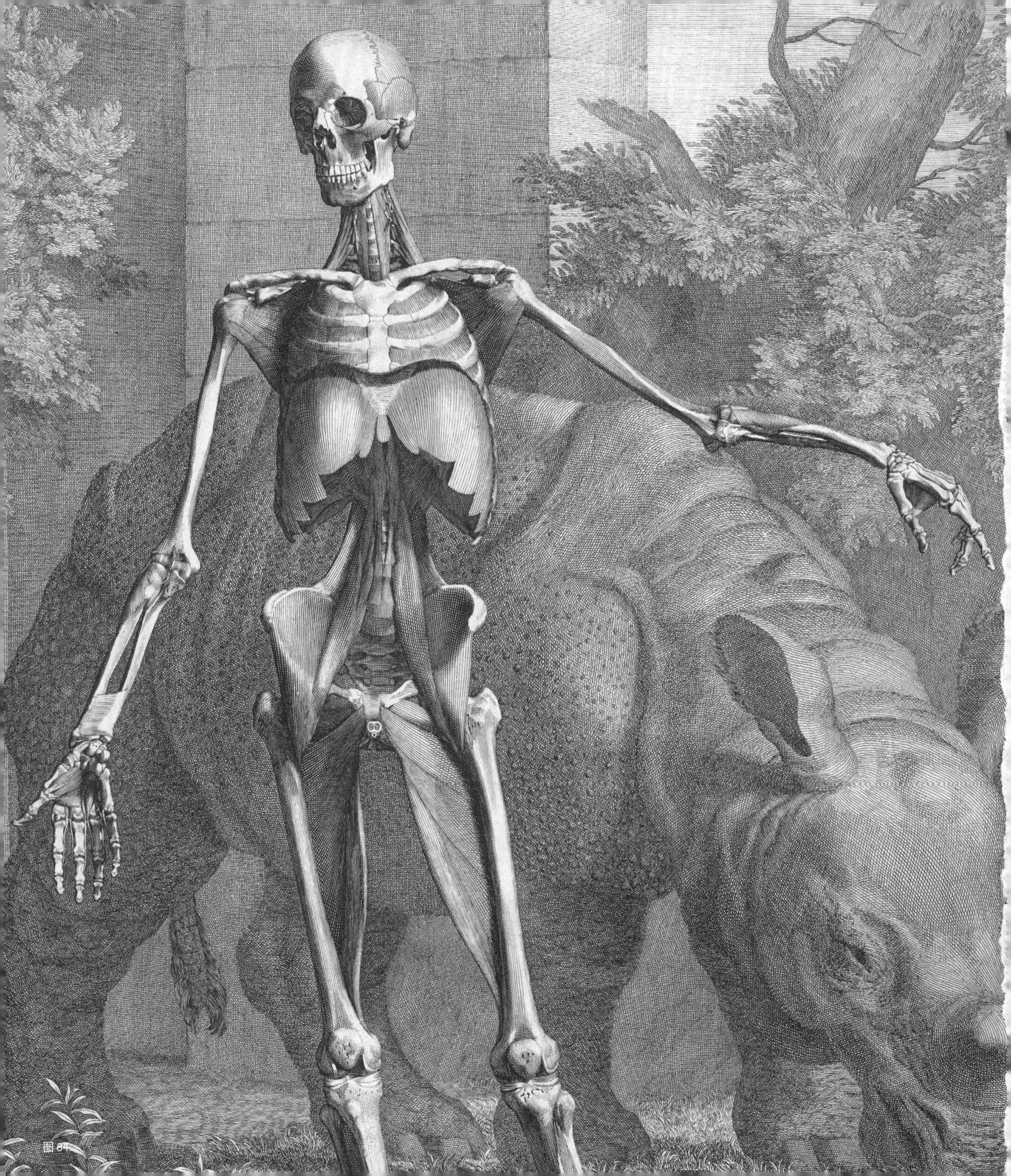

图 84